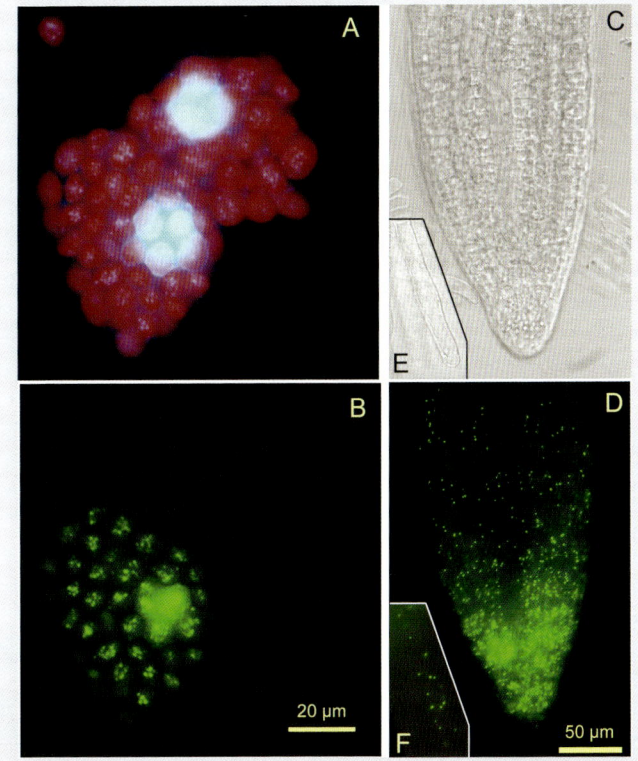

口絵①　PENDタンパク質とGFPの融合タンパク質を用いた色素体核様体の可視化

AとB：エンドウ葉肉細胞プロトプラストの形質転換による葉緑体核様体の可視化。AはDAPI染色によるDNAからの青い蛍光と葉緑体からの赤い自家蛍光を観察。BはGFPの蛍光を観察。上の細胞は形質転換されていないので，コントロールと見なされる。

CとD：PEND-GFPにより形質転換したシロイヌナズナの根。Cは微分干渉像，Dは蛍光像。根でも色素体が数多く存在し，それぞれに核様体があることがわかる。EとFは1本の根毛を観察したもの。ここにも色素体があることがわかる。（第12章参照）（文献50より改変）

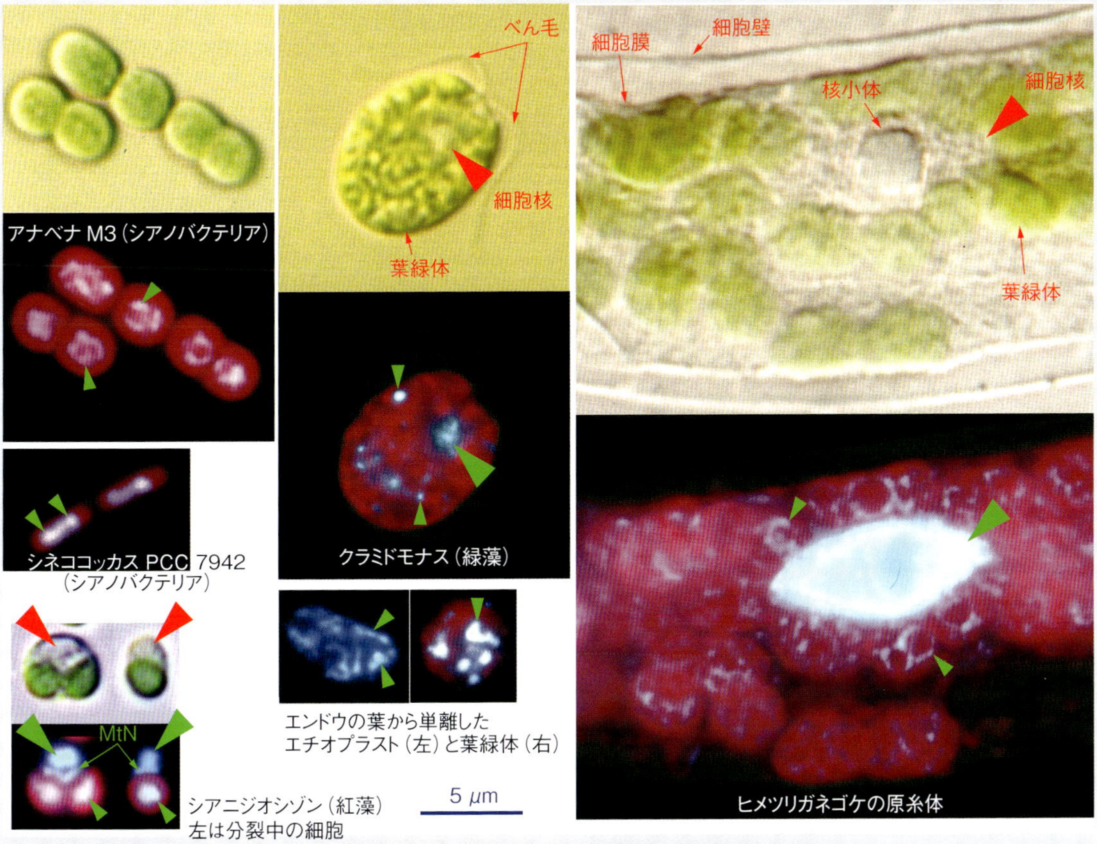

口絵②　シアノバクテリア・葉緑体とDAPI染色により可視化した核様体（図12·2）

それぞれ，背景が明るい図は明視野，背景が黒い図はDAPI染色した細胞の蛍光顕微鏡像を示す。蛍光顕微鏡像で，小さな緑の矢尻は核様体を，大きな矢尻は細胞核を示す。左下のシアニジオシゾンは森山 崇氏撮影，その他の写真は筆者撮影。（文献B18より改変）

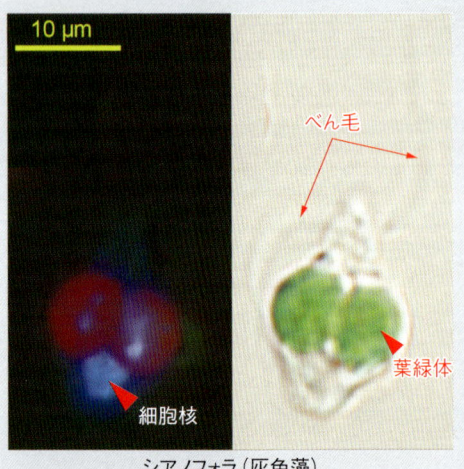

シアノフォラ（灰色藻）

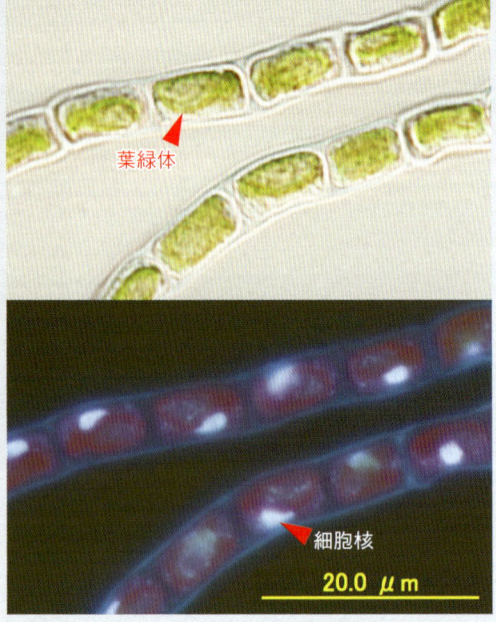

クレブソルミディウム（車軸藻）

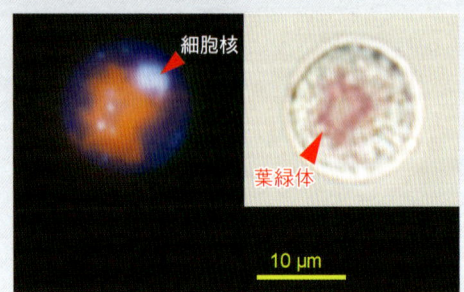

チノリモ（単細胞海産紅藻）

口絵③　藻類の細胞構造の比較（図12・9）
それぞれ，背景が明るい図は明視野像，背景が黒い図は
DAPI染色した細胞の蛍光顕微鏡像を示す。

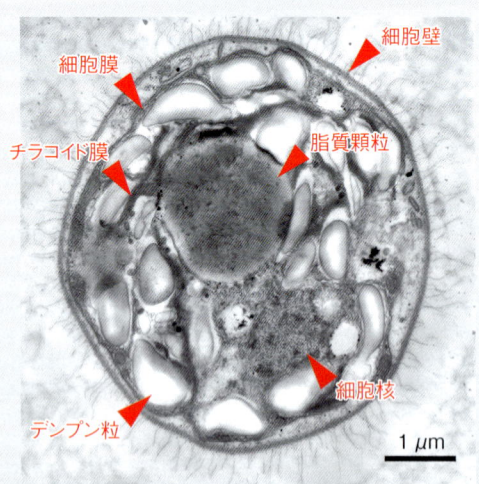

口絵④　デンプンと脂質をため込んだ
クラミドモナスの電子顕微鏡像
（通常の細胞は図2・1参照）

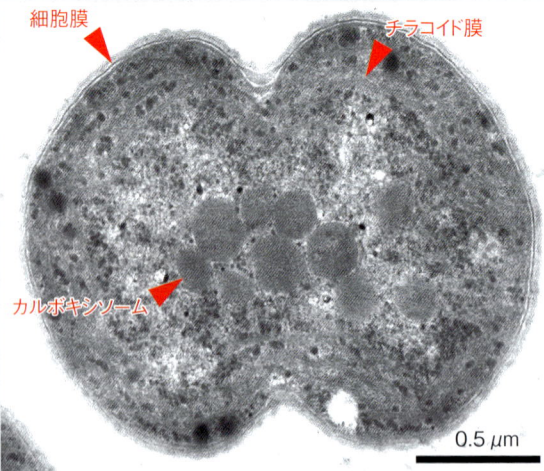

口絵⑤　シアノバクテリアの一種
Synechocystis sp. PCC 6803
の細胞分裂

しくみと原理で解き明かす

植物生理学

東京大学名誉教授

佐藤直樹 著

裳華房

Plant Physiology, basic mechanisms and principles

by

Naoki Sato

SHOKABO
TOKYO

はじめに

　数理的なさまざまな学問では，天使のように純粋に合理的に考えればよいかもしれないが，生物学では，頭を使うだけではなくて，ときには＜けもの＞になった気持ちになることが必要である．

(文献 B20 より：訳文は文献 63 より改変)

　これは，生物哲学者カンギレムのことばであるが，同じことは，植物の研究にもあてはまる．「ときには＜草木＞になった気持ち」が，植物生理学の基本である．

　本書は，大学の生物学教育における植物生理学の入門的な参考書として構成した．現在の生物学では，ゲノム解読の結果，動物と植物との間に大きな違いがないという見方ができる反面，動物特有の現象や植物特有の現象の違いが明確になってきたという考え方もできる．一方で，生理学という昔ながらの分野は，生化学や分子生物学によって主たる説明原理を提供されることが多くなり，独自の問題意識も次第に希薄になりつつある．他方，分子レベルのことがすべてわかったとして，それでも個々の生物にはそれぞれの生物特有の現象があり，それを理解するのが生理学だと考えることもできる．おそらく分子レベルの知識が，生命体全体の現象と完全に分離できるということもなければ，両者が完全に一体化するということもなかろう．本書でも植物を構成する分子のことを取り扱う場面が多い．しかし，それを超えて，植物が植物らしく生きるありさまを理解するにはどうしたらよいのか，それを模索するのが植物生理学である．

　本書が対象とする植物は，主に陸上植物，それもとくに被子植物の作物やモデル植物が中心となる．これは，歴史的にこうした植物が植物生理学の実験材料となってきたことにもよるが，植物生理学のアウトプットを考えたとき，何らかの形で，農業に役立つことを考えるためでもある．しかし，この地球上にある植物は実に多様である．ここでいう植物は，基本的には光合成をして生きている生物のことを指すが，その意味では，陸上植物ばかりでなく，単細胞や

多細胞の藻類も対象となる。では植物とは何か。昔は動かない生物を指していたので，キノコなども植物と見なされていた。しかし現在では，ゲノム情報に基づく系統解析の結果，キノコなどの菌類はむしろ動物に近く，これらはオピストコント（後方べん毛型生物）などと総称される。これに対して，光合成をする生物はバイコント（前方二本べん毛型生物）と呼ばれるグループに含まれ，その中には光合成をしない生物や，動く生物もたくさん含まれている。バイコントのすべてが植物ではないが，植物に関連の深い生物であることはまちがいない。

　こうしてゲノム時代に入って，植物の概念も様変わりを見せている。それでも植物生理学の主な守備範囲としては，植物の栄養，成長，環境応答などがあげられる。本書ではこうした従来からの枠組みを保持しつつ，もう少し異なる見方を導入して，植物を考えてみたい。

　生命現象の説明には，機械装置としての生物のしくみと，それによって生きる原理がある。これまでの植物生理学では，ともすれば，<u>個々の部品としての代謝産物</u>，制御物質，タンパク質や遺伝子を列挙し，それらのつながり方を模式図にすることによって，生命現象を理解できたと考えていた。しかしそうした個別の分子は，細胞や個体，あるいは生態系といった大きなシステムの中にあり，個別の分子がその機能を発揮できるのは，システムの中に置かれたときでしかないということが忘れられがちである。生物は一見自律的に働き，動物などは自発的に行動するように見える。しかしこうした自律性は，無から生ずるわけではない。システムを駆動する力は代謝によって得られる。そしてそれは究極的には，太陽の光エネルギーが宇宙に散逸してゆく過程で得られる駆動力なのである。いろいろな生命現象を説明する際に，<u>システムの構成原理</u>の他に<u>駆動力</u>を意識することにより，生命とはなにか，生きるとはなにか，ということが見えてくる。このような考え方に立つならば，実際に動いているシステムとして植物の活動を理解することが，植物生理学の基本である。本書ではこうした観点から，生きている植物という基本に立ち返って，なぜという質問やどのようにという質問に答えることを目指してゆきたい。

　本書においては，一般の植物生理学の教科書とは少し変えて，章の項目立てに，生きているということのいろいろな側面を表すキーワードを使っている。従来の植物生理学を教わってきた方には，なじみにくいかもしれないが，これからの学問を担う若者には，ぜひ，生き生きとした生物学を学んでいただきたいとの思いから，このようなタイトルを立てている。ある意味，章のキーポイントともいえるだろう。現在の植物科学研究では，遺伝子発現系の詳細につい

ての知見も重要になっているが，本書はあくまでも，植物生理学という比較的マクロな見地から，植物の中で起きている現象を解説することにとどめた。遺伝学的な解析や，エピジェネティクスなど新しい遺伝学の進歩に関しても，最小限の記述にとどめた。個々の遺伝子の詳細や，発現のしくみの詳細については，それぞれの専門の書物や論文を参照していただくことをお薦めする。また歴史的な発見のエピソードなども，本書では取り上げていない。高校の教科書を含め，類書にすでに数多く記載があると思ったためである。現在ではこうしたことは，ウェブなどでいくらでも調べられるので，興味ある方はご自分で調べていただきたい。あるいは，指導者の方に適宜話題を補っていただくのがよいと思う。なお，アメリカの植物生理学会のウェブサイト（W7）からは，最新の情報に基づく各分野の解説教材が配布されている。

　各章のあとには問題と課題を配置して，学習の便をはかった。問題は各章のなかで重要な項目について自習するためのものであり，課題は読者自身が手を動かして，植物の働きを実際の体験を通じて理解するためのものである。大学の実習ほど本格的な実験ではなくても，学習の助けになるような内容を提供した。本書を講義で使う場合には，指導者がさらに，適宜改変して課題を与えることが望ましい。

　本書をまとめるにあたっては，研究室メンバーをはじめ，さまざまな方々から，データや情報を提供していただいた。ここに記して厚く感謝申し上げたい。植物生理学というのは，物質や代謝から，組織・細胞の構造，形態形成など，幅広い分野を含んでいる。これまでの研究の中で，筆者自身は，かなり広い範囲の仕事をしてきたとは思うが，やはりこれまで深く関わってこなかった分野もあり，また，全ての分野に関する最新の知見に精通しているわけでもない。そのため，いくつかのテーマに関しては，既存の植物生理学の書物を参考にさせていただいた。さらに，園池公毅博士（早稲田大学）と杉山宗隆博士（東京大学）には，原稿の査読をお願いし，貴重なご意見を賜ったことにお礼申し上げたい。ただし，本書に残っているであろうさまざまな誤りの責がすべて筆者にあることは，言うまでもない。また，本書執筆の機会を与えていただき，企画全般についてお世話になった裳華房編集部の野田昌宏氏にも，感謝申し上げたい。

2014年6月

佐 藤 直 樹

目　次

第1章　植物と生命の共通理解 — いろいろな不思議を発見する — 1

1・1　植物生理学とは 1
1・2　植物のもつ不思議 2
　1・2・1　水や養分を吸収し，成長する 2
　1・2・2　花が咲き，種子ができる 2
　1・2・3　水があると，種子が発芽し，植物体ができる 3
　1・2・4　動く植物もある 4
　1・2・5　よく似ていながら，少しずつ異なる植物がある 5
　1・2・6　草と木はどこがちがうのか 6
　1・2・7　秋になると落葉するが，春には新芽がでる 6
　1・2・8　池や川や海には藻類がいるが，植物とは何がちがうのだろうか… 6
　1・2・9　石炭や石油を作ったのも植物といわれる 7
1・3　生命のサイクル 8

第2章　植物の体のつくり — 多段構成を理解する — 10

2・1　植物の細胞 10
2・2　細胞のつくりと細胞膜 12
2・3　オルガネラ 15
　2・3・1　葉緑体 15
　2・3・2　ミトコンドリア 18
　2・3・3　小胞体 19
　2・3・4　ゴルジ装置（ゴルジ体） 19
　2・3・5　マイクロボディ 20
　2・3・6　液胞 20
2・4　組織と器官（根・茎・葉） 21
2・5　多段構成の動的な組織化は胚発生から 22

第3章　水と植物の科学 — いのちを支えるダイナミズム — 23

- 3・1　植物と水 ... 23
- 3・2　浸透圧 ... 24
- 3・3　表面張力と水の凝集力 ... 25
- 3・4　水ポテンシャル ... 26
- 3・5　蒸散 ... 27
- 3・6　植物体内での物質と水の輸送 ... 27

第4章　植物体を構成する基本分子 — 無限の可能性を秘めた生体物質 — 30

- 4・1　植物を作っている元素 ... 30
- 4・2　糖の種類と構造 ... 31
- 4・3　脂質の種類と構造 ... 32
- 4・4　アミノ酸とタンパク質 ... 35
- 4・5　核酸と関連化合物 ... 37
- 4・6　共通の素材から多様な生体物質へ ... 38

第5章　植物機能を担う分子群 — 分子の多様性を知る第一歩 — 40

- 5・1　光合成色素 ... 40
- 5・2　主な二次代謝産物 ... 42
- 5・3　その他の機能物質 ... 44
- 5・4　クチクラとワックス ... 44
- 5・5　細胞壁構成成分 ... 45
- 5・6　生体物質の多様性と統一性 ... 46

第6章　光合成と呼吸 — 生命世界を動かす原動力 — 47

- 6・1　駆動力としての自由エネルギー差 ... 47
- 6・2　酸化と還元 ... 48
- 6・3　生命を駆動する「電気の力」... 49
- 6・4　光合成（光化学反応，電子伝達，ATP 合成，炭素同化） ... 49
  - 6・4・1　光の捕集 ... 50
  - 6・4・2　光化学系 II ... 52
  - 6・4・3　光化学系 I ... 53
  - 6・4・4　電子伝達のシステム ... 53
  - 6・4・5　水素イオンの輸送と Q サイクル ... 55

  6・4・6 ATP 合成酵素 ………………………………………………… 56
  6・4・7 炭素同化 …………………………………………………………… 57
 6・5 呼　吸 ……………………………………………………………………… 59
 6・6 「もう一つの」呼吸 ……………………………………………………… 61
 6・7 C_4 光合成と CAM 代謝 ………………………………………………… 62

第 7 章　代謝系の基本 ― すべてを生み出す底力 ― 　65

 7・1 代謝の調べ方 ……………………………………………………………… 65
 7・2 基本代謝経路の構築 ……………………………………………………… 65
 7・3 植物細胞における中央代謝の全体像 …………………………………… 68
 7・4 クエン酸回路 ……………………………………………………………… 70
 7・5 窒素とアミノ酸の代謝 …………………………………………………… 71
 7・6 デンプンとスクロースの代謝 …………………………………………… 73
  7・6・1 デンプンの代謝 …………………………………………………… 73
  7・6・2 スクロースの代謝 ………………………………………………… 74
 7・7 脂質の代謝 ………………………………………………………………… 75
  7・7・1 脂肪酸の合成 ……………………………………………………… 75
  7・7・2 グリセロ脂質の合成 ……………………………………………… 77
  7・7・3 グリセロ脂質の分解 ……………………………………………… 78
  7・7・4 その他の脂質の合成 ……………………………………………… 79
 7・8 イオウの代謝 ……………………………………………………………… 79
 7・9 代謝のまとめ ……………………………………………………………… 80

第 8 章　細胞増殖と成長・発生 ― つねに成長し続ける植物体 ― 　82

 8・1 被子植物の胚発生 ………………………………………………………… 82
 8・2 植物体における分裂組織 ………………………………………………… 83
 8・3 茎頂分裂組織とオーキシン極性移動 …………………………………… 84
 8・4 根の細胞分化と根端分裂組織 …………………………………………… 86
 8・5 植物細胞の分裂 …………………………………………………………… 88
 8・6 伸長成長 …………………………………………………………………… 89
 8・7 花器官形成の ABC モデル ……………………………………………… 89
 8・8 葉の成長 …………………………………………………………………… 91
 8・9 まとめ：ボディプランと発生プログラム ……………………………… 92

第 9 章　調節系のしくみの基本 ― 時と場所をわきまえた細胞間のきずな ―　95

- 9・1　植物成長制御物質の概要 ……………………………………… 95
- 9・2　シグナル伝達 …………………………………………………… 98
- 9・3　植物成長制御物質の生合成 …………………………………… 104
- 9・4　分泌型ペプチドホルモン ……………………………………… 109
- 9・5　花成に関わるシグナル伝達 …………………………………… 111
- 9・6　表皮細胞分化に関わるシグナル伝達 ………………………… 112
- 9・7　自家不和合性に関わるシグナル伝達 ………………………… 113
- 9・8　根粒形成に関わるシグナル伝達 ……………………………… 114
- 9・9　リゾスフェアにおけるシグナル伝達 ………………………… 116
- 9・10　植物の調節系と成長制御物質のまとめ …………………… 117

第 10 章　環境応答 ― 感度良く着実に ―　119

- 10・1　屈性と傾性 …………………………………………………… 119
- 10・2　調節的に働く光 ……………………………………………… 120
- 10・3　フィトクロム ………………………………………………… 122
- 10・4　青色光受容色素 ……………………………………………… 124
- 10・5　気孔開閉の調節 ……………………………………………… 125
- 10・6　時間を計るしくみ …………………………………………… 126
- 10・7　暑さ・寒さ・乾燥などのストレスに耐える ……………… 128
- 10・8　生物的ストレスへの応答 …………………………………… 130
- 10・9　環境応答の多様性と「適応進化」 ………………………… 132

第 11 章　細胞死と分解 ― 引き際の美学 ―　134

- 11・1　プログラム細胞死 …………………………………………… 134
- 11・2　道管の形成 …………………………………………………… 134
- 11・3　老化と落葉 …………………………………………………… 135
- 11・4　転流 …………………………………………………………… 136
- 11・5　植物体全体を通しての循環 ………………………………… 137

第 12 章　テーマ学習（1）― 葉緑体を詳しく知る ―　139

- 12・1　葉緑体 DNA と核様体の動態 ……………………………… 139
- 12・2　葉緑体 DNA の複製 ………………………………………… 143
- 12・3　葉緑体遺伝子の発現制御 …………………………………… 144

- 12・4　葉緑体へのタンパク質輸送.. 145
- 12・5　光合成の制御.. 146
  - 12・5・1　酸化還元とpHによる光合成の制御 146
  - 12・5・2　過剰エネルギーの放散.. 147
- 12・6　葉緑体の分裂.. 148
- 12・7　藻類の葉緑体.. 150
- 12・8　葉緑体の進化.. 151
  - 12・8・1　葉緑体とシアノバクテリアの類似性............................. 151
  - 12・8・2　葉緑体とシアノバクテリアの系統関係.......................... 152
  - 12・8・3　葉緑体の不連続進化... 154

第13章　テーマ学習 (2) ─ 植物と人間の関係の新たな可能性に向けて ─　156

- 13・1　植物が作った地球：植物の進化と環境................................. 156
- 13・2　植物が作る有用産物とエネルギー....................................... 158
  - 13・2・1　前史... 158
  - 13・2・2　植物・藻類によるエネルギー生産................................. 159
  - 13・2・3　有用物質の生産.. 161
- 13・3　ゲノム研究... 162
- 13・4　バイオインフォマティクス.. 163
- 13・5　遺伝子組換え技術.. 164
  - 13・5・1　遺伝子コンストラクトの構築....................................... 165
  - 13・5・2　遺伝子導入による形質転換体の作製............................. 166
  - 13・5・3　特定遺伝子機能の破壊.. 167
  - 13・5・4　葉緑体の形質転換.. 168

おわりに... 170
問題の解答・解説... 172
文献一覧... 178
索　引.. 184

第1章

植物と生命の共通理解

― いろいろな不思議を発見する ―

　　植物には，いろいろな「不思議」がある。昔の人々は，こうした不思議と向き合い，その中から，学問を育んできた。ところがいまや，野菜を工場で作るような時代である。現代人は自然の植物に接することが少なくなり，その「不思議」に気づくことも少なくなってしまった。しかし，工場で作るにしても，野菜という植物を知らなければ，生産はできない。この章では，まず，植物のもつ「不思議」を発見することからはじめる。

1・1　植物生理学とは

　植物生理学は，植物の「生きざま」を理解しようとする学問分野である。人間や動物が「生きている」ことは，自発的に運動するのですぐにわかるが，では，植物が「生きている」ということは，なぜわかるのだろうか。たしかに，目の前で動くことはあまりないとしても，何日間か観察していれば，植物は成長する。コケや藻類のようなものでも，今までなかったところに生えてきたり，雨が降ると緑が濃くなったりする。つまり，私たちが見て「生きている」とわかるのは，植物が示す自発的な成長や活動のためである。実際，毎日ていねいに観察していると，植物は，時々刻々，その姿を変化させる。それは，ときとして人の心を和ませ，また人間に有用な産物を供給してくれる。

　こうした植物を研究する伝統的な学問には，形態学，分類学，生理学，生化学，遺伝学などがある。生態学や進化学も，大いに関係がある。形態学は植物の体の構造を詳しく調べるものである。分類学はいろいろな植物を体系的に分類し，それら相互の関係を考えるものである。進化学とも関係する。生理学は植物の体や細胞の働きを研究する。生化学は植物の体を作っている分子を調べ上げ，ミクロなレベルで植物の働きを研究する。遺伝学は植物の形質を決めている遺伝子を明らかにし，それにより植物の働きを理解し，新しい植物を作り出すことができる。本書で扱う植物生理学は，形態学や生化学や遺伝学の知識も利用しながら，植物の働き，つまり「生きざま」を全体として理解しようと

するものである。

1・2 植物のもつ不思議

1・2・1 水や養分を吸収し,成長する

まず,植物は,自分で栄養を得て自律的に成長する。多くの植物は,根から水を吸い上げ,葉で蒸散する一方,光をエネルギー源として利用し,二酸化炭素と水という単純な無機物から有機物を作ることができ,これにより成長する(図1・1)。また,植物を食糧としなければ,草食動物は生きることができず,肉食動物も含め,すべての動物は,植物つまり太陽のめぐみに依存して生きている。

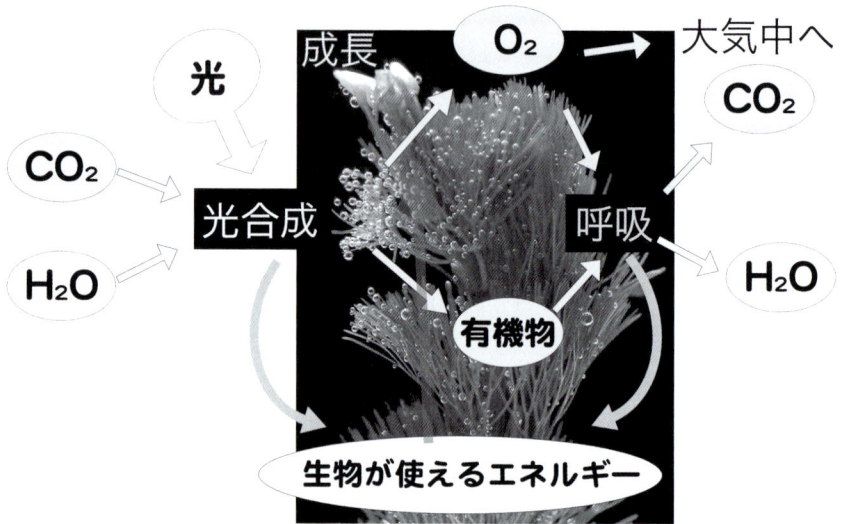

図1・1 光合成と呼吸
写真は水草としてよく知られたフサジュンサイである。光合成生物は光を受け,二酸化炭素と水から酸素と有機物を生み出す。そして,その有機物を再び酸素と反応させることにより活動の源となるエネルギーを生み出し,これを利用することで光合成生物は成長し,個体数を増やす。また,植物が生み出した有機物と酸素を使って,動物や微生物は生きている。筆者原図。

1・2・2 花が咲き,種子ができる

被子植物の多くは,季節を感じて花を咲かせ,種子を作る(図1・2)。植物はどのようにして季節を知るのだろうか。また,種子は長い時間保存可能である。動物の体は,ブラインシュリンプやクマムシなど特別なものを除き,乾燥

状態では保存できない。多くの植物は，茎や葉を切り取っても，土に植えておけば，根を出して，また殖えることができる。動物でも，ヒドラなど比較的体制の単純なものは，切り取った体から復活できるが，多くの動物ではそういうことはない。

　花は不思議である。なぜ，いろいろなきれいな色で，しかも，よい香りがするのだろう（図1・3）。アサガオなど，花を引き抜いて根元をなめると甘い蜜がある。いろいろな花の蜜をハチが集め，蜂蜜ができる。花というのは，実に複雑で，色素，香料，蜂蜜など，さまざまな物質の原料となる宝庫でもある。

図1・2　タンポポの種子
筆者撮影。

1・2・3　水があると，種子が発芽し，植物体ができる

　乾燥状態で非常に長期間保存できる種子であるが，ひとたび水につけると，数時間で数倍の重さまで吸水し，その後，数時間から数日のあいだに，根がでて，茎が伸びる（図1・4）。こうしためざましい発達，成長を遂げることができる事物も生物も，おそらくほかにはない。

図1・3　「立てばシャクヤク」などとうたわれる豪華な花もある
筆者撮影。

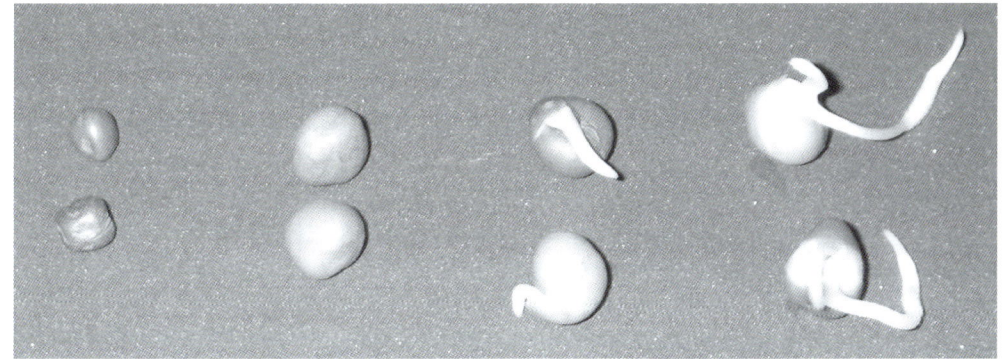

図1・4　エンドウ種子の発芽
　エンドウの種子を水に漬け，十分に吸水させてから，湿った紙の上で発芽させた。乾燥種子に比べて，吸水後は3倍程度の大きさになる。種皮を通して，根が見えている。その後約1日で，種皮を破って根が出る。翌日には芽も出てくる。出たばかりの芽は，先が曲がってフック状になっているが，これはマメ科の特徴である。筆者撮影。

1・2・4 動く植物もある

私たちが知っているたいていの植物は動かないのに，オジギソウやハエトリグサなど，動く植物がいるのも不思議である。オジギソウは，接触により，葉沈が変形して葉が垂れ下がる。ハエトリグサやムジナモは，葉が変形してできた捕虫装置の中に虫がはいると，いきなり閉じてしまう。特別に運動すると思われていない植物でも，昼と夜では，葉のようすが違うことがある。図1・5に示すのは，和紙の原料ともなるカラムシである。昼は葉を大きく広げているが，夕方には葉が垂れ下がり，就眠運動をする。

図1・5 カラムシの就眠運動
左は昼間，中央は，同じ植物の夜の姿。夜は，葉がたれていることがわかる。わかりにくいので，別の植物体の夕方のようすを右に示す。筆者撮影。

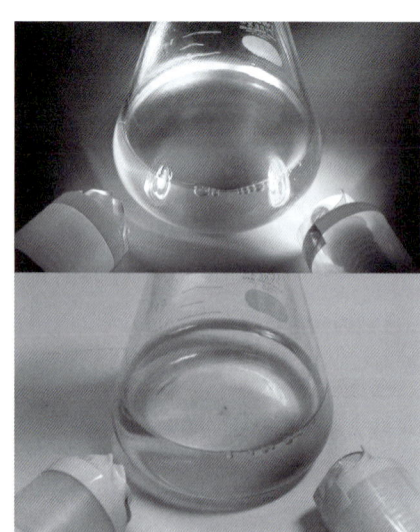

図1・6 クラミドモナスの光走性
クラミドモナスの培養液に，上の図のようにして，赤（左）と緑（右）の光源を当てると，細胞は緑色に集まることがわかる（下）。撮影のため，光源の位置を少しずらしてある。筆者撮影。

一方，クラミドモナス（和名コナミドリムシ）など，べん毛をもつ緑色をした単細胞生物は，運動性があるため，昔は動物に分類されていた。クラミドモナスは光を求めて集まる性質がある（図1・6）。現在では，詳しい分子系統解析の結果，クラミドモナスは，植物の系統に入れられている。種子植物で，運動性の細胞が観察されるのは，裸子植物のイチョウやソテツまでである。イチョウの精子が運動するのは，日本人研

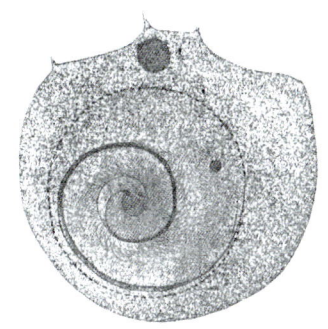

図1・7　平瀬作五郎によるイチョウの精子のスケッチ
渦巻き状に見えているのがべん毛である。（文献17より）

図1・8　ヒマワリの花は回らない
筆者撮影。

究者が発見した（図1・7）。ただし，これを実際に観察するのはかなり難しい。NHKの「ミクロワールド」から動画が公開されているので，それを見るとよくわかる（ウェブサイトW4）。

ヒマワリの花（図1・8）が太陽の方向を向いて回るというのはウソなのだが，まだつぼみができるまでの頃なら，一日中，先端が回転しながら伸びている。アサガオなどつる性の植物は，先端部が旋回運動をしながら伸びてゆく。どうやら，植物も成長するときには動いているようだ。

1・2・5　よく似ていながら，少しずつ異なる植物がある

野山で植物を見かけると，同種の植物はだいたい同じ形や色，性質をもっているが，少しずつ異なる植物が存在する。たとえば，カントウタンポポ（在来種）とセイヨウタンポポなど，きわめてよく似ていながら，いろいろな性質が異なる植物がある。身近な野菜では，キャベツ，ブロッコリー，カリフラワーなど

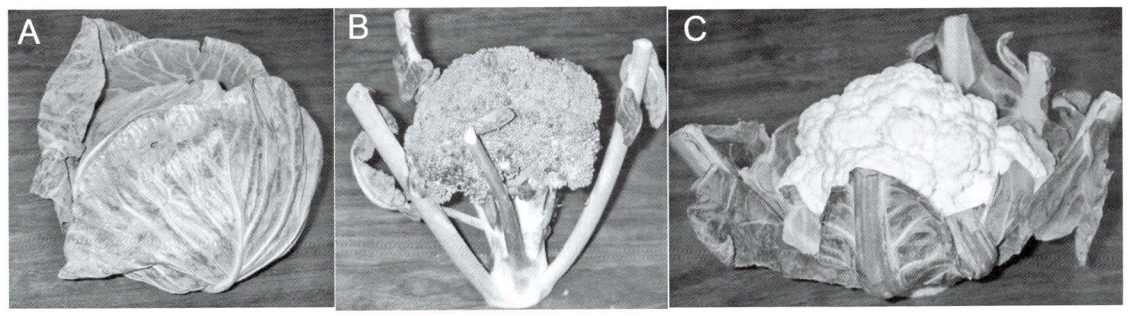

図1・9　キャベツ(A)とブロッコリー(B)とカリフラワー(C)のちがいは？
どれも学名は*Brassica oleracea*で，それぞれが変種（栽培品種）である。ブロッコリーとカリフラワーの食べる部分は花序であるが，細胞分裂が盛んな部分なので，栄養豊富である。キャベツも花茎が伸びれば，ほかと似た形になる。キャベツの葉には，脂質分解酵素が多く，肉料理のつけ合わせとして優れている。どれもスーパーで購入したもののため，葉の先端は除かれている。筆者撮影。

が，基本的には同じ種の変種で，私たちの目に触れるものは，さまざまな栽培品種である（図1・9）。こうした植物は，どのようにして生まれたのだろうか。その形の違いは，生き方を反映しているのだろうか。

1・2・6 草と木はどこがちがうのか

植物には，柔らかくて一年で枯れてしまう草本（図1・10）と，堅い幹をもち，枝を張り，何年も，何百年も生き続ける樹木（図1・11）がある。草本の中には，多年草もあるが，何年経っても草は草のままである。樹木と草はどこが違うのだろうか。幹はなぜ，材木として使えるほどに，丈夫なのだろうか。

図1・10 シロイヌナズナ
筆者撮影。

図1・11 クロマツ
筆者撮影。

1・2・7 秋になると落葉するが，春には新芽がでる

秋になると紅葉して落葉する木と，落葉しない常緑樹（図1・11）がある。落葉しても，木の本体は生き続け，寒い冬の間に，芽がだんだん大きくなる。身近なサクラなど，お正月頃でもどんどん芽が育っている（図1・12）。こうした芽は，雪が降っても，まわりで雪が凍りついていても平気である。どうして，寒さに耐えて成長することができるのだろうか。

1・2・8 池や川や海には藻類がいるが，植物とは何がちがうのだろうか

海には，コンブやワカメ，テングサなどをはじめとする大型の藻類もいる（図1・14）。これらは，陸上の植物とは，何が違うのだろうか。もとは共通の仲間

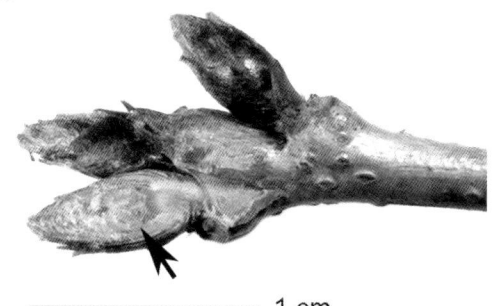

図 1·12　ソメイヨシノの冬芽
　ソメイヨシノの枝の先端にある冬芽。立春の日に撮影。下の芽は，断面を示している。矢印のところには，将来の花になる緑色の部分があり，花弁に囲まれたおしべなどが見える。筆者撮影。

図 1·14　大型の海産藻類
　褐藻の一種ノコギリモク，江ノ島にて筆者採取。図の横幅は約 40 cm。筆者撮影。

図 1·13　春に咲くソメイヨシノ
　筆者撮影。

なのだろうか。川や池にいる単細胞の藻類とは，どこが違うのだろうか。これらは，本当に同じ光合成をしているのだろうか。

1·2·9　石炭や石油を作ったのも植物といわれる

　太古の昔には，今とは違った植物が生えていたといわれる。また，石炭は植物の死骸が変化してできたといわれる。石油も藻類の堆積物が変化してできたといわれる（図 1·15）。本当だろうか。どうして昔は，今日まで残るような，大量の植物が育つことができたのだろうか。

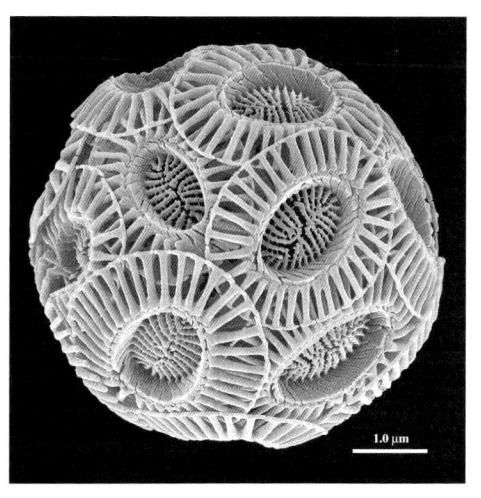

図 1·15　石油を作ったといわれる円石藻（ハプト藻）の一種
　（井上 勲氏提供）

いまでも植物や藻類から石炭や石油を作ることはできるのだろうか。

1·3 生命のサイクル

　生物を理解するには，二つの疑問に答えなければならない。「なぜ」と「どのように」である。「どのように」ということは，いろいろな実験や観察をすることによって，またミクロな観察やマクロな観察などを組み合わせることによって，理解できるようになるであろう。しかし，「なぜ」という問いに答えるのは難しい。というのも，どんなことを理由として述べることが期待されているのかによって，答えは変わりうるからである。多くの場合，生物を機械と見なして，いわばロボットが動くしくみを説明することが求められる。しかし，生物がロボットではないことも事実である。そうしたときに，「生きていること」の理由を求めることはたやすくない。それは，人間でも植物でも微生物でも同じである。

　機械としての生物を動かす駆動力はなんだろうか。植物の場合には，明らかに太陽の光である。もちろん，動物も究極的には，植物を栄養源としているので，地底や海底の微生物を除けば，すべての生物を生かしているのは，太陽光ということができる。

　太陽の光は，光合成によって，ATPの自由エネルギーやNADPHの還元力に変換され，それがさらに，さまざまな物質の代謝や高分子物質の合成を可能にしている。そうした高分子には，遺伝物質や酵素も含まれる。同時に，合成された生体物質が細胞構造を形成し，細胞は多細胞体を形成する。こうした「生きている」しくみは，多数の「サイクル」の組み合わせ，共役によって成り立っていることを，拙著『エントロピーから読み解く生物学』（文献B27）で説明した。このような多数のサイクルが集まって作り上げる生命体は，単なるロボット・機械とはことなり，自己形成能力をもつ。こうした能力ですら，もとをたどれば太陽の光に基づいているはずだが，単に電気でモーターを回して機械を動かすのとはかなり違っている。こうして生命現象は，機械からはみ出したものになっている。従来の生化学や植物生理学の教科書が，機械としての生き物のしくみを説明することに力点がおかれてきたのに対し，本書では，生き物が生きていることの不思議[*1]から出発し，別の見地からも理解できるようにしたいと考えている。

*1 ここに挙げた項目のほかにも，植物をめぐるさまざまな不思議がある。葉の拡大像を観察しながら，「葉の表面にあるトゲ（トリコーム）は何をしているのだろう。何か分泌しているのだろうか。トゲが水をはじくのも不思議だ」と言っていると，同僚の先生がふと発した疑問は，「植物の葉は誰も掃除しないのに，きれいに保たれているのはなぜだろうか」というものだった。みんなで話をしながら，新たな不思議を見つけて考えてみると，オリジナルな研究につながるかもしれない。

問　題

　動物と比べたときの植物の特徴を整理し，それぞれが，本書のどの章で説明

されているのか，あらかじめ探してみよう．

課　題

　身近にある植物を，毎日，デジカメやケータイを使って撮影し，1週間分，並べてみよう．定規など，スケールがわかるものを一緒に写し，また，できるだけ，同じ距離と角度で撮影しよう．植物の成長速度はどのくらいだろうか．また，葉の大きさ，向き，色などは，変化しないだろうか．しおれた植木に水をやって，経時的に撮影してみるのも面白い．

第2章

植物の体のつくり

― 多段構成を理解する ―

植物は多細胞体であるので，葉・茎・根・花などの器官があり，その中にはそれぞれ，いろいろな組織がある。異なる組織の細胞はそれぞれ異なる。多数のパーツからできている植物体が全体としてうまく機能するには，階層構造が不可欠である。植物や植物細胞の形態を，単に暗記物として覚えるのではなく，階層構造の中に組み込み，動的な機能に結びつけて理解してゆこう。

2・1 植物の細胞

かつて，**ロバート・フック** R. Hooke は，コルクを顕微鏡で観察し，細胞壁で囲まれたたくさんの小部屋を見て，それに**細胞** cell という名前をつけた(1667年に刊行された Micrographia にスケッチが載っている)。その後，**シュライデン**が植物の体を作るさまざまな細胞を観察し(Schleiden, 1838)，シュワン(Schwann, 1839)による動物細胞の観察とあわせ，**細胞説** cell theory を確立した。**フィルヒョウ** Virchow がラスパイユ Raspail から借りて有名にした言葉，「すべての細胞は，細胞から」 *omnis cellula e cellula* (ラテン語)は，この重要な考え方を表したものである。ただし，シュライデンは，細胞核を次の細胞のもととみなし，細胞核が飛び出して新しい細胞を作るという誤った理解をしていたので，細胞説をシュライデンの業績とするのが適切なのか，再検討した方がよいだろう。

藻類には単細胞のものが多い。2本の**べん毛**をもって泳ぐクラミドモナスは，単細胞緑藻である（図2・1，口絵④）。また，**原核生物のシアノバクテリア**（図

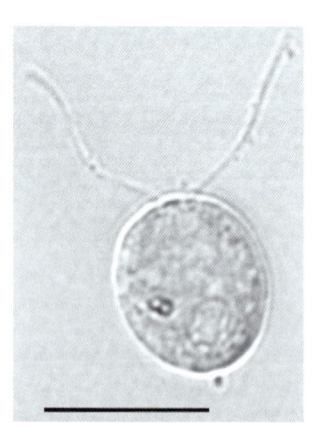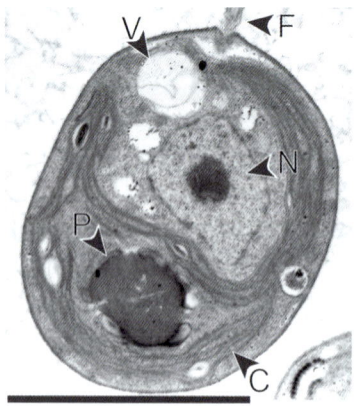

図2・1 クラミドモナスの細胞
左は光学顕微鏡像。中央左には，眼点が見える。二本の同じ長さのべん毛がある。スケールは 10 μm。右は電子顕微鏡像。C：葉緑体，F：片方のべん毛の付け根，N：核，P：ピレノイド，V：液胞。スケールは 5 μm（筆者撮影）。

2·2, 口絵⑤) も, 光合成をするという点では植物と似ていて, 単細胞のものや細胞が数珠つなぎになったものもある。

陸上植物 land plants には, **コケ植物** bryophytes (図 2·3, 図 2·4), **シダ植物** pteridophytes, **裸子植物** gymnosperms (図 2·5), **被子植物** angiosperms などがあり, 最後の 2 つをあわせて**種子植物** seed plants, spermatophytes と呼んでいる。また, コケ植物以外の陸上植物を**維管束植物** vascular plants と呼ぶ。コケ植物には, **セン類** mosses (蘚類: 図 2·4) と**タイ類** liverworts (苔類: 図 2·3), **ツノゴケ類** hornworts がある。セン類の茎葉体の葉は, 一層の細胞からできていて, 細胞が観察しやすい。タイ類としては, ゼニゴケが身近に見られる。裸子植物としては, マツ類やソテツ類のほか, イチョウが身近にある (図 2·5)。

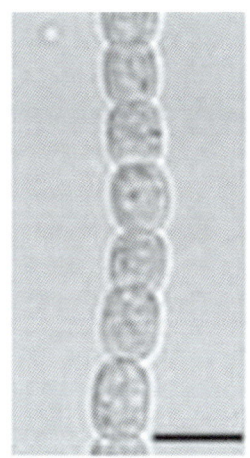

図 2·2 シアノバクテリアの一種 *Anabaena* の細胞列
スケールは 5 μm。
(森山 崇氏提供)

図 2·3 ゼニゴケの葉状体 (一倍体)
筆者撮影。

図 2·4 ヒメツリガネゴケの茎葉体 (一倍体)
カバーも参照。筆者撮影。

図 2·5 イチョウの枝
筆者撮影。

本書では, 多くの農作物が含まれる被子植物が主な対象となる。被子植物は, たくさんの種類の細胞からできている (図 2·6)。被子植物の一枚の**葉** leaf をとっても, 外側には, **表皮細胞** epidermal cell と, **気孔** stoma (複数形 stomata) を囲む**孔辺細胞** guard cells がある。葉の内部は, **葉肉** mesophyll (柔

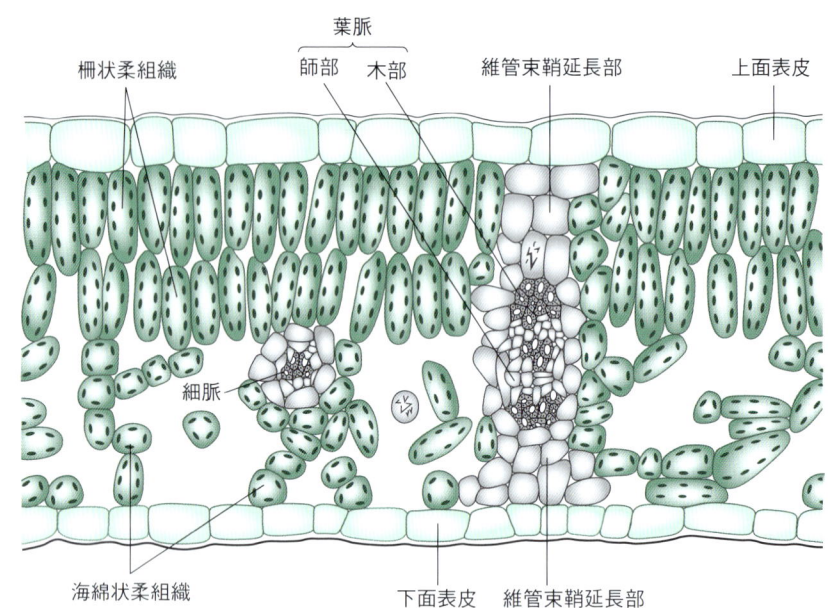

図2・6 被子植物の葉の断面図の模式図
ナシ属の葉の断面図。ここで上面表皮・下面表皮というのは，正式にはそれぞれ，向軸側表皮・背軸側表皮と呼ぶ（図8・7参照）。なお，この図は被子植物の典型的な葉を示しており，シダ植物などでは表皮細胞にも普通の葉緑体が存在する。またヒメツリガネゴケなどのセン類では茎葉体の葉は中肋を除き，ほぼ一層の細胞層でできている。（文献B3より）

組織）と**維管束** vascular bundle がある。葉肉は，**柵状組織** palisade tissue と**海綿状組織** spongy tissue に分かれていて，それぞれの組織では，細胞の形態はことなっている。維管束は，**師部** phloem と**木部** xylem に分かれ，それぞれ，実際にものを運ぶ師管や道管の本体と，そのまわりにあって，機能を補助する細胞群に分かれている。

2・2 細胞のつくりと細胞膜

真核細胞の基本的なつくりは，植物でも動物でも同じである。昔は，形態的特徴をもとに，その違いを強調することもあったが，物質構成の比較などが進むと，葉緑体を除き，内部に存在する**オルガネラ**（organelles: 細胞内小器官，細胞小器官とも呼ばれる）などに大きな違いはないこともわかってきた（図2・7）。しかし，このような共通的なものの上に，それぞれの生物種独特の機能を担う成分があることも忘れてはならない。

細胞やオルガネラを取り囲む膜は，**生体膜**である。生体膜は，脂質とタンパク質が集まってできている。脂質成分は，主にグリセロリン脂質，グリセロ糖脂質，ステロールなどからなるが，オルガネラによって，含まれる脂質の種類は異なる。脂質の詳しい化学的性質については，4・3節で述べる。脂質は，疎水性の部分（尾部と呼ぶこともある）と親水性の部分（頭部と呼ぶこともある）からなる**両親媒性** amphiphilic 分子である。二つの分子層が，尾部をつきあわせ，

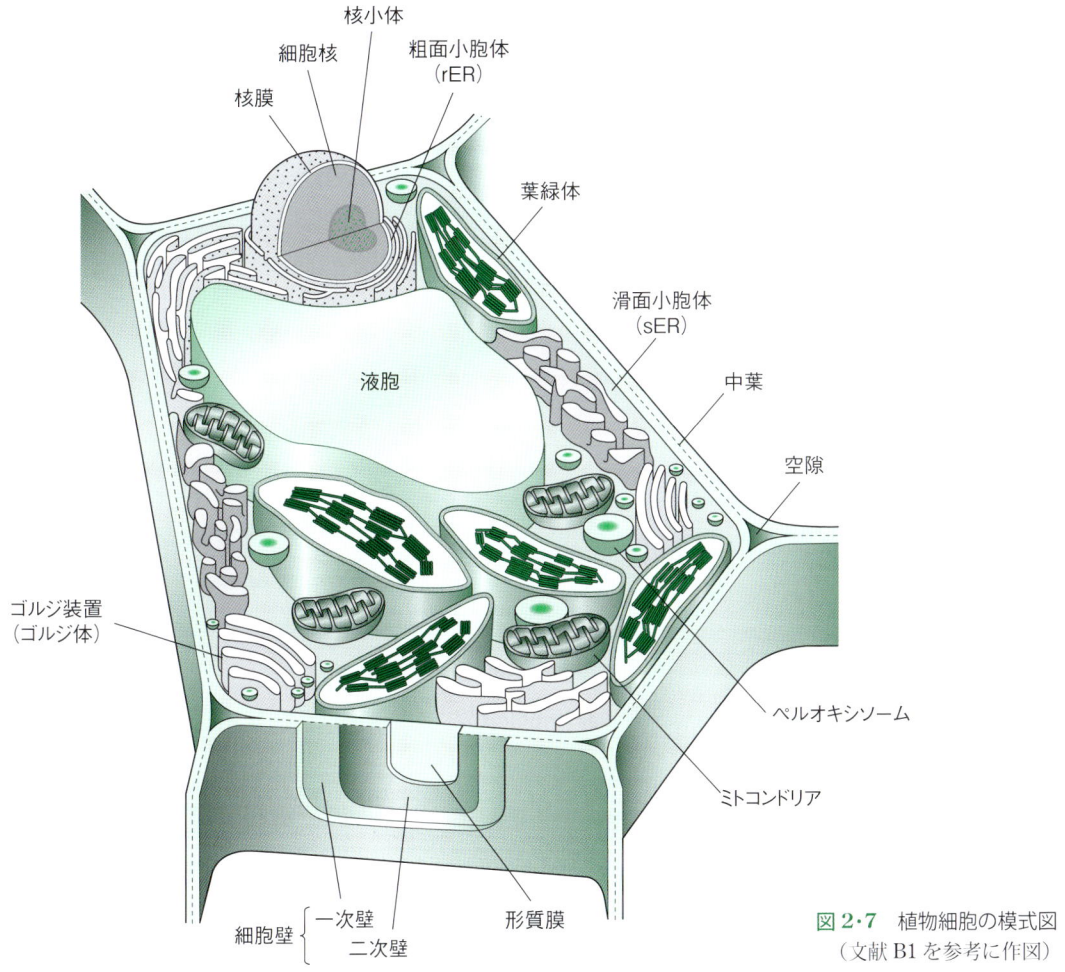

図 2·7　植物細胞の模式図
（文献 B1 を参考に作図）

頭部を水相に向けて配向することによって，**脂質二重層** lipid bilayer を形成しており（図 2·8），これが生体膜の基本構造となっている。「脂質二重膜」と誤った呼び方がなされることがあるが，一つの膜を二つの層が構成しているので，注意されたい。脂質二重層の表面や内部に結合している膜タンパク質を，それぞれ表在性タンパク質，内在性タンパク質と呼ぶ。

細胞膜には，隣の細胞との連絡通路である**原形質連絡**（または**プラスモデスマータ**）plasmodesma(ta) がある。ウイルス粒子や転写因子など，大きな分子や複合体も移動すると考えられている。

植物特有のオルガネラが葉緑体である。それ以外のオルガネラとしては，ミトコンドリア，小胞体，ゴルジ装置（ゴルジ体），マイクロボディ（グリオキシソーム，ペルオキシソーム），液胞などがある。液胞は，動物細胞のリソソームに対応するが，構造的にはかなり異なる。

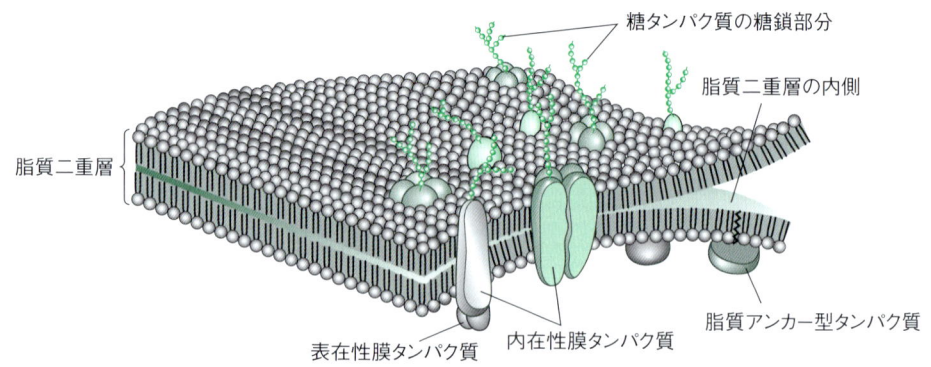

図 2・8 生体膜の基本構造
(文献 B1 を参考に作図)

　植物細胞の内部には，膜でできたオルガネラの他に，リボソームや**細胞骨格** cytoskeleton が存在する．細胞骨格には，**アクチン繊維**（actin filament；マイクロフィラメントともいう），**微小管** microtubule などがあり，原形質流動や，オルガネラの移動などに関わっている（図 2・9 A, B）．アクチン繊維は，G-アクチンが重合してできる 2 本のプロトフィラメント（この状態のアクチンを F-アクチンと呼ぶ）がより合わさってできる直径約 7 nm の細い繊維である．微小管は，α と β の 2 種類の**チューブリン** tubulin が管状に重合してできる直径約 25 nm の管である．

　動物細胞で重要な役割を果たす中間径繊維に相当するものは，植物細胞では確認されていない．いくつかの植物関係の教科書には，植物の核膜にも核ラミナが存在し，これが中間径繊維でできているように書かれているが，最近の研究によれば，核ラミナを構成する核膜裏打ちタンパク質の実体は，別の種類のタンパク質 LINC1 などであった（文献 41）．Gclust（ウェブサイト W1）を使った比較ゲノム解析によれば，動物の中間径繊維を構成するタンパク質と相同なタンパク質は植物に存在しない．

　動物細胞で知られる中心体は，植物細胞にはないといわれてきた．しかし，明確な構造はないものの，中心体と同等の機能を果たす**微小管重合中心** microtubule organizing center は存在する．また，藻類細胞には**中心体** centrosome が存在して，そこから細胞内の微小管ばかりでなく，べん毛（図 2・1，図 2・9C）も生えている．

　細胞骨格は，名前から想像されるような堅いしっかりとしたものではなく，柔軟性をもち，つねに両端で重合・脱重合を繰り返す（トレッドミリングと呼ぶ），ダイナミックな構造である．また，細胞骨格系の上を，**モータータンパ**

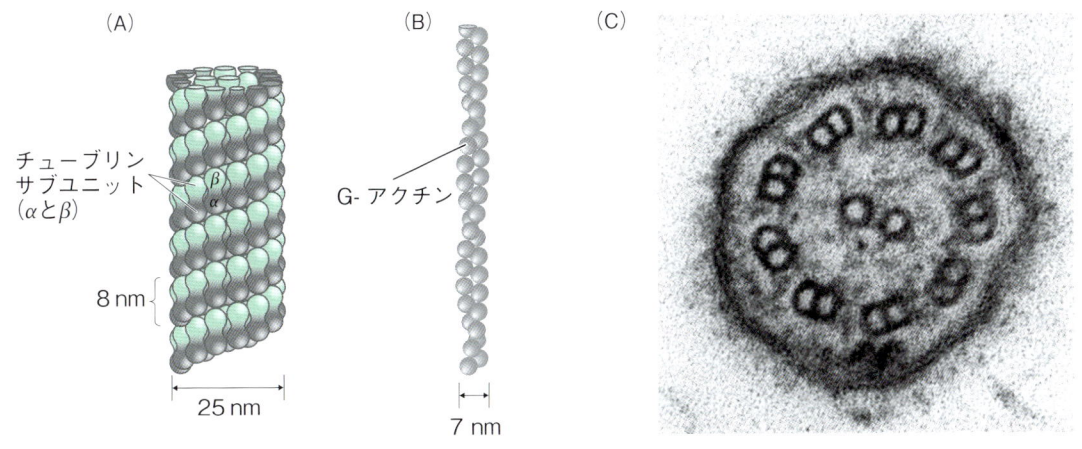

図 2・9 細胞骨格を構成する微小管 (A) とアクチン繊維 (B) およびべん毛の断面 (C)
微小管は，α と β のダイマーがらせん状に巻いてできている．一方，アクチン繊維は，G-アクチンからなる 2 本の繊維が二重らせんになっている（A と B は文献 B6 を参考に作図）．C に示すのは，クラミドモナスのべん毛の断面を示す電子顕微鏡写真である．中心の 9 + 2 構造は，微小管からできている．二つの微小管が融合した形のものが 9 対と，中心に 2 本の微小管がある．また，それらをつなぐ構造物や，外側の微小管からつきだしたダイニンの腕も見える．また，べん毛にも膜があることがわかる．筆者撮影．

ク質が移動することにより，物質やオルガネラの輸送を行う．アクチン繊維には**ミオシン** myosin が，微小管には，**ダイニン** dynein と**キネシン** kinesin という 2 種類のモータータンパク質が，それぞれ結合し，運動を担っている．

　細胞分裂のときに形成される**紡錘体** spindle は微小管でできている．**フラグモプラスト** phragmoplast と呼ばれる構造は，植物細胞が分裂する終期に，分裂面に形成される構造物だが，微小管とアクチン繊維のネットワークでできている．植物特有の細胞壁成分である**セルロース** cellulose は，何本かのセルロース繊維の束（ミクロフィブリル）として存在するが，細胞膜を隔てた裏側にある微小管の走向によって，繊維の走る向きが決められているといわれている．

2・3　オルガネラ

それぞれのオルガネラについて，簡単に述べる．

2・3・1　葉緑体

葉緑体（chloroplast：図 2・10）は，植物や藻類に特有のオルガネラで，**光合成**を行う．しかし葉緑体には，光合成以外に，窒素代謝やいろいろな物質合成の働きもある．植物の場合，緑色の葉以外の器官の細胞にも，緑色ではないが，光合成以外の葉緑体機能を果たすオルガネラが存在し，**色素体**（プラスチ

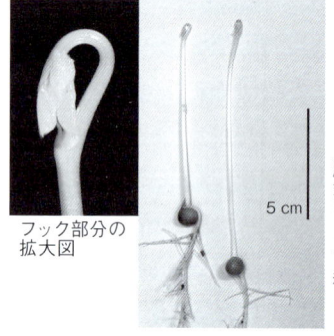

図 2·10 エンドウ芽生えの緑化と葉緑体の発達
左下は，暗所で 7 日間育てて黄化したエンドウの芽生え．右下は，明所で 11 日間育てて緑化したエンドウの芽生え．上には，エチオプラストと葉緑体の電子顕微鏡像を示す（グルタルアルデヒドとオスミウム酸による二重固定）．エチオプラストの包膜内側にある白っぽい領域，葉緑体内部にあって，チラコイド膜にはさまれた白っぽい領域は，いずれも核様体[*1]と思われる．核様体の局在については，12·1 節で述べる．中央上には，黄化植物に光を当てて 3 時間程度のときに見られる，転換中の色素体（エチオクロロプラスト）を示す（過マンガン酸カリによる固定のため，膜がはっきり見える）．筆者撮影．

[*1] 原核生物やオルガネラの DNA は，昔は水に溶けた状態で存在すると思われていたようだが，実際には DNA 結合タンパク質によってコンパクトな顆粒の形に組織化されている．これを核様体と呼ぶ．原核生物であるシアノバクテリアにも核様体があり，葉緑体の核様体とともに，図12·2 や口絵②に示されている．同じ核様体という名前を使うが，実際に含まれている DNA 結合タンパク質の種類は，原核生物の種によっても異なり，さらに葉緑体やミトコンドリアでも異なる．

ド plastid）と呼ばれる．色素体は細胞機能にとって必須であり，形や色はちがっても，全ての植物細胞に存在する．通常，陸上植物の葉の細胞では，50〜100 個の葉緑体が含まれている．表皮細胞には，明らかに緑色に見える葉緑体はないが，色素体は存在する．植物種によっては，非常に小型の葉緑体になっていることもある．またシダ類では，表皮細胞にも普通に発達した葉緑体がある．

色素体は，二重の**包膜** envelope membrane(s) で囲まれ，独自の DNA をもつことが特徴である．**色素体 DNA**（**葉緑体 DNA** chloroplast DNA ということが多い）は，約 100〜200 kbp の環状 DNA で，rRNA, tRNA の遺伝子や，RNA ポリメラーゼ，リボソームタンパク質，光化学系タンパク質，ATP 合成酵素，ルビスコのサブユニットなどをコードしている（詳しくは 12 章参照）．

通常，1個の色素体には，多数の色素体DNA分子が含まれている。これは，その起源と考えられているシアノバクテリアでも同様である。DNAそのものは，一つの植物体の中では，葉緑体でも，また，その他の種類の色素体でも同じ配列である。色素体DNAは，さまざまなタンパク質とともに，**核様体** nucleoid と呼ばれる構造体を形成しており，そこには，複製や転写のための酵素なども含まれている（図2・11）。

葉緑体の内部には，**チラコイド膜** thylakoid membrane が発達しており，そこで光合成の初期反応が行われる。葉が緑色に見える理由は，チラコイド膜にクロロフィル結合タンパク質が含まれているためである。**クロロフィル**

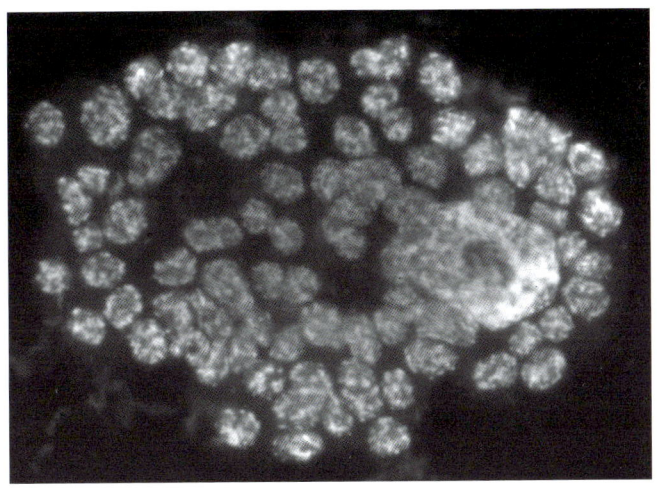

図2・11　エンドウの核様体
未展開のエンドウの葉の細胞を，細胞壁溶解酵素によって処理した上で，DNAを染色する蛍光色素で染色し，押しつぶし法により広げて蛍光顕微鏡により観察したもの。右の大きく見えるのが細胞核で，その中に見える黒い部分は核小体。小型で多数存在するオルガネラは，発達途中の葉緑体。分裂中のものもいくつか見られる。葉緑体の中で白く光っているのが核様体。筆者撮影。（文献44より）

chlorophyll は，光を吸収して，そのエネルギーを光合成に利用するために必須の色素である。色素体内部のチラコイド膜以外の部分を，**ストロマ** stroma と呼ぶ。ストロマには，葉緑体DNAや，その遺伝子発現のための**RNAポリメラーゼ**，**リボソーム** ribosome などが存在する。また，炭素同化系の酵素群もストロマに存在する。光合成の詳しい作用は，第6章で述べる。

光の当たらないところで育てた植物は，「もやし」（黄化植物）になり（図2・10左下），胚軸が長く伸びる一方，葉は黄色いままで展開しない。このとき色素体は，**エチオプラスト** etioplast となっていて，内部には，複雑な膜からできた**プロラメラボディ** prolamellar body ができている。また，クロロフィルの合成は途中で止まった状態にあり，このため，この状態の葉（黄化葉）は，プロラメラボディが含む色素のために，黄色ないしうす黄緑色に見える。この「もやし」植物に光があたると，植物種によって異なるが，数時間から1〜2日で，葉が展開し緑色になる。それにともない，エチオプラストが葉緑体に変化する。これを**緑化** greening と呼ぶ[*2]。そのとき，プロラメラボディは崩壊し，そこからチラコイド膜が伸び出してくる（図2・10中央上）。最終的に発達した葉緑体には，**グラナ** granum（複数形 grana）と呼ばれるチラコイド膜の重なったところが，ところどころに見られる（図2・10右上）。このほかの

*2　この言葉は，単に葉が緑色になるという意味ではなく，形態的変化も含めた内容をもっている。

色素体としては，ニンジンの根に含まれる色素体は，カロテノイドを含む**有色体** chromoplast である．花弁でも，黄色いものは，有色体を含んでいるものがある（ちなみに，アサガオやバラなどの花弁の赤や紫の色は，液胞に含まれるアントシアン色素による）．このように色素体は，植物の組織によっても，環境条件によっても，さまざまに形態と機能を変化させるオルガネラである．

2・3・2 ミトコンドリア

植物細胞にも（動物細胞に限らず），かならず**ミトコンドリア**（mitochondrion, 複数形は mitochondria：図 2・12）がある．ミトコンドリアは好気呼吸を行うオルガネラである．植物は，昼間は光合成だけで生きてゆくことができるが，夜には呼吸が必要である．また，非光合成組織の細胞では，呼吸は必須である．ミトコンドリアは，**内膜** inner membrane と**外膜** outer membrane をもち，内膜の内部は，**マトリクス** matrix と呼ばれる．**呼吸鎖** respiratory chain は，内膜に存在する．

ミトコンドリアにも，独自の DNA が存在する．哺乳類のミトコンドリア DNA は，約 16 kbp ときわめて小さいが，植物のミトコンドリア DNA は一般

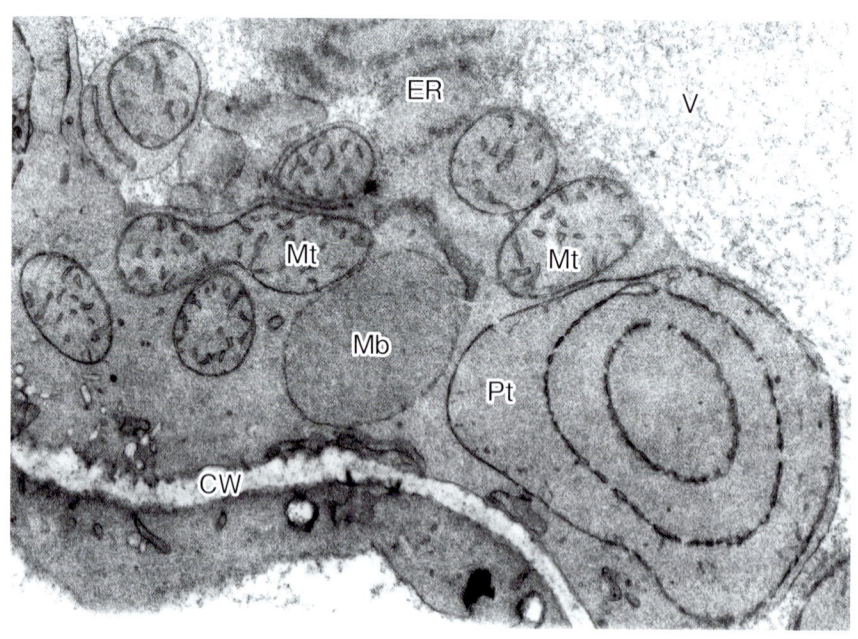

図 2・12　緑化途中におけるエンドウの葉の細胞の一部の電子顕微鏡写真
　Mt：ミトコンドリア，Pt：発達途中の葉緑体，Mb：マイクロボディ，ER：小胞体，V：液胞，CW：細胞壁．葉緑体包膜やミトコンドリア内膜は，本来，2 枚の膜が近接しているものだが，一部を除き，はっきりと分かれて見えていない．筆者撮影．

に大きく，コケでも 100 kbp くらい，被子植物では 500 kbp 以上ある．コードしている遺伝子の種類も多く，呼吸鎖のタンパク質や ATP 合成酵素，リボソームタンパク質の他，rRNA や tRNA などもコードされている．

2・3・3 小胞体

小胞体（ER ともいう．図 2・7，図 2・12）は，細胞質内にはりめぐらされた薄い平板のような袋状または管状の膜系であり，英語では endoplasmic reticulum（ER）と呼ぶ．小胞体と呼ぶ理由は，細胞を壊してオルガネラを単離する際に，ER 膜が断片化して，小さな膜胞として回収されるためであるが，現実に細胞内に存在するときの形は，小胞ではなく平板状である．ER からゴルジ装置に向かって物質を輸送する小胞輸送と呼ばれるシステムがあるが，その場合には，ER から小胞がくびれだして，はずれ，ゴルジ装置の膜と融合する．このほかにも，さまざまな膜の間を結ぶ小胞輸送のための膜小胞が存在する．

ER には，リボソームが結合したものとそうでないものがあり，前者を粗面小胞体（rough ER），後者を滑面小胞体（smooth ER）と呼ぶ．リボソームが結合しているところでは，ER やゴルジ体のタンパク質，あるいは，分泌されるタンパク質が合成されていて，合成と同時に，膜内に輸送される．

2・3・4 ゴルジ装置（ゴルジ体）

ゴルジ装置（Golgi apparatus, Golgi body　図 2・13）は，小胞体からの小胞輸送によって作られ，分泌タンパク質に糖鎖修飾を加えるオルガネラである．小胞体からの輸送は COP II 小胞により，また小胞体へと帰る輸送は COP I 小胞によって行われている．本来小胞体に存在すべきタンパク質は，小胞体保持シグナルをもつ．もしも輸送されても，帰りの輸送系で小胞体に戻ってくる．

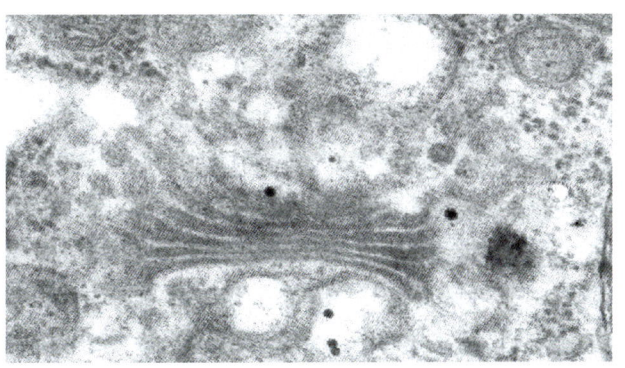

図 2・13　緑藻クラミドモナスのゴルジ装置
平板状の膜が重なった構造体であり，その一番下がシスゴルジであるが，さらに下側には ER 膜が見られる．重なった膜の上の方がトランスゴルジである．周辺には，多数の輸送小胞が存在する．タンパク質の輸送はシス側（下）からトランス側（上）に向かって行われる．この図のすぐ下側には細胞核があり，右上隅には細胞膜が見えている．筆者撮影．

ゴルジ装置は，小胞体から近い側（*cis*-Golgi），中間層，遠い側（*trans*-Golgi）などの層が積み重なった構造をしている。分泌は遠い側の端の *trans*-Golgi Network（TGN）から起きる。ゴルジ装置は動的な構造体で，小胞輸送を止めるブレフェルディン A などの存在下では，ほとんどすべて小胞体に吸収されてしまうが，薬剤を除去すれば再び形成される。

2・3・5 マイクロボディ

マイクロボディ（microbody. グリオキシソーム glyoxysome，ペルオキシソーム peroxisome　図 2・14）は，一重膜で囲まれたオルガネラで，植物の発達段階や組織により，グリオキシソームやペルオキシソームとして存在する。主要な機能は，脂肪酸の β 酸化や，グリオキシル酸の代謝である。ペルオキシソームには，大量のカタラーゼが蓄積していて，結晶状になっていることもある。

2・3・6　液　胞

液胞（vacuole　図 2・7，図 2・12，図 2・14）は，植物細胞の大部分の容積を占める大きなオルガネラで，トノプラストと呼ばれる一重膜に囲まれている。液胞の内部にはさまざまな分解酵素が存在し，老化の際には細胞成分の消化を行う。そのほか，細胞内のイオンの貯蔵，色素などの物質の貯蔵などを通じて，細胞内の恒常性の維持に一役買っている。液胞膜には，水素イオンを輸送する ATPase が存在し，液胞内を酸性に保っている。

細胞内の不要なオルガネラやタンパク質を分解するしくみとして**オートファジー** autophagy が知られている。文字通り訳すと「自食」作用である。分解されるものは，オートファゴソームと呼ばれる二重の膜に包まれて，その後この膜は，液胞膜と融合し，内容物は消化される。オートファジーのプロセスには多くのタンパク質因子が関わっていることが明らかにされた。詳細は総説（文献 24）を参照されたい。

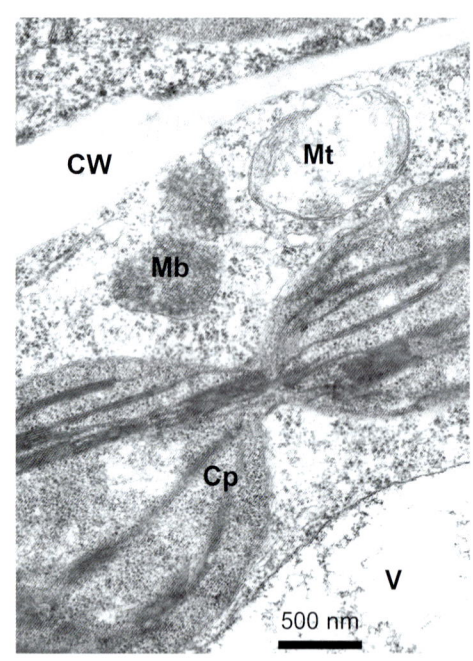

図 2・14　マイクロボディ
若いエンドウの葉肉細胞の一部。分裂中の葉緑体（Cp）のそばに，ミトコンドリア（Mt）とマイクロボディ（Mb）が見られる。葉緑体の分裂狭窄部の包膜周辺が濃く染色されているが，これが分裂装置（12・6節）を表すのかどうかはわからない。V：液胞，CW：細胞壁。筆者撮影。

2・4 組織と器官（根・茎・葉）

植物体の基本的なつくりを図 2・15 に示す。組織は，同じ種類の細胞が一定の秩序をもって集まったものであり，器官は，いくつかの組織からなる機能的なまとまりである。地上部をまとめてシュート shoot と呼ぶことがある。

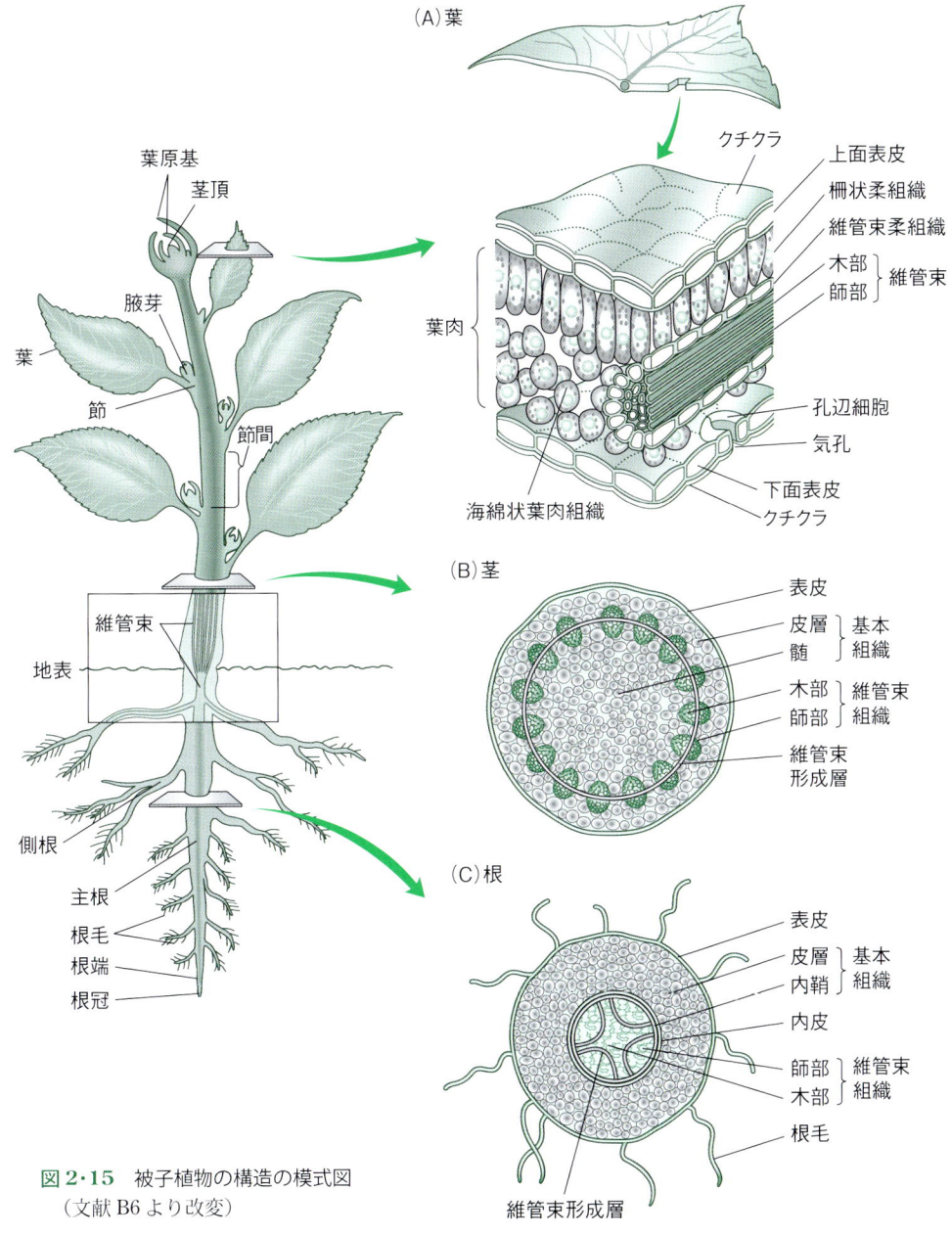

図 2・15 被子植物の構造の模式図
（文献 B6 より改変）

2・5　多段構成の動的な組織化は胚発生から

　複雑な植物の体をみると，どのように作られるのか，不思議になる。しかし，このような複雑な組織・器官であっても，つねに作られ続けていて，動的な構造であることを忘れてはいけない。もともと一つの細胞から始まる胚発生によって植物体が作られる過程は，一種の自己組織化であり，基本的には，代謝エネルギーを利用して行われる（第 8 章参照）。植物は動物と異なり，これで完成という形態や状態がない。常に，茎頂と根端で先端成長を続けながら，体を作り続けているのだから，樹木がそれぞれの種にふさわしい容姿を示すことなど，非常に不思議である。構造を動的なものとして理解することは，まだ始まったばかりである。

問　題

1.　光合成をする単細胞生物としては，どんなものがあるか。陸上植物には，どんな種類があるだろうか。コケとシダと被子植物の体の構造を比較してまとめてみよう。裸子植物は樹木が多いので，比較が難しいかもしれないが，可能なら裸子植物も調べてみよう。

2.　植物細胞の中にあるオルガネラについて，名前，英語名，大きさ，働きなど，それぞれの特徴をまとめた表を作ってみよう。

3.　生体膜の基本構造を簡単に図示し，説明せよ。

4.　小胞体の働きを述べよ。後の章に出てくる代謝的な役割も考慮して説明せよ。

課　題

　身近にある植物を採取して，観察してみよう。根は，土を水で洗い流して，観察する。葉はどんな構造になっているだろうか。根はどんな形に分岐しているだろうか。茎を輪切りにしてみると，中はどのようになっているだろうか。拡大鏡などで観察してみよう。デジカメなどでも，かなり拡大して撮影できる。

第3章

水と植物の科学
― いのちを支えるダイナミズム ―

> 植物は水を吸い上げる。大きな樹木ならば，何十メートルも吸い上げることができる。揚水ポンプでは，大気圧を利用しているので，10メートルくみ上げるのが限度である。そのため，昔の人は，植物が水を高く吸い上げられることを不思議に思った。水を吸い上げ，葉で蒸散するのは，動的な活動である。このダイナミズムを理解するには，物理学的なしくみから説明する必要がある。

3・1 植物と水

　植物に水は欠かせない。むしろ，生物に水は欠かせないという方が正しいだろう。水のないところに生命はあり得ない。それはなぜだろうか。水はいろいろな物質を溶かしている。その中には栄養素もあり，また不要なものもある。水は蒸発する時に，大きな**蒸発熱**を奪う。暑い日に水をまくと涼しくなるが，私たちの体も，汗をかくことで体温調節をしている。植物が能動的に体温調節をしているとはいえないとしても，葉から水を蒸発させることにより，結果として，温度を低く保つことができている。実際に葉に触ってみればよくわかる。ひんやりと冷たいはずだ。

　水の効能はそればかりではない。水というのは実に不思議な物質だ。比熱が異常に大きいため，ちょっと温めたり冷やしたりしようとしても，大きく温度が変わらない。一方，水は**融解熱**が大きいため，氷を作るには，よほど冷やさなくてはならない。つまり，地球上の水は容易には氷にならず，液体状態を保っている。氷の比重は水の比重よりも小さく，水の比重が最大になるのは4℃のときなので，池の水が凍るときには表面から凍る。これは当たり前のようだが，そうでなければ，まるごと池が凍りつき，池の魚は全滅してしまうし，南極の海も丸ごと凍ってしまえば，どんな魚も鯨も藻類も生きてゆけない。このことは植物にとっても重要で，樹氷のように氷に覆われた樹木が生き延びられるのは，水が凍るときに大きな融解熱が放出されることと，氷自体の比熱もまだほかの物質に比べれば大きいためである。樹木や草木といえども，一般には，本

体が凍ってしまっては生きのびられないのである。

　水にはもう一つ不思議な性質がある。お湯を沸かすときには対流が起きる。もしも対流がなければ，やかん一杯の水を沸かすにも，何時間もかかるといわれている。そのくらい水の熱伝導率は低い。これも，樹木が容易には凍らない理由の一つである。樹木の内部の水は対流しないのであるから。

　水にはさらに不思議な性質がある。生物の体との相性である。衣服に水がつくと，すぐにしみこんでしまう。同じように，木材に水をかければ，すぐに全体に拡がり，表面をぬらしてしまう。ところが草の茎や葉に水をかけると，水玉ができてはじいてしまう。植物体を作っている物質は水になじみやすく，水に濡れやすい性質がある一方，植物の表面には細かい毛が生えていたり，分厚いワックスの層があったりして，水をはじいてしまうからである。水は勝手に植物の中に浸入することはできない。根だけは特別で，水をどんどん吸い上げる。こうしたことを見ると，植物はどうやら，水と上手につきあっているようだ。もうすこし詳しく見てゆこう。

3・2　浸透圧

　水はものを溶かすことができる。実は，こんなによく，ものを溶かすことのできる溶媒は珍しいのである。ふだん気にもしないことだが，水が塩や砂糖を溶かさなかったら，私たちの生活はいったいどうなってしまうだろうか。塩はイオン性結晶で，砂糖は共有結合でできた有機物である。そんなまったく違った種類の物質ですら，水はやすやすと溶かしてしまう。タンパク質でも，核酸でも，多糖類でも，実に多種多様なものが水には溶ける。当たり前すぎることが，案外特別なことなのである。

　さて，ものが溶けると，「水は薄まる」。変なことを言うと怒られそうだが，一定容積中の水分子の数を数えたとすると，当然のこととして，ものが溶け込めば，その分だけ水分子の量は減る。これが，**浸透圧** osmotic pressure の原理である。**半透膜** semipermeable membrane と呼ばれる，ミクロな穴の開いた膜を準備する。セロハン膜や膀胱膜である。細胞膜もこれに近い性質をもっている。その膜の両側に，異なる濃度の物質を溶かし込んだ水溶液を接しさせる。このとき半透膜にあるミクロな穴は，分子量18程度の水分子は通すが，より分子量の大きな溶質は通さない。そのため，「水の濃度の高い」側から，「水の濃度の低い」側へと，水が通り抜けてゆく。言い換えると，溶質の濃度の低い側から，高い側へと，水が抜けてゆく。このとき，図3・1のように，半透膜の両側に圧力差をつけると，適当なところでバランスして，水の流入が止まる。

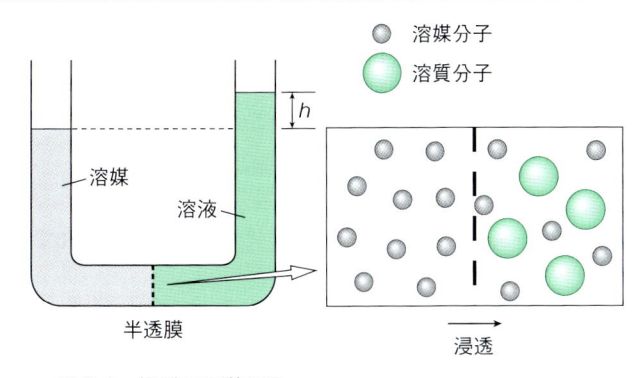

図 3·1 浸透圧の説明図
左の溶液は水だけ，右の溶液は溶質を溶かしたものであり，それらを半透膜が隔てている。半透膜は水分子だけを通す。溶質が含まれている溶液の側の水分子の濃度が低いため，左側から右側に向かって水が移動する。これを押しとどめるために，右側の水面が高さ h だけ高くなる。このとき，h によって加えられる水圧が浸透圧に相当する。（文献 B26 より改変）

　この圧力差が，浸透圧である。溶質の濃度がある程度以下であれば（理想溶液としての近似），溶質濃度の増加と，水分子濃度の減少が比例するので，浸透圧 Π（パイの大文字）は，溶質濃度 $C = n/V$（n は溶質のモル数，V は溶液の体積）に比例するという式 3-1 が成り立つ。

$$\Pi = RTC \qquad （式 3\text{-}1）$$

ただし，R は**気体定数**，T は絶対温度である。

　浸透圧は，根が水を吸収するときの原動力である。根の細胞質には，ものが溶けているので，浸透圧が高い。言い換えれば，外から水を吸収しやすい。もちろん，水を吸い取れば，根の中身は薄まるが，吸収した水は，つぎつぎと道管を通って，茎や葉に送られるので，根による水の吸収は連続的に続く。多くの植物生理学の教科書では，こうした過程を静的に記述しているが，現実の植物は動的であり，常に水が動き続けている**定常状態** steady state にあることを忘れてはいけない。

3·3　表面張力と水の凝集力

　水の性質として，大きな**表面張力** surface tension がある。細い管を水面につけると，水が吸い上げられる。管の表面が水に濡れやすい性質の場合，管の表面に結合した水がほかの水分子と強く引き合い，液体の水を引き寄せるからである。一般的な有機溶媒の場合，分子間に働くのはファン・デル・ワールス

力や静電的な引力だけだが，水分子の間には水素結合ができるため，広範囲の水分子が，互いに結びついた状態になる。純水の表面張力 T は，72.8 mN m^{-1}（単位を変えると 7.28×10^{-8} MPa m）である。この力は非常に大きく，背の高い樹木が水を吸い上げる際にも，途中の水が途切れないようにしている。

3・4 水ポテンシャル

植物全体での水の移動を理解するには，水の**自由エネルギー** free energy を考える。自由エネルギーが低くなるように，水は移動するからである。ただし，単なる自由エネルギーでは物質量に依存するので，**化学ポテンシャル** chemical potential という量を考える。これは，1モルあたりの自由エネルギーである。さらに，化学ポテンシャルを体積で割った値を，**水ポテンシャル** water potential と呼ぶ。この量は，植物生理学の分野で，古くから使われてきているものであり，圧力の次元をもつので，植物体内の水の移動を考えるときに，直感的にわかりやすい。

水ポテンシャル Ψ は，次のように，三つの成分からなる。

$$\Psi = \Psi_S + \Psi_P + \Psi_g \qquad (\text{式 3-2})$$

ここで，添え字の S, P, g は，それぞれ，溶質（浸透圧），圧力，重力を表している。二番目の圧力は，言葉通り，水の圧力である。第1項と第3項は，具体的には，それぞれ，以下のように表される。

$$\Psi_S = -RTC \qquad (\text{式 3-3})$$

$$\Psi_g = \rho_W g h \qquad (\text{式 3-4})$$

ここで，ρ_W は水の密度を，g は重力加速度を，h は基準点からの高さを，それぞれ表す。これらのそれぞれの項は，それらがより小さくなる方向に水が移動するように，符号を定めてあることに注意しよう。

根が水を吸収するときには，主に第1項が働くが，茎の道管を通って，水が上昇してゆくときには，第2項が負になることにより，第3項を打ち消している。葉では，水が蒸発するが，それにより，大きな負の圧力が生ずる。さらに，道管内表面は水となじみがよく，道管内表面に引き寄せられた水分子が，道管内の水を引き上げる。加えて，水分子の間には強い凝集力が働くため，道管内の水は途切れることがない。これを**凝集力・張力理論**と呼ぶ。こうして，大きな負の圧力によって，道管内の水が吸い上げられる。通常の揚水ポンプであれば，

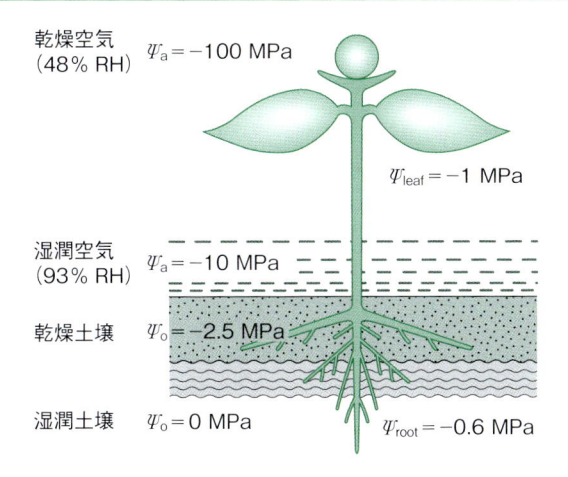

図3·2　植物体とそのまわりの水ポテンシャルの概要
湿潤土壌の水ポテンシャルを基準として，植物体内の根や葉，また，大気などの水ポテンシャルの概略を示している。RHは相対湿度を表す。（文献B4より）

大気圧に抗して水をあげようとしても，途中で水が途切れてしまうが，パイプを十分に細くして，表面張力と凝集力が強く働くようにすることで，100 mの高さの樹木でも，水を吸い上げることができるのである。植物体全体としての水ポテンシャルは，図3·2のようになっている。

3·5　蒸　散

葉の表面には**気孔**があって，そこから，植物体内の水分が放出されている。これを**蒸散** transpiration と呼ぶ。これは最終的に，**道管**の中の水を引き上げ，根からの水の連続的な吸収を可能にしている。実際，葉の内部と外部との水ポテンシャルの差は非常に大きい（図3·2）。**気孔の開閉**により，蒸散量は調節されている。一般に，乾燥しているときには気孔を閉じて蒸散量を減らし，光を受けて光合成をするときには気孔を開く。気孔の開閉が青色光とアブシシン酸により調節されるしくみについては，10·5節で説明する。

3·6　植物体内での物質と水の輸送

植物体内では，**ソース** source 器官である葉で合成された糖が，**師管**を通って，ほかの器官に移動してゆく。師管は生きた細胞からできた細長い管で，さまざまな物質を溶かした液が内部を移動してゆく。一つの細胞と次の細胞の継ぎ目には，「ふるい（篩）」のような構造（師板）があることから，もとは篩管

と表記されたが，常用漢字に合わせて師管と書かれるようになった。師管による物質輸送は，**圧流説** pressure-flow model で説明される（図 3・3）。師管に物質を送り込むのは伴細胞で，**能動輸送**のしくみにより，トランスポーターを使って，高濃度の糖を，水素イオンとともに師管に共輸送する。師管の**浸透圧**が上がり，まわりから水が流入することにより，膨圧が上昇する。この膨圧によって，水と溶質が，師管内をシンクに向かって移動する。**シンク** sink 器官では，能動輸送による糖の積みおろしが行われる。糖濃度の低下により，水ポテンシャ

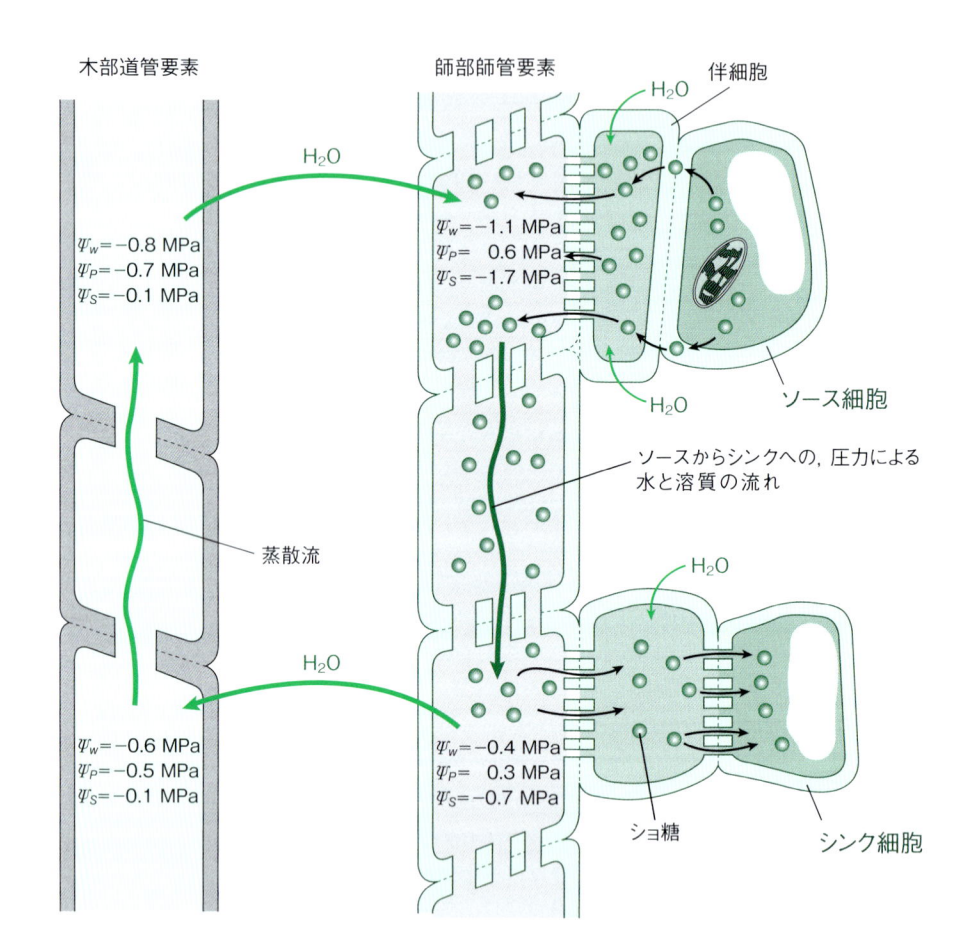

図 3・3 師管による物質輸送
ソース細胞で作られたショ糖は，伴細胞を通って，師管要素に送りこまれる。それにより，溶質に基づく水ポテンシャル Ψ_S が減少する。このため水が流入し，膨圧 Ψ_P が上昇する。なお，$\Psi_w = \Psi_P + \Psi_S$ である。圧力による水と溶質の流れが作られ，ソース側からシンク側への輸送が起きる。シンクでは，師管からの積みおろしが行われる。これにより，溶質に基づく水ポテンシャルが増加し，水が外に排出され，その結果，膨圧は減少する。妥当と思われる水ポテンシャルの値が，中に書き込まれている。（文献 B6 より改変）

ルは少し増加する。ポリマー・トラップ説については，11・5節で紹介する。

本章で扱った，植物の中での水の輸送の問題については，文献B15，文献B4などに詳しい説明がある。

問　題

1. ジュース類には，10％ないし30％のショ糖（分子量342）が含まれている。また，スポーツドリンクには，1％程度の塩化ナトリウム（化学式量58.5）などの塩類が溶けている。これらの浸透圧を計算せよ。なお，温度は25℃とする。SI単位系にそろえて計算する場合，気体定数は$8.314\,\mathrm{J\,K^{-1}\,mol^{-1}}$とし，体積を$\mathrm{m}^3$で考えること。

2. 植物が水を吸い上げるには，どんなしくみ（どんな種類の水ポテンシャル）が使われているか。それぞれの素過程に分けて，考察せよ。

3. 緑地では気温が低くなるが，どの程度の蒸散速度があれば，気温を保てるのか，計算してみよう。ちなみに，太陽光のエネルギーは，垂直に入射する際が最大値で，約$341\,\mathrm{W\,m^{-2}}$である。なお，1ワット（W）は仕事率の単位で，毎秒1ジュール（J）の仕事をしたり，エネルギー変化を起こす量を指す。25℃における水の蒸発熱は，$40.8\,\mathrm{kJ\,mol^{-1}}$である

課　題

植物が水を吸い上げるのを観察してみよう。元気のよい切り花を，インクの入った水につけ，経時的にデジカメで記録する。水を吸い上げる速度を求めることができる。また，インクで染まった茎をカッターで切って，断面を観察しよう。根のついた植物でも，同じことができる場合もあるが，適当な材料を入手するのは難しいかもしれない。ヒヤシンスなどの水栽培を利用するのも，一つのやり方である。

第4章

植物体を構成する基本分子
― 無限の可能性を秘めた生体物質 ―

生物の体を構成する分子には，糖，脂質，タンパク質（アミノ酸），核酸などの，四大生体物質と，その他の物質がある。本章で扱う四大生体物質は，基本的には全生物に共通だが，その他，植物独自の物質については，次章で扱う。

4・1 植物を作っている元素

植物を構成している元素は，きわめて多様である（表 4・1）。生体物質である**糖**，**脂質**は，元素として H, C, O を含むが，**アミノ酸**はそのほかに，N, S を含む。また**核酸**は H, C, O, N, P からなる。Mg は**クロロフィル**の成分であり，さまざまな酵素の活性にも必要とされる。とくに ATP と複合体を作ることにより，ATP の生理的な存在形態となっている。Fe は**シトクロム**の構成成分や，さまざまな電子伝達タンパク質の鉄-イオウクラスタの成分として使われている。植物体内で過剰な鉄は，**フェリチン** ferritin というタンパク質に結合した形で貯蔵される。Mn は，光化学反応中心を構成する重要な元素であるが，そのほか，いろいろな酵素の活性に必要とされる。Zn, Cu, Ni, Mo などの金属元素は，酵素の活性中心を構成するのに使われている。K, Na, Cl のように，溶質成分となっている元素もある。B, Si, Ca などは，細胞壁構造を補強するために使われている。とくにケイ素 Si は，イネ科の植物の茎のように見える部分（本当は葉鞘（ようしょう））の強度を高めるのに重要である。藻類では，ケイ藻やパルマ藻の殻はケイ酸でできており，円石藻などの殻は炭酸カルシウムでできている。Ca や Cl が，Mn とともに，光化学反応中心 II の必須成分としても含まれていることは，最近明らかになった。

植物に限らず生物の体を作る重要な有機物が，糖，脂質，タンパク質（アミノ酸），核酸の 4 種類である。これらについては一般的な生化学の教科書に説明があるので，ここではそれぞれ簡単に説明し，植物においてとくに重要な点を強調するにとどめる。

表4・1　一般的な植物体を構成する元素

元素名	元素記号	乾燥重量あたりの含有量
主要元素		単位 %
水素	H	6
炭素	C	45
酸素	O	45
窒素	N	1.5
カリウム	K	1.0
カルシウム	Ca	0.5
マグネシウム	Mg	0.2
リン	P	0.2
イオウ	S	0.1
ケイ素	Si	0.1
微量元素		単位 ppm
塩素	Cl	100
鉄	Fe	100
ホウ素	B	20
マンガン	Mn	50
ナトリウム	Na	10
亜鉛	Zn	20
銅	Cu	6
ニッケル	Ni	0.1
モリブデン	Mo	0.1

ここで 1000 ppm = 0.1% である。（文献 B6 より）

4・2　糖の種類と構造

　植物に含まれる糖 sugar としては, 遊離の糖としてスクロース (sucrose ショ糖) があるが, 大部分の糖質は, 貯蔵多糖や細胞壁多糖の形で存在している。貯蔵多糖の代表的なものは**デンプン** starch であり, アミロース amylose とアミロペクチン amylopectin からなる。アミロースは, グルコースが α1→4 結合で直鎖状に重合したものであるが, アミロペクチンは α1→6 結合による分岐を含み, 分岐した糖鎖が「ほうき」のような束状になっているのが特徴である (図7・12)。これに対して, 動物や細菌 (シアノバクテリアも含む) が作る**グリコーゲン** glycogen は, やはり分岐を含むが, 組織化した束状になっていない。細胞壁多糖としては, **セルロース** cellulose のほか, **ペクチン** pectin や**ヘミセルロース** hemicellulose がある。ペクチンの成分としては, ラムノガラクツロナン, アラビノガラクタンなどがあり, ヘミセルロースの成分としては, アラビノキシラン (単子葉植物), キシログルカン (双子葉植物) などがある。さらに, 糖脂質の成分としてガラクトースなどがある。また, 代謝中間体として, さまざまな糖とリン酸が結合した物質が存在する。このほかに, フェノール化合物やテルペン類の配糖体にも, 糖が含まれる。たとえば, **アントシアン**の配糖体は, 花の色を出す主要な色素成分である。

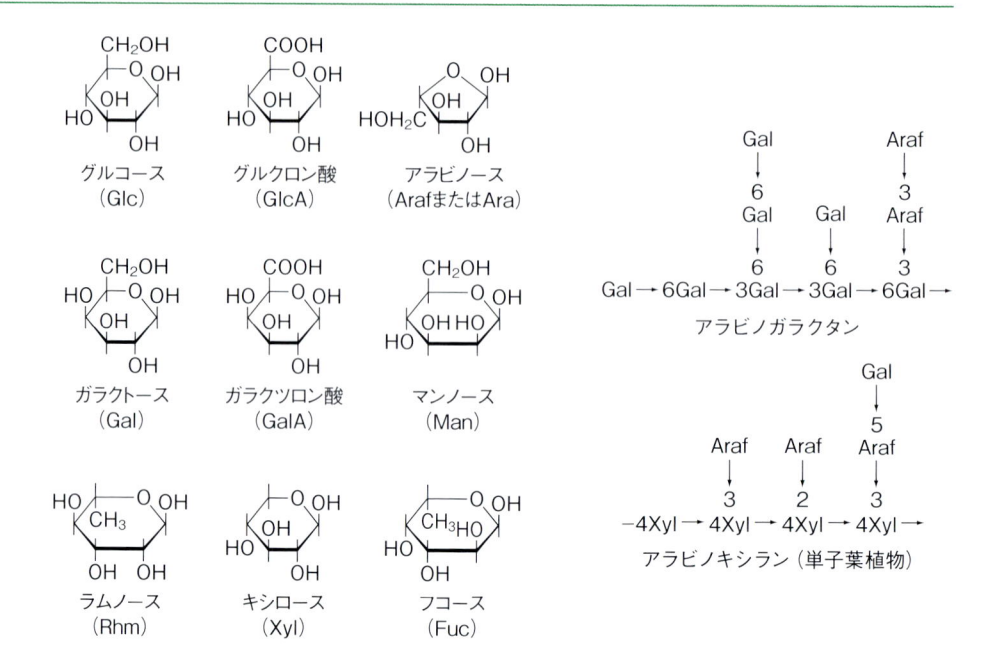

図4・1　植物に含まれる代表的な糖の構造
左には，主な単糖の構造をD配置β型として示す。これらの糖では，α型の場合，1位（アノマー位とも呼ぶ．右端）のOHが，下につく．ただし，アラビノース，ラムノース，フコースでは，図にはL配置α型が示されている．右には，多糖の例を示す．β1→4結合でグルコースが重合したセルロースやα1→4結合でグルコースが重合したアミロースは，構造が単純なので，ここには示していない．（文献B12より改変）

4・3　脂質の種類と構造

　一般的な生化学の教科書では，生体膜の構成成分として，**リン脂質** phospholipid が紹介されているが，植物では，**モノガラクトシル・ジアシルグリセロール**（monogalactosyl diacylglycerol, MGDG）と**ジガラクトシル・ジアシルグリセロール**（digalactosyl diacylglycerol, DGDG）が，**葉緑体**の膜を構成する主要な糖脂質成分である（図4・2）．そのほかに，硫酸基をもつ**スルホキノボシル・ジアシルグリセロール**（SQDG）も存在する．これらはすべて葉緑体の**チラコイド膜**の構成成分であるが，チラコイド膜のリン脂質としては，**ホスファチジルグリセロール**（PG）があるのみである．**包膜**には，**ホスファチジルコリン**（PC）もあり，これは葉緑体以外の膜の主要構成成分でもある．植物にはその他，一般的なリン脂質である PE, PI, PS, DPG なども存在する．貯蔵脂質としては，**トリアシルグリセロール**（triacylglycerol, TAG）が主に種

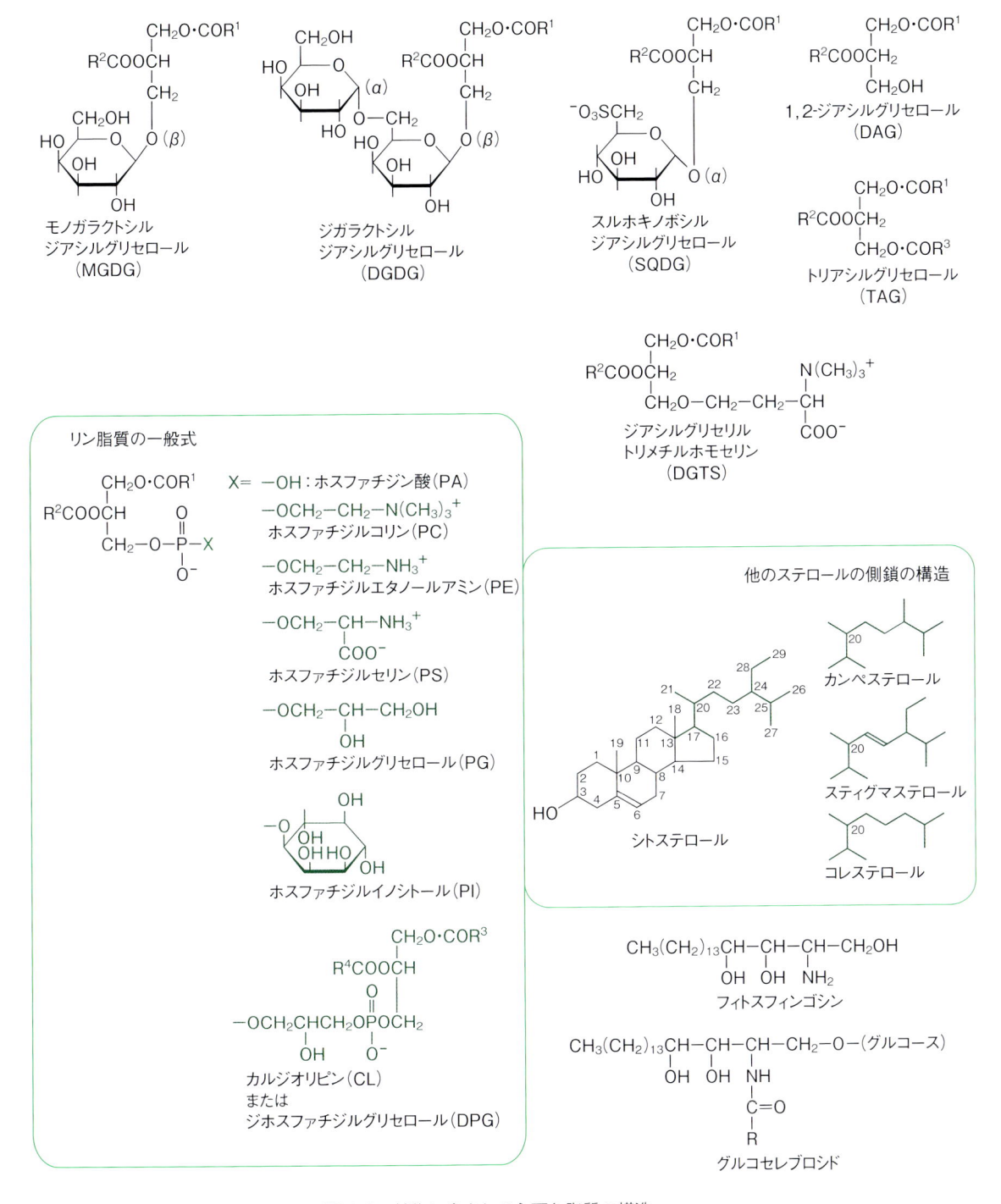

図 4・2 植物に含まれる主要な脂質の構造

子などに存在するが，葉にも検出される。特殊なグリセロ脂質として，DGTSがある。これは，クラミドモナスなどの藻類や，シダ，コケなどに存在する。

こうした**グリセロ脂質** glycerolipid のほか，**スフィンゴ脂質** sphingolipid として，セレブロシド（セラミドモノヘキソシド，CMH）などがある。**ステロール** sterol としては，動物の膜で一般的なコレステロールは少なく，**シトステロール**が多く，その他，カンペステロール，スティグマステロールなどがある。ステロール類は，遊離の形でも，脂肪酸誘導体としても，また配糖体としても存

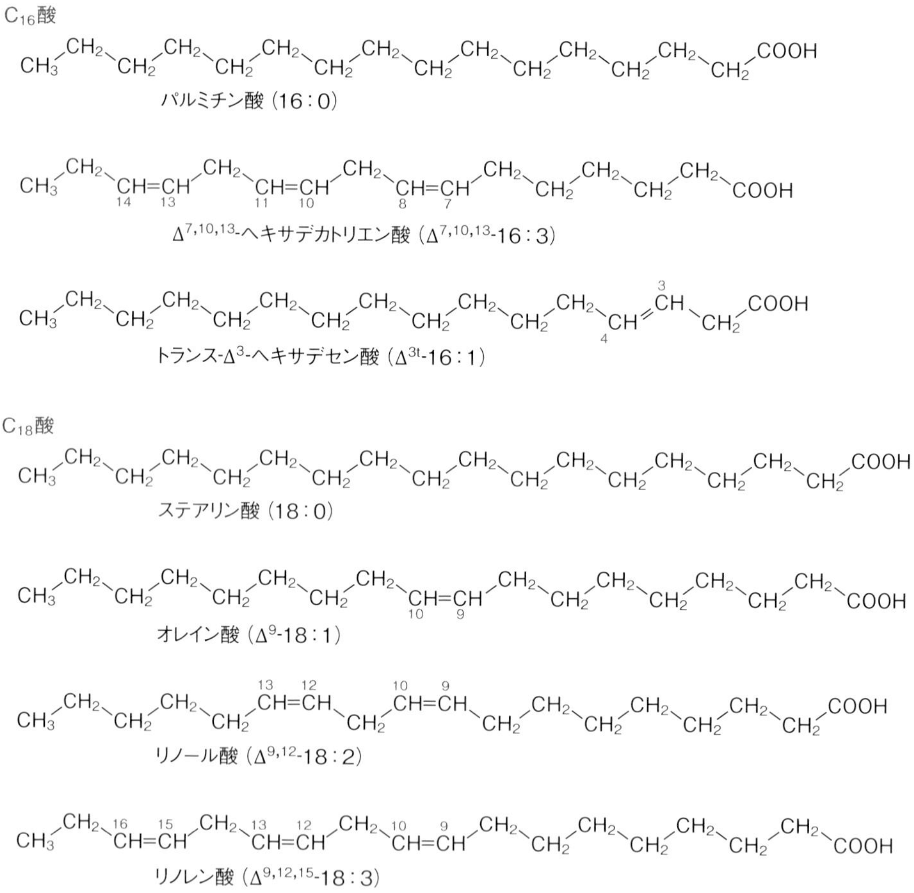

C_{16}酸

パルミチン酸（16:0）

$\Delta^{7,10,13}$-ヘキサデカトリエン酸（$\Delta^{7,10,13}$-16:3）

トランス-Δ^3-ヘキサデセン酸（Δ^{3t}-16:1）

C_{18}酸

ステアリン酸（18:0）

オレイン酸（Δ^9-18:1）

リノール酸（$\Delta^{9,12}$-18:2）

リノレン酸（$\Delta^{9,12,15}$-18:3）

図4・3 植物に含まれる主要な脂肪酸の構造
　二重結合の立体配置はΔ^{3t}-16:1を除きすべてシス型であり，ふつう表記しない。なお，脂肪酸を二つの数字の組み合わせで表記する場合，コロン（：）の左に炭素数を，右に二重結合の数を書く。二重結合の位置を示すには，上記のようにΔ（デルタ）のあとに書くか，18:2 (9,12) などと，括弧に入れて表す。ほとんどの天然脂肪酸の場合，二重結合はシスだが，葉緑体のPGに含まれるΔ^{3t}-16:1では，トランスである。

在する。

　脂質に含まれる**脂肪酸** fatty acid の種類（図4・3）としては，炭素数 16 または 18 の脂肪酸が多いが，植物の特徴として，**多価不飽和脂肪酸** polyunsaturated fatty acid，つまり，**二重結合** double bond を 2 個，3 個（または 4 個以上）含む脂肪酸がある。二重結合の位置を表す方法として，カルボキシル基から数えて 9 番目の炭素と 10 番目の炭素の間に二重結合がある場合に，Δ^9（デルタ 9）という表記が使われる。Δ^{12} に二重結合を入れるのはほぼ植物だけの特徴で，動物にはこの反応を行う酵素がない。そのため，植物の油脂に含まれる**リノール酸**（linoleic acid, $\Delta^{9,12}$-18：2）や**リノレン酸**（linolenic acid, $\Delta^{9,12,15}$-18：3）は，ヒトや動物にとって**必須脂肪酸**であり，アラキドン酸（$\Delta^{5,8,11,14}$-20：4）などの前駆体となっている。シダやコケ，あるいは海藻類には，アラキドン酸やエイコサペンタエン酸（EPA, $\Delta^{5,8,11,14,17}$-20：5）やドコサヘキサエン酸（DHA, $\Delta^{4,7,10,13,16,19}$-22：6）など，ヒトの健康によいとされる脂肪酸が多く含まれる。

　このほか，葉の表面の**クチクラ**にある**ワックス**などを構成する成分として，炭素数 30 程度の長鎖脂肪酸や，長鎖脂肪アルコールが存在する。

4・4　アミノ酸とタンパク質

　タンパク質は一般に，20 種のアミノ酸（図4・4）がペプチド結合で直線的に重合してできている。21 番目のアミノ酸として，セレン（Se）含有アミノ酸であるセレノシステインが，おもに哺乳類で特定の UGA コドンに挿入されることが知られているが，植物では一般的ではない。タンパク質合成のあとからアミノ酸残基が修飾されて，構造の異なるアミノ酸に変わっていることもある。動物では，コラーゲンを構成するプロリンがヒドロキシプロリンになっていることなどが知られているが，植物でも，細胞壁を構成するエクステンシンやアラビノガラクタンプロテイン（AGP）などで，同様の例が知られている（さらに表 9・2 も参照）。

　図 4・5 には，その他のアミノ酸とトリペプチドであるグルタチオンを示す。グルタチオンの場合，グルタミン酸は，γ 位のカルボキシル基でアミド結合しており，プロテアーゼによる分解を受けない。

　タンパク質合成には，一般の生化学の教科書に出ているリボソームによる合成（本書では述べない）のほかに，非リボソーム的合成がある。後者は，主に原核生物に見られ，環状ペプチド型抗生物質などの合成に働いている。

　植物固有のタンパク質の問題としては，葉緑体や液胞のタンパク質が細胞質

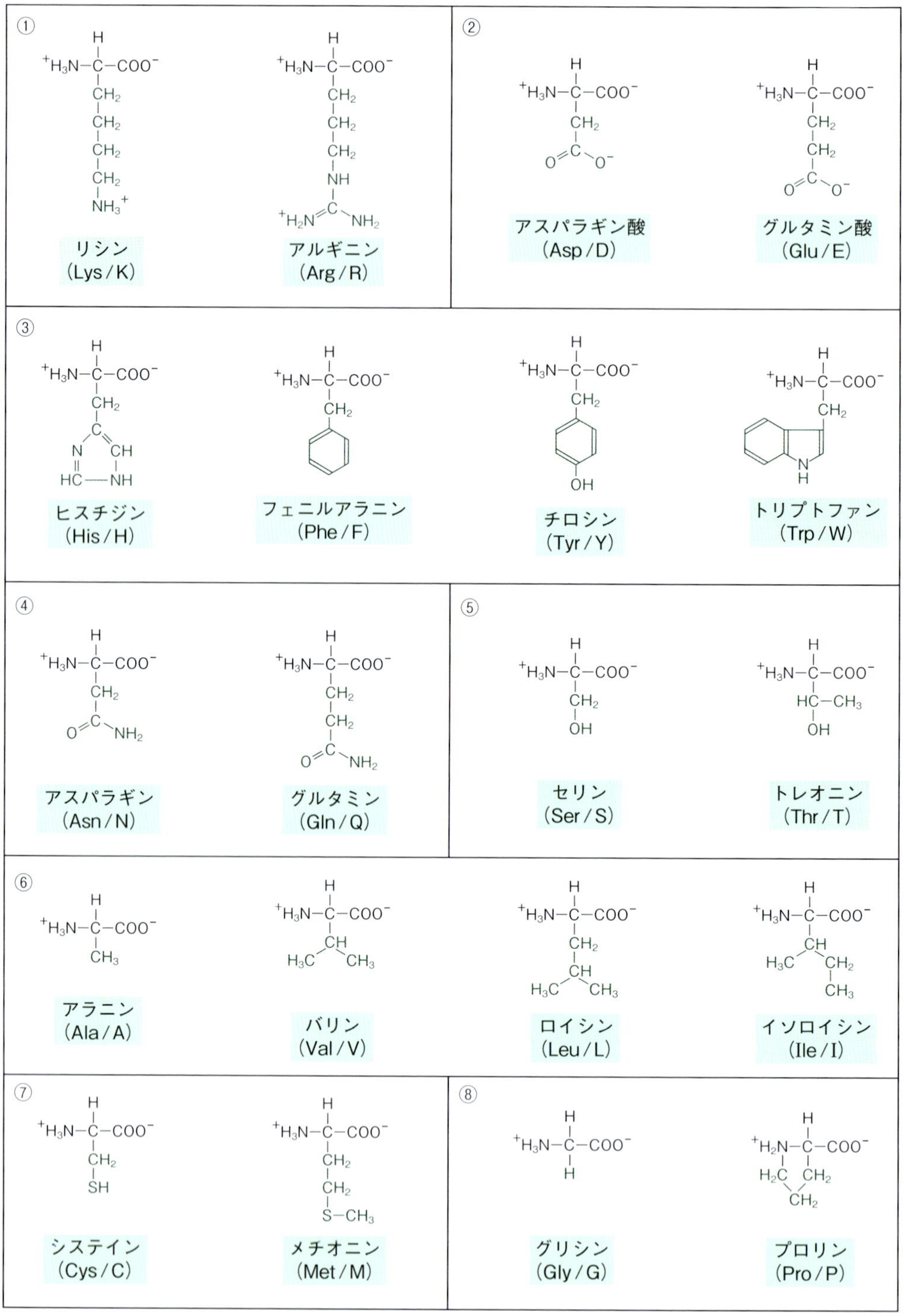

図 4・4　タンパク質を構成する 20 種の基本アミノ酸
　アミノ酸の性質ごとにまとめてある。左上から右に，① 塩基性アミノ酸，② 酸性アミノ酸，③ 芳香族アミノ酸，④ アミド型アミノ酸，⑤ ヒドロキシ基をもつアミノ酸，⑥ 脂肪族アミノ酸，⑦ イオウを含むアミノ酸，⑧ それ以外のアミノ酸。

図 4･5　アミノ酸と関連物質
非タンパク質性アミノ酸を示す。アミノレブリン酸は，クロロフィルやヘムの合成の出発物質となる。βアラニンは，パントテン酸の一部分に入っている。グルタチオンは，(γ) グルタミン酸，システイン，グリシンがこの順で結合してできるトリペプチドであるが，酸化還元物質として機能する。

で合成されてから，それぞれのオルガネラに運ばれてプロセシングされ，機能する場所に組み込まれるしくみがある（第 12 章）。

4･5　核酸と関連化合物

DNA や RNA などの核酸を構成する塩基については，図 4･6 に示す。これらの塩基は，高分子核酸のほかに，ATP や NADPH などの成分としても存在する（図 4･7）。光合成のカルビン・ベンソン回路で使われるのは NADP$^+$/NADPH であり，解糖系などで使われる NAD$^+$/NADH とは異なる。植物の場

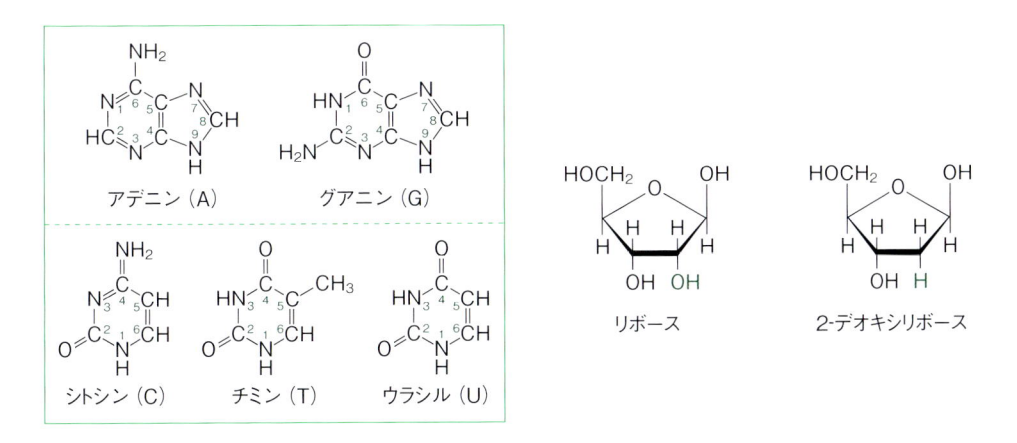

図 4･6　核酸を構成する塩基と五炭糖の構造

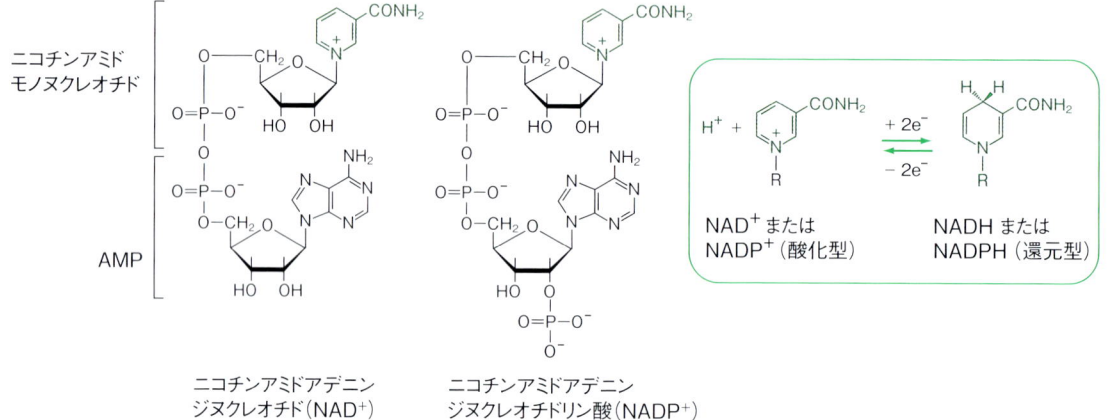

図 4・7 ATP/ADP と NAD(H), NADP(H) の構造
上は，ATP が加水分解して ADP になる反応式。左下は，NAD⁺または NADP⁺の構造を示す。これらが還元されて，それぞれ，NADH, NADPH になる反応について，とくに変化する部分を示した（右下）。

合，NAD⁺から NADP⁺の合成を行う NAD キナーゼが，葉緑体の機能の制御にも重要な役割を果たすことが知られている。

4・6 共通の素材から多様な生体物質へ

　本章で紹介したのは，ほぼすべての生物に共通な生体物質の素材となる分子である。あらゆる生物が共通の物質を基本としてできあがっているということは，全生物が共通の起源をもつことの一つの証である。しかしまた反面，同じ素材からどうして動物や植物，あるいは微生物が作られるのかという疑問も生まれてくる。現在では，多くの生物のゲノムが解読され，その謎も少しずつ明らかになってきている。この謎は，同じ文字のセットを使いながら，多様な文章が書けることとも似ている。生き物が生きるための道具立ては一通りではない。それぞれの生物が同じ素材を使いながら，それぞれに異なる構造やしくみを作り上げ，それらが競争や共存をしながら生きているのがこの生命世界なの

である。

問　題

1. 次の糖質を，単糖，二糖，多糖に分類し，これらのうちで，還元性をもたないものを挙げよ．

　　グルコース（ブドウ糖），ガラクトース，フルクトース（果糖），ラクトース（乳糖），マルトース（麦芽糖），スクロース（ショ糖），セロビオース，デンプン，セルロース

2. アミノ酸のうちで，窒素の含有量が最も高いものはどれか．値を重量パーセントで計算せよ．

3. ダイズ（大豆）は，脂質などの栄養価が高いが，貯蔵タンパク質にイオウ含量が少ないのが欠点とされる．大豆の物質組成を調べ，その値に基づいて，カロリーを計算せよ．

課　題

　栄養分析表などを参考にして，穀物や豆類，イモ類に含まれる，糖質，脂質，タンパク質の量を比較してみよう．

第5章

植物機能を担う分子群
― 分子の多様性を知る第一歩 ―

植物には独特の物質が含まれている。さまざまな色素，成長制御物質群など，生物共通ではないこうした物質群は二次代謝産物と呼ばれる。その中には，植物自身にとって重要な生理作用をもつものがある。また，構造的な役割をもつものもある。

5·1 光合成色素

植物を代表する色素が，クロロフィルである。葉の緑色の原因となる物質であり，現在では，少しずつ異なる多様な分子種が知られている（図 5·1）。陸上植物では，クロロフィル a （chlorophyll a）とクロロフィル b が存在するが，光化学反応中心を構成するのは，クロロフィル a である。微量成分として，光化学系 I 反応中心には，クロロフィル a の異性体であるクロロフィル a' が存在するなどの例がある。慣例として a や b はイタリック体で表記する。

クロロフィルはテトラピロール類に属し，これは，窒素原子を1つもつ五員

R = CH₃　：クロロフィルa
R = CHO　：クロロフィルb

バクテリオクロロフィルa

フィコシアノビリン

フィコエリスロビリン

図 5·1　クロロフィルとその他のテトラピロール類の構造
　　　それぞれのピロール環を区別するため，A～Dの記号がつけられている。

環構造をもつピロールが 4 個結合してできている．テトラピロール類には，他に，中心に鉄原子を含むヘム類と，ヘムが 1 か所で開裂して直鎖状になったフィコビリン類がある．赤・遠赤色光可逆変化をするフィトクロム（10・3 節）の発色団となっているフィトクロモビリンも開環テトラピロールの仲間である．

　クロロフィルの場合，中心にはマグネシウムが配位している．また，テトラピロールの 1 か所だけが還元された形になっていて，共役二重結合系が不完全（非対称）になっている．酸素を発生しない光合成を行う光合成細菌は，バクテリオクロロフィル a をもつものが多いが，そのほかに，さらにほかのバクテリオクロロフィル類を集光色素 light-harvesting pigments としてもっているものもある．バクテリオクロロフィル a は，テトラピロールの 2 か所が還元されているため，共役二重結合系が楕円形となり，分子の対称性がよい．

　葉緑体にあるカロテノイド（図 5・2）も集光性色素と考えられてきたが，光を集めるというよりも，反応中心が集めた過剰なエネルギーを散逸させるために役立っていると考えられるようになった．カロテノイドは，炭素原子を 40 個ほどもふくむ，長い共役二重結合をもつ炭化水素鎖からなる．この共役二重

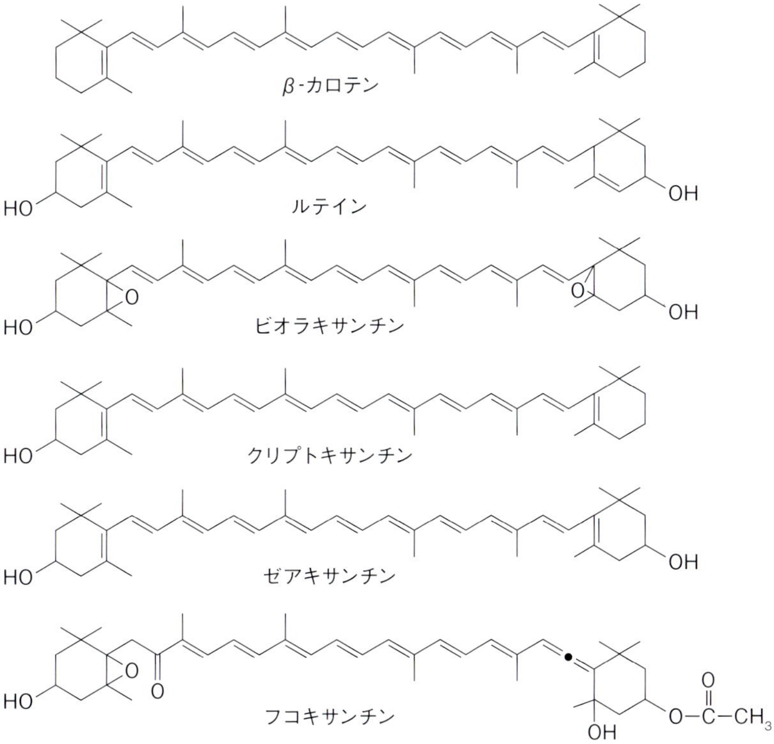

図 5・2　主なカロテノイドの構造
　　フコキサンチンの構造式で，黒丸は炭素原子を表す．

結合が長いほど，長波長の光を吸収する．また，ヒドロキシ基やカルボニル基を含むものは，キサントフィルと呼ばれる．ゼアキサンチンとビオラキサンチンの間には，酸化還元のサイクルがあり，キサントフィルサイクルと呼ばれている（図12・7）．

5・2　主な二次代謝産物

　植物が作る二次代謝産物の代表格は，フェノール化合物，テルペノイド，アルカロイドなどである．フェノール化合物の中でも，ケイヒ（桂皮）酸やクマル酸から作られるフェニルプロパノイド類やフラボノイド類はきわめて多様で，花色のもととなるアントシアン類などもこの仲間である（図5・3）．ケイヒ酸合成の鍵となるのが，フェニルアラニン・アンモニア・リアーゼ（PAL）であり，フラボノイドの合成は，その最初の化合物であるカルコン（英語ではチャルコンという）を作るカルコン合成酵素（CHS）が鍵となっている．

　テルペノイドは，炭素数5のイソペンテニル・ピロリン酸（IPP）を前駆体

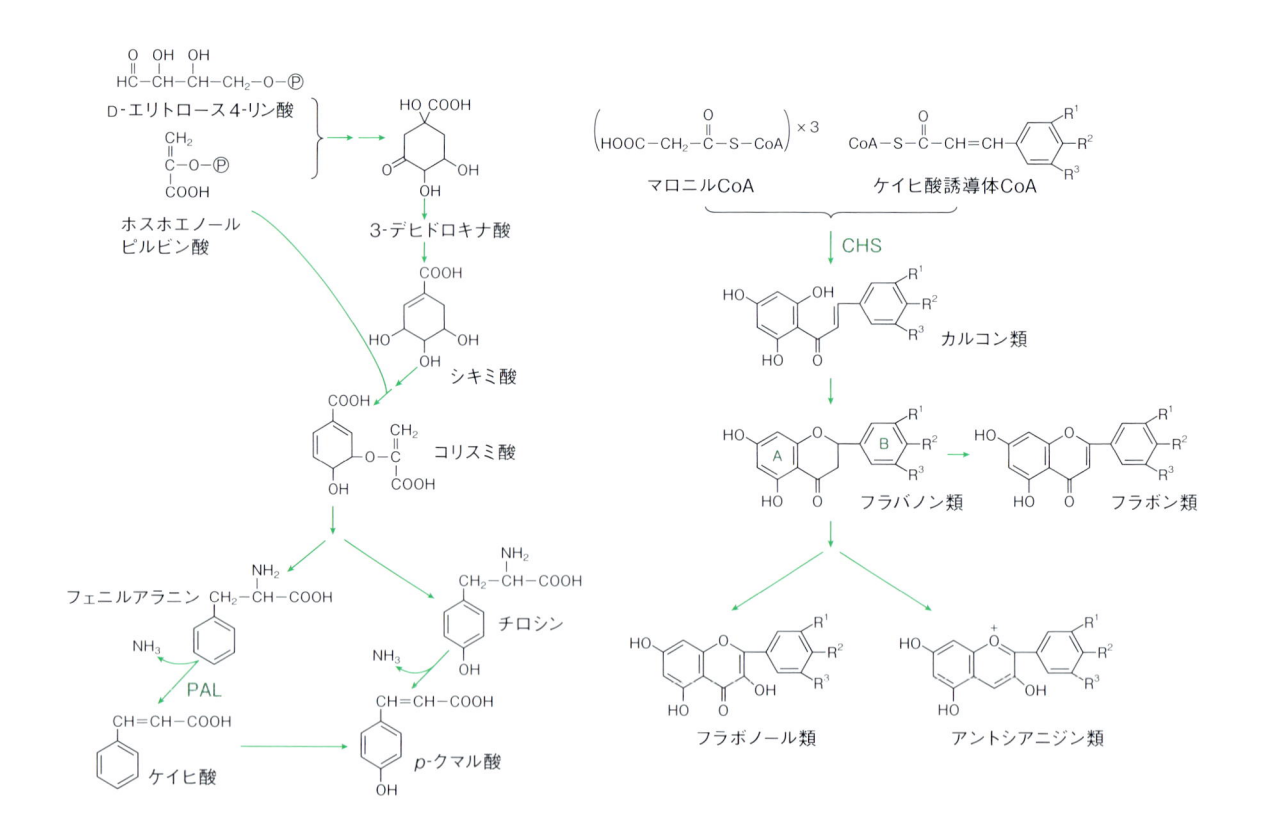

図5・3　フェノール化合物の構造と鍵化合物の合成経路
（文献B12より改変）

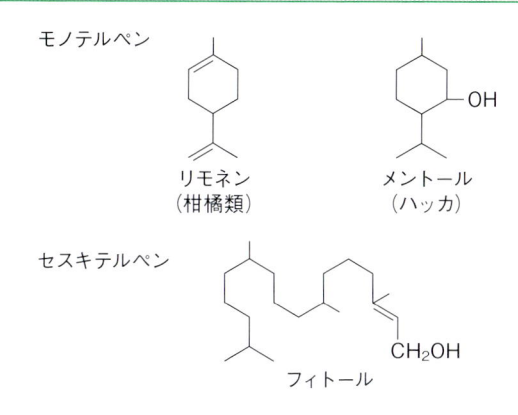

図 5・4　テルペノイド化合物の構造

として，その重合によって作られる一群の化合物（図 5・4）で，炭素数 10 のモノテルペン，炭素数 15 のセスキテルペン，炭素数 20 のジテルペン，炭素数 30 のトリテルペンなどがある。トリテルペン類には，ステロール類（図 4・2）などが含まれる。炭素数 40 のカロテノイドはテトラテルペンということになる。

　モノテルペンには，香りをもつ化合物であるリモネンやメントールなどがある。セスキテルペンには，植物成長制御物質の一種であるアブシシン酸（図 9・1）やクロロフィルにエステル結合しているフィトールなどがある。ジテルペンには，植物成長制御物質の一種であるジベレリン類（図 9・1）などがある。ゴムも，非常に長く重合したテルペンである。

　アルカロイドは，窒素原子を含む塩基性のヘテロ環式化合物である（図 5・5）。薬理作用をもつものが多く，きわめて多種多様である。代表的なアルカロイドが，タバコに含まれるニコチンである。細胞分裂の阻害剤として知ら

図 5・5　代表的なアルカロイドの構造
（文献 B12 より）

れるコルヒチン，麻薬として知られるモルヒネ，コーヒーに含まれるカフェインなども代表的なアルカロイドである。

5・3 その他の機能物質

これまでに述べた物質群とは別に，キノン類やトコフェロール類などがある（図 5・6）。ミトコンドリアの内膜や葉緑体のチラコイド膜で行われる電子伝達では，それぞれユビキノン（補酵素 Q，CoQ と略す）やプラストキノン（PQ）が，電子を受け渡している。これらはベンゾキノン骨格をもつ。ナフトキノン骨格をもつ化合物として，植物にはフィロキノン（ビタミン K_1）もある。紅藻や微生物にはメナキノン（ビタミン K_2）が含まれている。

トコフェロール類はビタミン E とも呼ばれ，ラジカルを消去する作用があるため，過酸化ストレスから植物や細胞を守る働きがある。

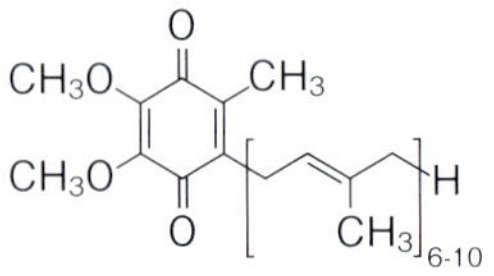

ユビキノン

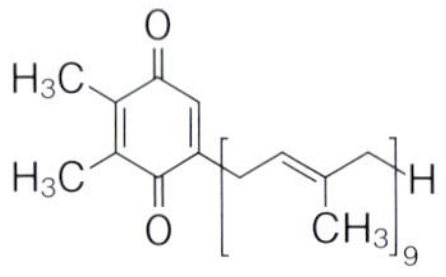

プラストキノン

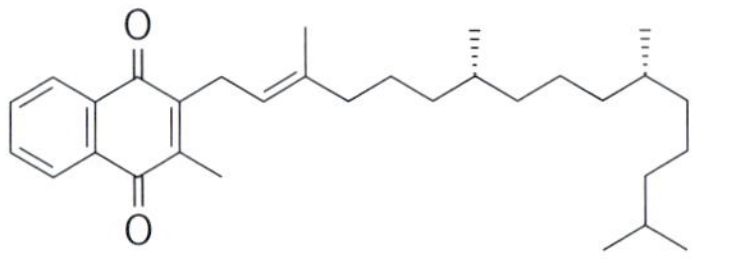

フィロキノン（ビタミン K_1）

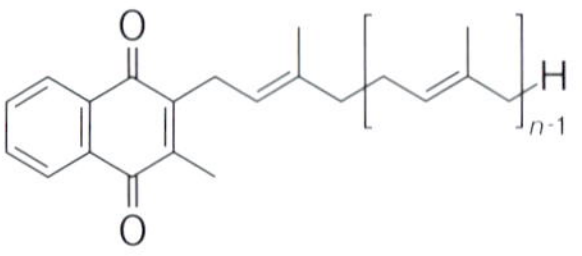

メナキノン（ビタミン K_2）
n はさまざまで，4 から 14 くらいまである

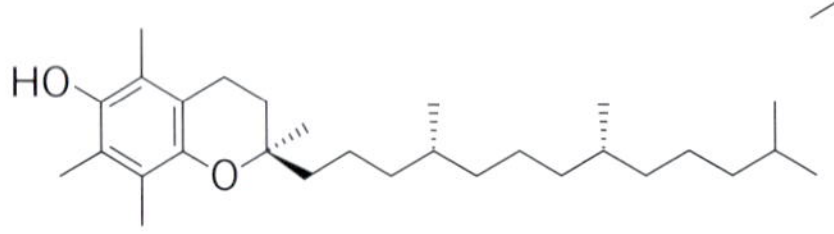

α トコフェロール（ビタミン E）

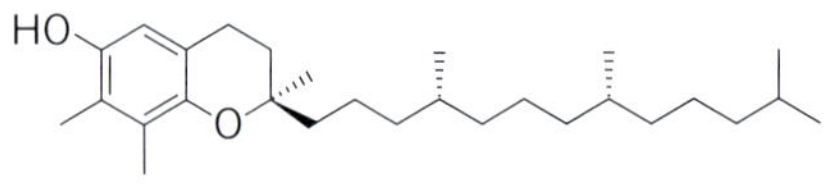

γ トコフェロール

図 5・6 キノン類とトコフェロール類の構造
キノン類は酸化型の構造を示す。

5・4 クチクラとワックス

葉の表面などは，分厚いクチクラ層で覆われていて，水をはじき，葉からの水の蒸発を防いでいる。クチクラ層の主成分は，ワックスと炭化水素であるが，どちらもきわめて疎水的な物質である。ワックスは，いずれも炭素数 30 程度の長鎖アルコールと長鎖脂肪酸からなるエステルである。これらは，表皮細胞の中で作られて，表層に排出される。

5・5 細胞壁構成成分

細胞壁を構成するのは主に多糖類であるが，木材などでは，リグニンと呼ばれる複雑な構造をもつ物質が蓄積する（図 5・7）。リグニンは，木部組織を機械的に強固にするのに役立っており，木材の重要な成分であるが，その構造は複雑で，ある決まった構造の物質として単離精製することは困難である。

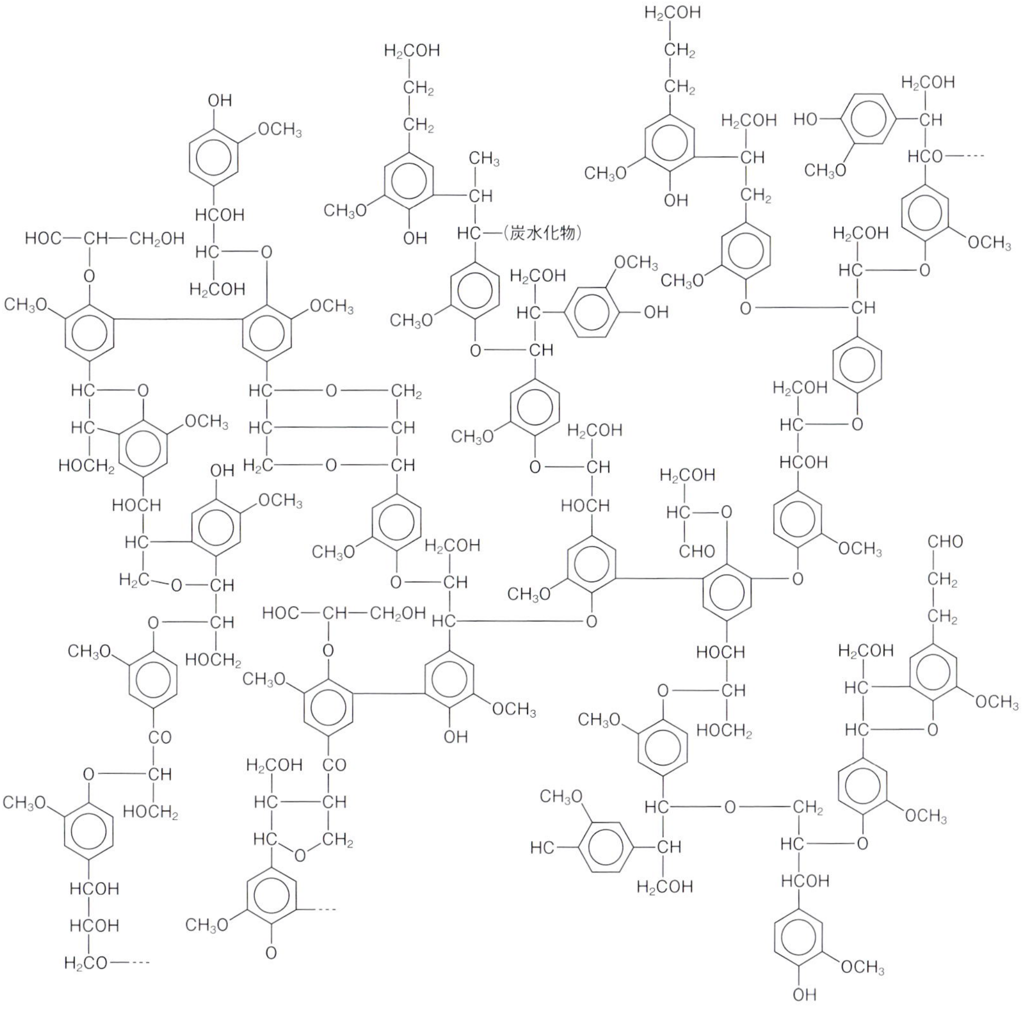

図 5・7 リグニンの構造の説明図
六角形に丸の記号はベンゼン環を示す。
（文献 B22 より改変）

5・6　生体物質の多様性と統一性

　本章で紹介した物質群は，植物に特有の物質であるが，クロロフィル a のように多くの植物に共通の物質もあれば，二次代謝産物としてあげたフェノール類，テルペノイド類，アルカロイド類のように，植物種ごとに少しずつ異なる基本骨格の物質が存在したり，少しずつ異なる修飾を受けていたりする場合もある。さらにリグニンのように，単一の物質とはいえない複雑な物質も存在する。こうした物質は，前章で説明した基本物質のうちでもとくに多様なタンパク質（酵素）の働きによって作られ，その多様性が実現されている。つまり，タンパク質のアミノ酸配列の多様性が，代謝物質の構造的多様性に反映されているのである。そしてこの代謝物質の多様性こそが，植物の多様性，つまり，多様な生き方を実現していると考えられる。

問　題
　植物が作る物質には，脂溶性のものと水溶性のものがある。以下の物質を，脂溶性のものと，水溶性のものと，どちらでもないものに分類せよ。また，色のあるものとないものに分類せよ。

　　クロロフィル a，β-カロテン，フィロキノン（ビタミン K_1），ワックス，
　　リグニン，アントシアン色素，チロシン，アデノシン三リン酸，セルロース

課　題
　健康食品の成分として含まれる植物由来の成分には，どのようなものがあるか，調べてみよう。それらは，前章や本章で扱ったどの物質の仲間だろうか。

第6章

光合成と呼吸
— 生命世界を動かす原動力 —

植物は，光合成や呼吸によって，自由エネルギーを取り入れ，これを利用して代謝を行う。なかでも光合成は，植物のすべての代謝を駆動する重要な作用であると同時に，生命世界全体の駆動力でもある。

そもそも生体物質の合成や分解を進めるのは自由エネルギーによるが，それを担うのは還元力と高エネルギー結合の2種類がある。本章では，まず自由エネルギーの重要性について述べ，代謝において酸化・還元が果たす役割を説明する。こうした基本概念に基づいて，光合成と呼吸について説明する。

6·1 駆動力としての自由エネルギー差

あらゆる生き物が生きてゆく，つまり，生命世界がまわり続けることを理解するには，少しだけ，熱力学や化学について考えることが役立つ。以下では熱力学の式なども出てくるが，初歩的な熱力学については，参考文献を参照のこと（文献 B26）。

まず，生命を維持するには自由エネルギーが必要である。**ギブス自由エネルギー**（Gibbs free energy）G は，次の式で定義される。

$$G = H - TS \quad (式 6\text{-}1)$$

ここで，H はエンタルピー，T は絶対温度，S はエントロピーである。エンタルピーは，次のように表される。

$$H = U + pV \quad (式 6\text{-}2)$$

ここで，U は内部エネルギー，p は圧力，V は体積を表す。

よく間違えやすいが，自由エネルギーは，エネルギーではない[*1]。エネルギーは保存されるので，反応の進行方向を指定する指標とはならない。これに対して，自由エネルギーはエントロピー項を含むばかりでなく，あとに述べるよう

*1 ただし，自由エネルギーは反応の駆動力という意味では，日常感覚として使うエネルギーに近い。

に，$-G/T$ をエントロピーの一種と見なすこともできる。そのため自由エネルギーは，物質やシステムがもつ化学反応を進める駆動力を表している。

簡単な例で考えてみよう。多くの化学反応は発熱反応で，内部エネルギーが減少する。しかし，KCl を水に溶かした場合のように，自発的に進む吸熱反応も存在する。この場合，K^+ イオンと Cl^- イオンが水の中に分散することによるエントロピーの増大によって，内部エネルギーの増加が相殺され，それによって，G が減少している。つまり，自発的に進む化学反応では G が減少するが，それは H の減少でも S の増加でもよい。言い換えれば，

$$\Delta G = \Delta H - T\Delta S < 0 \qquad (式6\text{-}3)$$

が成り立つ。ここで，Δ は，化学反応の前後における変化を表す。さて，$\Delta S^* = -\Delta G/T$ とおけば，これは常に増加する量となるが，熱の放散も含めた世界全体でのエントロピー増加量を表す。なお，この点については，拙著『エントロピーから読み解く生物学』（文献 B27）で説明してある。

6·2　酸化と還元

細胞内で大きな G の値をもつ物質，つまり自由エネルギーを保持する物質としては，還元剤がある。大気中に酸素が多量にあるという条件で考えた場合，還元剤が酸素によって酸化される反応は自発的に起き，自由エネルギーが放出されることを意味する。もしも大気が水素であれば，むしろ酸化剤が自由エネルギー保持物質となるはずだが，実際にこれは深海底の生態系などでみられる。おそらく，地球上で生命が誕生したときも，そうであったと考えられる。

ある物質が還元剤として働くか，酸化剤として働くかは，標準酸化還元電位 $E°'$ で表される。右肩にダッシュがつくこの値は生化学で使われるもので，標準状態として，通常の化学で使われる 25℃，1 気圧（現在では，1000 hPa が使われることもある）に加えて，pH 7 の水溶液という条件を加えている。そのため，化学で使われる標準状態の水素と水素イオン（1 M なので pH は非常に低い）を基準にした標準酸化還元電位とは値が異なることに注意が必要である。

水素ガスと水素イオンとの酸化還元平衡を実現する電極（水素電極）があるとして，それを基準とし，測定したい物質の電極を導線でつないだときに，水素イオンを還元して水素にする能力をもつ物質の電位をマイナスとする。その逆に，水素を酸化して水素イオンにする能力をもつ物質の電位をプラスとする。異なる標準酸化還元電位をもつ 2 種類の物質が反応するとき，値の低いもの

一部が酸化され，値の高いものの一部は還元され，最終的には，それぞれの物質の酸化型と還元型が共存する平衡状態になる。詳しいことは，物理化学の参考書を参照のこと。酸化還元反応により，外部にエネルギーが放出される。両者の標準酸化還元電位の差を $\Delta E^{\circ\prime}$ とすると，標準自由エネルギー変化 $\Delta G^{\circ\prime}$ との間には，次の関係がある。

$$\Delta G^{\circ\prime} = -nF\Delta E^{\circ\prime} \qquad (式6\text{-}4)$$

ここで，n は受け渡される電子の個数，F はファラデー定数（96485 クーロン／モル）である。

一般の生物において，還元力を保持するのは，NADH や NADPH である（図4・7）。両者の構造の違いは，リン酸基があるかないかだけであり，どちらも標準酸化還元電位は約 -0.32 V と大きな違いはない。これに対して，酸素と水の間の酸化還元に伴う標準酸化還元電位は，$+0.82$ V である。

6・3 生命を駆動する「電気の力」

酸化は電子を失うことであり，還元は電子を受け取ることである。そのため，酸化還元反応は電子の移動をともない，言い換えれば，電気が流れていることになる。つまり，生命を駆動するのは，「電気の力」といっても過言ではない。

生物の世界における電気（電子）の流れは，光合成に始まり，途中，いったん酸化剤と還元剤に形を変えて，非光合成組織や動物・細菌などに受け渡され，再び呼吸鎖において，電子の流れとなる。電子の流れは，膜を介した水素イオンの濃度勾配を作り出し，それによって ATP を産生する。以下，光合成と呼吸を順に見てゆくことにする。

6・4　光合成（光化学反応，電子伝達，ATP 合成，炭素同化）

光合成は光のエネルギーを化学エネルギーに変える過程であると，よく説明される。少し見方を変えてみると，光は太陽の熱を地上にもたらす輻射であるので，太陽と地球の温度差を駆動力として，酸化剤や還元剤，あるいは ATP という物質の形で，自由エネルギーを貯蔵するしくみが光合成であるということができる。この過程は多くの部分過程からなっており，光捕集過程，光化学反応，電子伝達，ATP 合成，二酸化炭素の還元・固定過程などに分けられる。昔は明反応と暗反応という言葉が使われたが，本当の意味での明反応は光化学反応だけなので，それ以外は何でも暗反応ということになり，分類する意味がなくなってしまう。そのため，近年では，あまりこうした言葉は使われない。

陸上植物や藻類，シアノバクテリアでは，2種類の光化学系があり，それぞれ光化学系ⅠとⅡと呼ばれる。伝統的にPSⅠ，PSⅡと表記される。光化学系は，光化学反応中心とそのまわりにある電子伝達物質と光捕集系を含めた呼び名である。光合成に関しては，筆者らが編集した『光合成の科学』（文献B16）に詳しく述べられている。また，『光合成研究法』（文献B10）や，文献B1，B5，B6，B7も適宜参照されたい。

6・4・1 光の捕集

光化学反応中心が光を電子に変えるのであるなら，光化学反応中心だけをたくさん並べれば，効率のよい光合成装置が作れそうに思われる。ところがこのようにした場合，非常に強い光ならば，すべての光化学反応中心に光を供給し，すべてを働かせることができるだろうが，現実の植物が実際に受ける光は，それほどまでに強くない。まして，木陰の下草やコケなどは，ごく弱い光に頼って生活している。そうした場合，光化学反応中心だけをならべても，無駄（コスト）が多くなる。むしろ，大部分は光を集めることだけをする色素をならべ，それらが集めた光を光化学反応中心に集中させるようにすれば，弱い光も効率よく利用できることになる。仮に光化学反応中心が非常に小型の分子であるならば，反応中心だけを並べても，光捕集色素を並べるよりも有利かもしれ

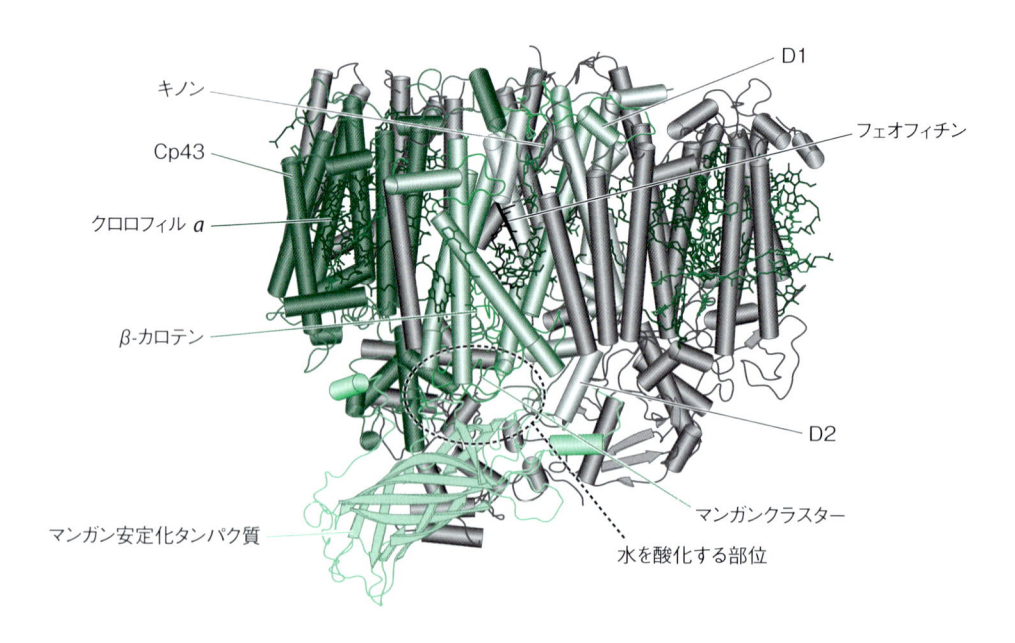

図6・1 光化学系Ⅱの分子構築
光化学反応中心のまわりに光捕集タンパク質が結合している。
（文献25より）

ない．現実の光化学反応中心を含む複合体は，きわめて大きい．そこで，光を集めるのは，多数のクロロフィル分子を結合した光捕集タンパク質に任せるようになっている．普通の植物では，400分子程度のクロロフィルが，1個の光化学反応中心に光エネルギーを供給するようになっている．もちろん，このクロロフィル分子の個数（アンテナサイズと呼ぶ）は，環境条件に対する適応によってある程度変化しうる．

　光を捕集する集光色素は，陸上植物の場合，基本的にクロロフィル a や b であるが，その吸収波長は，さまざまなタンパク質との結合によって，すこしずつ異なったものになっている．光量子のエネルギーは波長に反比例するので，吸収波長の短い色素から長い色素へと光エネルギーが順次受け渡され，もっとも吸収波長の長い光化学反応中心へと流れ込むようになっている．いわば，漏斗のようなしくみである．ただし，このことは厳密に成り立つわけではなく，コアアンテナの一部では，吸収波長が少しずつ異なるクロロフィルが互いに平衡状態になっているため，必ず吸収波長の順番にエネルギーが受け渡されるとは限らないと考えられている．

　シアノバクテリアや紅藻類，灰色藻などでは，フィコビリン色素が光捕集の役割を担っている．これは開環テトラピロールの一種で（5・1節），タンパク質と結合した状態で，フィコビリソームと呼ばれる複合体を形成している（図6・2）．フィコビリソームは，扇形に分子が配置した構造をとり，そのかなめのところに，もっとも吸収波長の長い成分があり，そこを通って，光化学反応中心に光エネルギーが伝達される．

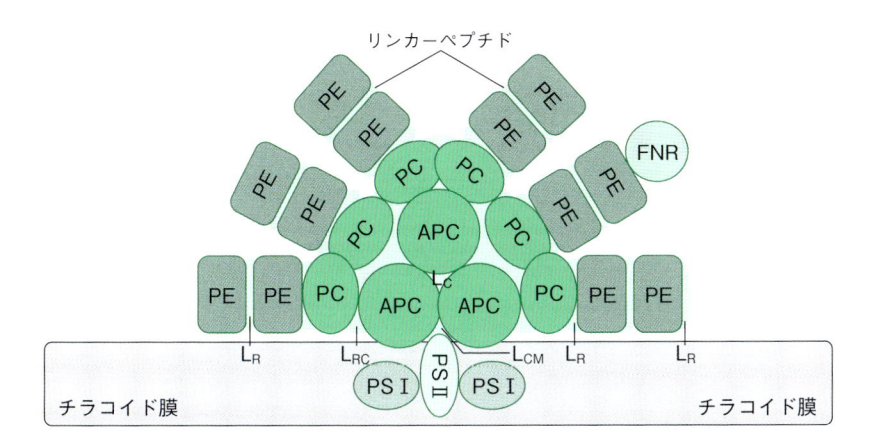

図6・2　フィコビリソームの構造モデル
PE：フィコエリスリン，PC：フィコシアニン，APC：アロフィコシアニン，FNR：フェレドキシンNADP酸化還元酵素．L_R, L_{RC}, L_{CM} は，それぞれ異なるリンカータンパク質で，フィコビリンタンパク質の間をつないでいる（文献14より）．紅藻のフィコビリソームについて，もっと立体的で複雑な構造が解明された．（文献71）

6・4・2 光化学系Ⅱ

光化学系Ⅱでは，反応中心である P680 と呼ばれるクロロフィルの二量体が約 680 nm の光を吸収する。ただし実際には，P680 が新たに光量子を吸収するのではなく，上に述べたように，このエネルギーを集光性クロロフィルから受け取る。どのような受け取り方をしても，結局は 680 nm の光を吸収したのと同じことになる。それにより生じた励起状態のクロロフィルは，約 1.3 V ともいわれるきわめて高い標準酸化還元電位をもつことにより，途中にいくつかの物質を介したうえで，最終的に水を酸化して（水から電子を奪うという意味である），酸素を発生することができる。ただし，酸素発生のしくみは複雑で，マンガンクラスターと呼ばれる 4 個のマンガンイオンなどからなる複合体の中で行われている。1 分子の酸素を発生するには，4 個の電子が必要である。マンガンクラスターは，4 回の光化学反応で生じた電子をため込むことができ，それを使って酸素を発生すると考えられている。

励起した P680 から放出された電子（図 6・3 参照）は，順次，フェオフィチン，

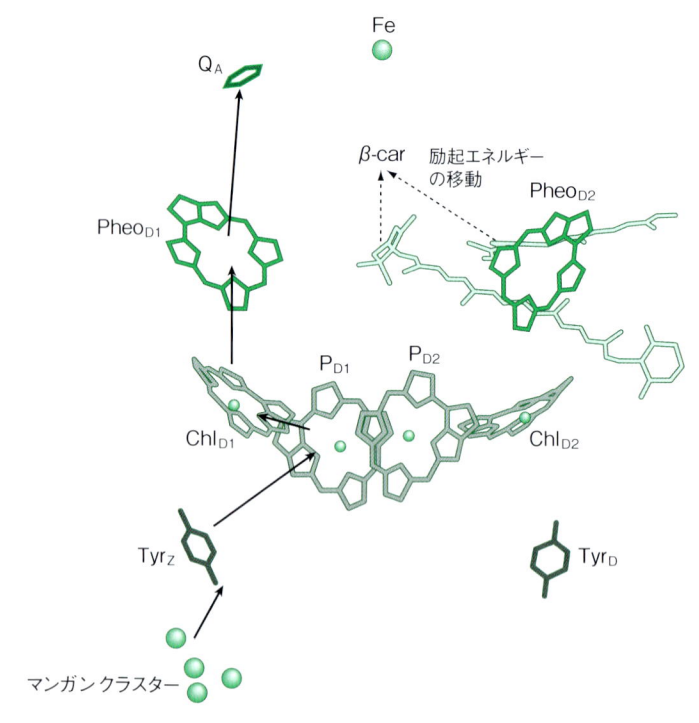

図 6・3　光化学系Ⅱにおける電子の流れ
P_{D1}，P_{D2} は P680 を構成するクロロフィル二量体。添え字の D1，D2 は，光化学反応中心を構成する二つのタンパク質に関係することを表す（以下同様）。Chl は，二量体に付随するクロロフィル分子，Pheo はフェオフィチン分子，Tyr_D と Tyr_Z はチロシン残基，β-Car は β カロテンを示す。その他は本文参照。（文献 18 より改変）

プラストキノン Q_A，プラストキノン Q_B へと渡され，そのあと，プラストキノンは，光化学系II複合体の外にあるプラストキノンと交換される。一方，電子を失ったP680は，反応中心タンパク質D1のチロシン残基から電子を奪い，さらにこれは，マンガンクラスターから電子を奪う。これにより，すでに述べたように水の酸化が起きる。2011年には，光化学系II複合体の高解像度の結晶構造が得られ，それにより，マンガンクラスターの構造について，Caイオンを含むいびつなイス型のモデルが提唱され，酸素発生の分子的機構について議論が進められている（文献 54，72）。

6・4・3 光化学系 I

光化学系 I では，反応中心である P700 と呼ばれるクロロフィルの二量体が約 700 nm の光を吸収する。この場合にも，実際には集光性クロロフィルからエネルギーを受け取る。それにより生じた励起状態のクロロフィルからは電子が放出され，順次，A_0 と呼ばれるクロロフィル，A_1 と呼ばれるフィロキノン，F_X と呼ばれる鉄イオウクラスターへと伝達される。さらに，PsaCタンパク質に結合したF_A/F_B と呼ばれる鉄イオウクラスターを経て，フェレドキシンへと電子が移動する。フェレドキシンは，フェレドキシンNADP還元酵素を通じて，$NADP^+$ を還元し，NADPHを生成する。

一方，電子を失った反応中心（P700）は，プラストシアニンから電子をもらって，元の状態にもどる。プラストシアニンに電子を渡すのは，シトクロム b_6f 複合体である。この複合体は，さらに，光化学系IIによって還元されたプラストキノンから電子を受け取る。こうして，二つの光化学系が直列につながることにより，光のエネルギーによって，酸素とNADPHを生成するしくみができあがっている。

6・4・4 電子伝達のシステム

光化学系を取り囲む電子伝達のしくみでは，光化学系Iの還元側にフェレドキシン，二つの光化学系

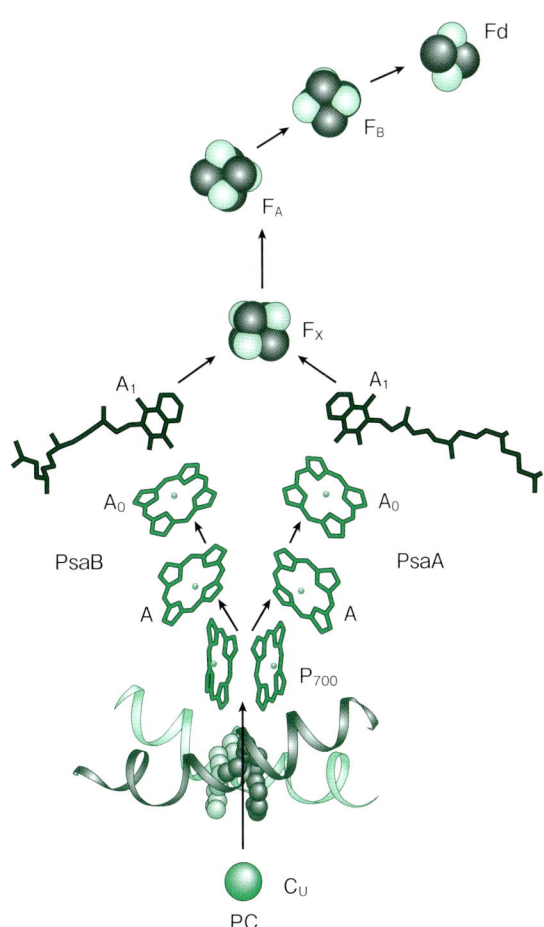

図 6・4 光化学系 I における電子の流れ
PsaA と PsaB は，光化学系 I 反応中心を構成するタンパク質で，P700 などのクロロフィルを結合している。P700 の下にリボンのように見えるのは，ポリペプチドの一部分を示し，その中に電子伝達体として働くと考えられるトリプトファン残基が分子構造モデルとして示されている。PCは銅イオン（Cu）を含むプラストシアニンを表す。Fdはフェレドキシンを表す。その他は本文参照。（文献 34 より）

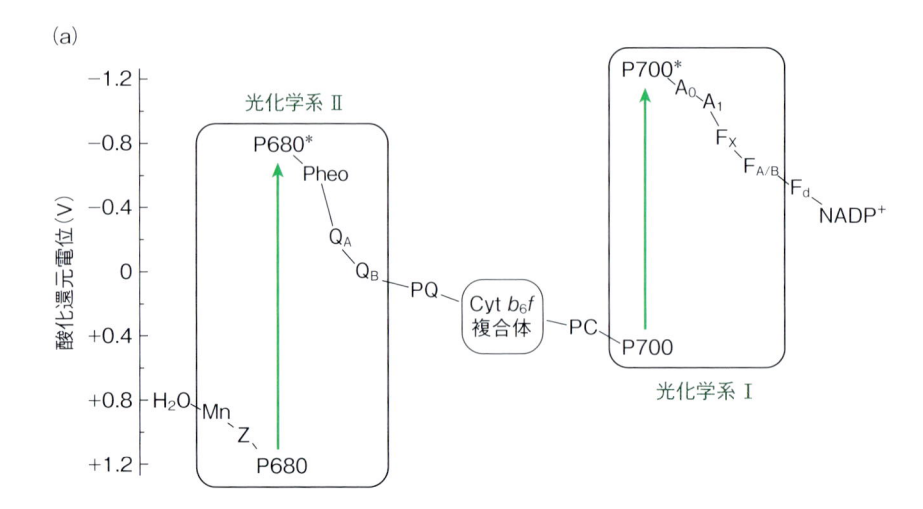

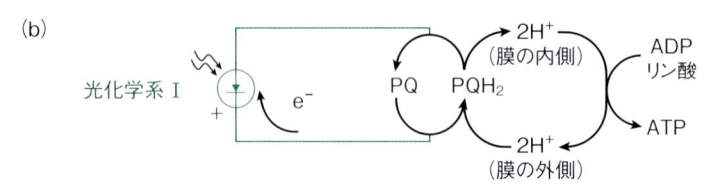

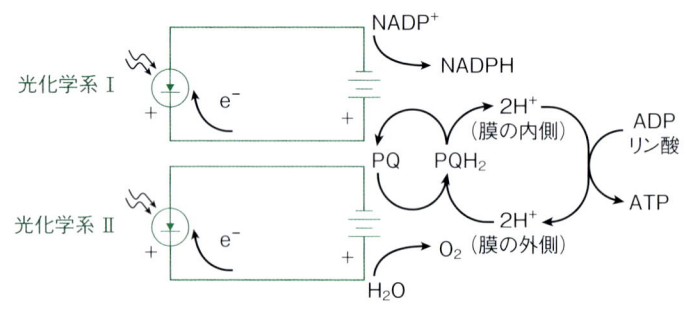

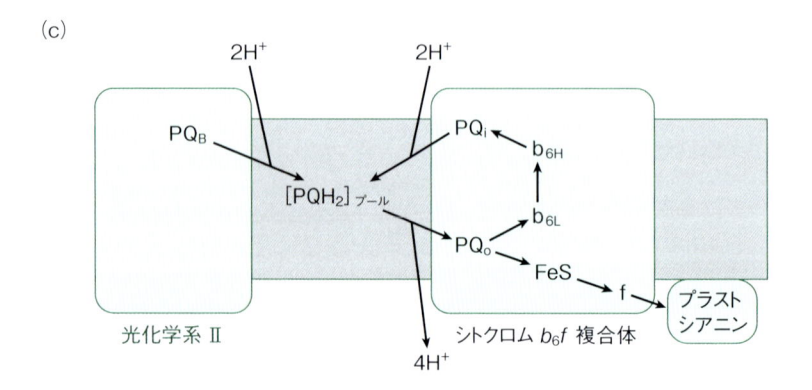

図 6・5 光合成的電子伝達

(a) 伝統的な Z 図式（文献 B16 より）。PQ：プラストキノン, PC：プラストシアニン, Fd：フェレドキシン。A_0, A_1, F_X, $F_{A/B}$ は, 本文に書かれた光化学系 I の電子伝達中間体。Z は, 光化学系 II の電子伝達中間体で, 本文中のチロシン残基にあたる。(b) 電子回路式表記（文献 B27 より）。左端の丸い記号は光電素子による発電を, 回路右側の電池記号は蓄電池への充電を表す。(a), (b) どちらの図も, プラストキノンの酸化還元に関して, Q サイクルを取り込んでいない。(c) Q サイクルにおける電子と水素イオンの流れ（文献 15 より改変）。シトクロム b_6f 複合体の中の PQ_o, PQ_i は膜のそれぞれの側にあるプラストキノンを示す。FeS：リースケ鉄イオウタンパク質, f：シトクロム f, b_{6H}；b_{6L}：それぞれ高酸化還元電位型と低酸化還元電位型のシトクロム b_6。詳しくは本文参照。

の間にシトクロム b_6f 複合体がある。また，光化学系Ⅱの酸化側の一部が，酸素発生複合体となっている。電子伝達キャリアは，それぞれの標準酸化還元電位の順に並んで，順に電子を受け渡している（図 6·5a）。標準酸化還元電位が適度に近い物質の間では，電子伝達効率が高いためである。

このように，二つの光化学系で生み出された起電力の合計約 3.6 V を使って，さまざまな電子キャリアに電子を受け渡させることにより，最終的に，NADPH という還元剤と，酸素という酸化剤を生み出すのが，光合成の電子伝達である（図 6·5b）。これらの生成物の酸化還元電位の差は，6·2 節で説明したように約 1.1 V となり，最初に得られた起電力に比べてかなり少ない。その理由の一つは，光化学系の内部でのエネルギー損失がある。実際，どちらの光化学系でも，最初の反応中心の起電力に比べて，出力する起電力は約 50% になっている。これは，可逆的な光化学反応を不可逆なものにするための，やむをえないコストと考えられている。それ以外の電位差の損失の一部は，後で述べる ATP 合成のために利用されている。

循環的電子伝達（cyclic electron flow）については，NDH（表 12·1）の関与が知られていたが，植物における詳しいしくみは知られていなかった。最近になって，新たな成分が解明されてきた。まず，PGR5 タンパク質が重要な働きをすることが知られている。光化学系Ⅰからの電子は，フェレドキシンまたは FNR を通じて，PGRL1 タンパク質へと流れ，さらにシトクロム b_6f 複合体のプラストキノンへと流れることが，最近報告されている（文献 16，67）。

6·4·5　水素イオンの輸送と Q サイクル

これらの電子伝達の過程で，チラコイド膜の外側から内側に向かって，水素イオンが輸送される。ただし，これは実質的にそうなるということで，単純にポンプで輸送するようなものではない。外側で水素イオンが消費される過程は，プラストキノンの光化学系Ⅱによる還元のステップ（1 電子あたり 2 個）と，光化学系Ⅰで NADPH が作られるステップ（1 電子あたり 1 個：反応式からはわかりにくいが，1 分子の $NADP^+$ あたり，2 個の水素イオンを 2 個の電子で還元している。さらにもともと $NADP^+$ にあった電荷を保つために，別に水素イオンが生ずるが，これらは，つねに陰イオンにトラップされていると考えればよい。図 4·7 参照）であり，膜の内側に水素イオンが放出される過程は，光化学系Ⅱによる水から酸素を発生するステップ（1 電子あたり 1 個）と，プラストキノンの還元型がシトクロム b_6f 複合体を還元するステップ（1 電子あたり 2 個）である。なお，プラストキノンの酸化還元に伴う水素イオンの移動

は，普通に考えれば，プラストキノン1分子あたり2分子の水素の脱着があるだけなので，1電子あたり1個と思われるが，Qサイクルと呼ばれるしくみによって，その2倍の水素イオンの輸送を可能にしている（図6・5c）。

Qサイクルのポイントは，還元型プラストキノン（プラストキノールとも呼ぶ：PQH_2 で表す）が酸化されて酸化型プラストキノン（PQ）になる際，水素のついていないセミキノン型の中間体（PQ^{*-}：水素イオンがないため，陰イオンになっている）を通ることにある。実は，PQH_2/PQ^{*-} の酸化還元電位は約 380 mV 程度で還元力が弱く，PQ^{*-}/PQ の酸化還元電位は約 −150 mV と還元力が強い。そのため，PQH_2 は，b_6f 複合体の中で，まず容易に還元できるリースケ鉄イオウタンパク質（図中では FeS）に1個の電子を渡し，同時に2個の水素イオンを失う。この電子は，そのあと，光化学系Ⅰの還元に使われる。なお，セミキノンは不安定なため，これらの部分反応の酸化還元電位は，測定が難しかった。ここで引用した値は，ESR（電子スピン共鳴）などを使って1999年に得られたキノン誘導体の値（pH7, 25℃）を流用しているが，ほかの類似体の値も同様なので，プラストキノンの値と大きくは異ならないと思われる（文献40）。

PQ^{*-} は還元力が強いので，もう1個の電子を，還元性の強いシトクロム b_6 に渡すことができる。これを2回繰り返すことで，2分子のシトクロム b_6 からの電子を使って別のPQ（図では PQ_i）を還元して PQH_2 にすることができる。そのとき，チラコイド膜の外側から水素イオンを取り入れる。この PQH_2 は，普通のプラストキノンプールの一員として，上に述べた電子伝達を行う。これを繰り返すと，常に電子の1/2が次のサイクルに回る計算になる。公比1/2の等比級数の和は1なので，最終的に PQH_2 が2倍回転したような計算になる。これが，1電子あたり2個の水素イオンを輸送できるからくりである。

6・4・6 ATP合成酵素

ATPを作り出すしくみは，生物がもつしくみとしては，かなり変わっている。電子伝達に共役して，水素イオンの濃度勾配が作られ，そこにためられた自由エネルギーを利用して，ATP合成酵素のなかのローター部分を回転させ，それに共役してADPとリン酸からATP（と水）を合成する。電子伝達は膜の内部での電子の流れであるが，すでに述べたように水素イオンを膜の一方の側からだけ受け取り，放出するときには反対の側にだけ出すことができるようになっている。このしくみにおいては，電子の動きと水素イオンの動きがしっかりと結びついていて，このことを「共役している」と表現する。

ATP合成酵素の模式図を図6·6に示す。ローターと呼ばれる回転子が膜に埋まっており，それに続く軸の部分（ガンマサブユニット）が，固定された頭の部分の中で回転する。この頭の部分は，$\alpha\beta$サブユニットがそれぞれ3個ずつ集まってできていて，三回回転対称となっている。軸が1/3回転するごとに，これらのサブユニットの構造が変化し，それに伴って，ADPとリン酸が結合してATPになる反応，ATPが外れる反応，再びADPとリン酸が結合する反応の三つがセットになって，順番に行われる。

　ローター部分の構成は生物種により異なり，光合成に働くATP合成酵素の場合，10〜15個のサブユニットからなっており，その数だけの水素イオンを輸送するごとに1回転する。水素イオンは，ローターと固定子との間の隙間を抜けながら，ローターを1サブユニット分だけ回転させると考えられる。

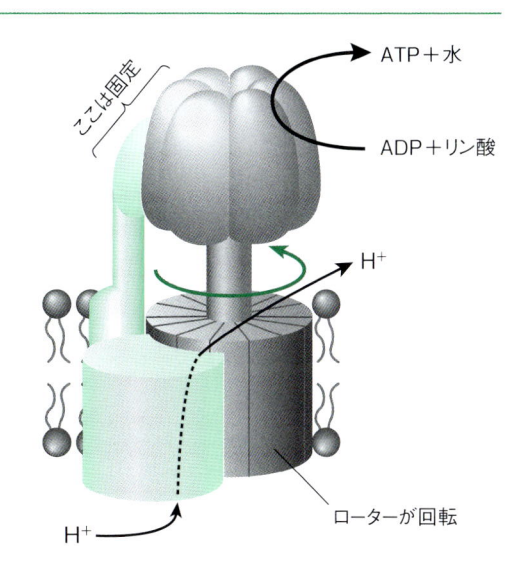

図6·6　ATP合成酵素の模式図と反応のしくみ
（文献B28より改変）

6·4·7　炭素同化

　二酸化炭素CO_2を有機物の形に固定して，細胞が利用できる炭素化合物を得る過程は，**炭素同化** carbon assimilation／**CO_2固定** CO_2 fixation と呼ばれる。図6·7上に全体の概略を示す。その最初の段階で，CO_2取り込み反応を行い，ホスホグリセリン酸（PGA）を作り出す酵素がルビスコ RuBisCO である（図6·7下①）。正式の名称は，リブロース1,5-ビスリン酸カルボキシラーゼ／オキシゲナーゼという長いものであるが，お菓子のメーカー名をもじった略称がよく使われている。ルビスコは，実はきわめて反応が遅く，一般的な酵素が1秒間に何千回も反応を行うのに対して，数回しか反応できない。そのため，葉緑体の中には，全可溶性タンパク質の半分ほどを占めるルビスコタンパク質が含まれていて，何とかCO_2固定反応を進めている。

　PGAは還元されてグリセルアルデヒド3-リン酸（GAP）になり（図6·7下②），糖新生系によって，グルコース1-リン酸となる。さらに植物体内での安定な糖であるスクロースに変化し，師管を通って，植物体のほかの部分に輸送される。

　産生されたすべてのPGAが糖の合成に使われるわけではない。図6·7を見ると，全部で30個の炭素原子を含む6分子のリブロース1,5-ビスリン酸（RuBP）が6分子の二酸化炭素と結合し，36個の炭素原子を含む12分子のPGAを生

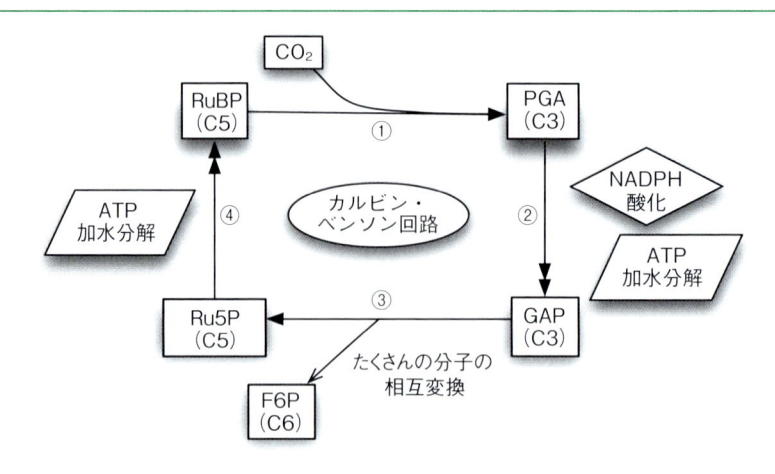

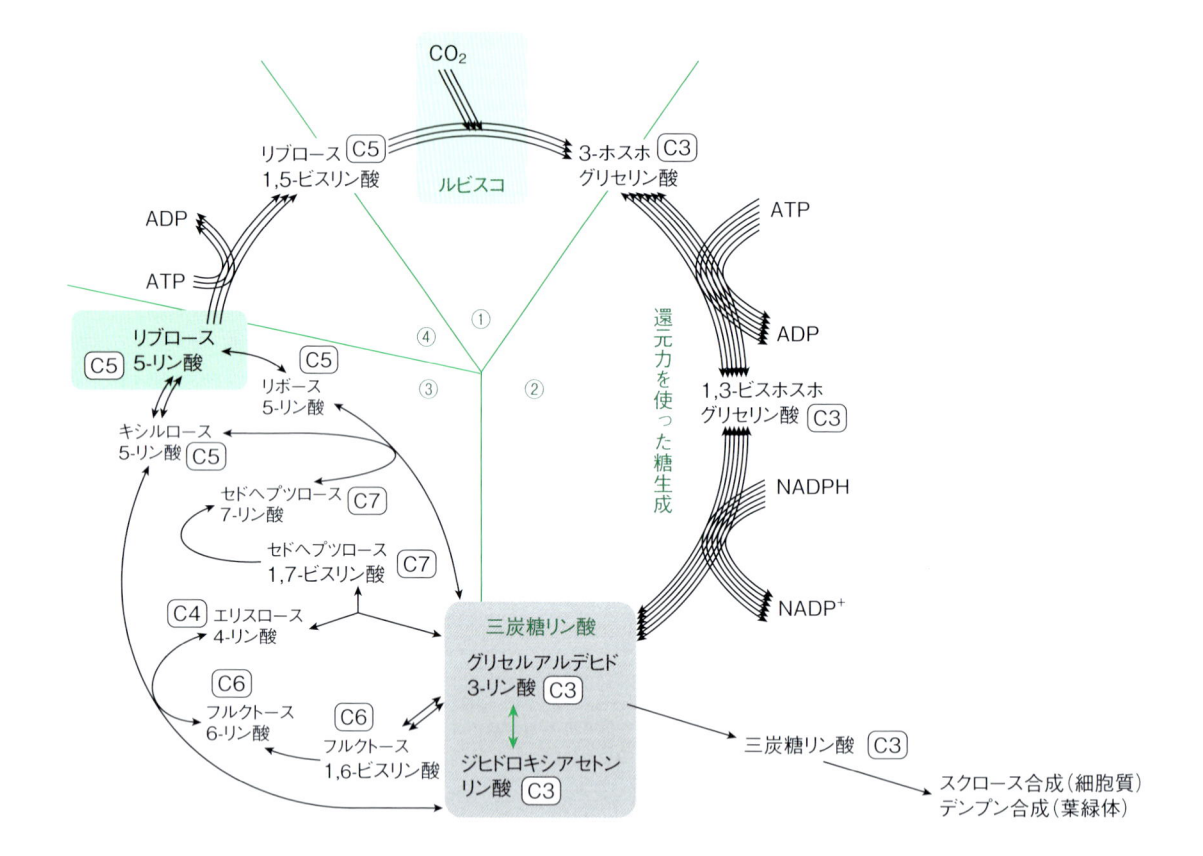

第 6 章　光合成と呼吸 － 生命世界を動かす原動力 －

図 6・7　二酸化炭素固定系（カルビン・ベンソン回路）
上は概略図で，下は各反応段階を示した図。上の図の略称；RuBP：リブロース 1,5-ビスリン酸，PGA：3-ホスホグリセリン酸，GAP：グリセルアルデヒド 3-リン酸，F6P：フルクトース 6-リン酸，Ru5P：リブロース 5-リン酸。下の図で，1 本の線は 2 反応に相当する。Cn：物質の炭素数，→：不可逆反応，↔：可逆反応。（文献 B28 より改変）

ずる。このうちの2分子のPGAが糖の合成に使われ，残りの30個の炭素原子を含むPGAは，複雑な変換反応を経て，もとの6分子のRuBPを再生するのに使われる（図6・7下③と④）。この反応経路を，発見者にちなんで，カルビン・ベンソン回路と呼ぶ。

カルビン・ベンソン回路が一回りする間には，二酸化炭素1分子あたり，2個のNADPHと3個のATPを消費する。この数は，反応中心と電子伝達によって作られる8光子あたり2個のNADPHと約2.6個のATP（ロータを構成するサブユニットの個数によって異なる）という比率に比べると，少し違っている。

ルビスコ[*2]は二酸化炭素だけでなく，酸素も基質とし，その場合，1分子のPGAと炭素数2のホスホグリコール酸を生ずる（オキシゲナーゼ反応）。この反応が起きると，単にRuBPが分解してしまうので，炭素固定が続けられなくなってしまう。ホスホグリコール酸からRuBPを再生する経路を光呼吸と呼ぶ（6・6節参照）。ルビスコが酸素よりも二酸化炭素に対して選択的に反応するためには，遷移状態における二酸化炭素との結合を強くする必要があるが，そうすると，反応速度が遅くなってしまうというジレンマがある（文献49）。反応速度が速く，しかも二酸化炭素を効率的に利用するという「理想的なルビスコ」が探し求められたこともあったが，現在では，原理的に困難ということのようである。

6・5 呼　吸

通常の生物教科書であれば，最初に呼吸を説明し，あとから，それと一部似ているというような形で光合成を説明するものだが，本書では光合成から始めた。それは，自由エネルギーが生命世界に入ってくる順番に従ってのことである。光合成によって作られた糖と酸素を使って，再び二酸化炭素と水を作り出すのが呼吸である。その過程で，糖と酸素を作るのに必要とされた自由エネルギーが解放される。ただし，すでに述べたように，光合成では，吸収した光エネルギーの半分以上を，反応を不可逆的に進めるために捨てているので，糖の合成に使った自由エネルギーだけが，呼吸で利用可能になる。

一つの問題は，植物，とくに緑葉のミトコンドリアは調製が難しく，確かに最近ではその性質が調べられてはいるが，植物生化学・生理学の教科書に書かれている植物のミトコンドリアの話は，大部分，酵母やラット肝など，他の生物で確立している話を当てはめている場合が多いことである。

呼吸は，それに先だって行われる糖の分解に伴うNADH生成の段階（解糖系とクエン酸回路）と，NADHと酸素を反応させることによって大きな自由

[*2] 効率よくCO_2を固定するには，あらかじめ葉緑体内のCO_2の濃度を高くすることが有効で，シアノバクテリア，藻類，植物それぞれに，CO_2またはHCO_3^-イオンを選択的に輸送し濃縮するしくみがある。またHCO_3^-イオンからCO_2の放出を促進するカーボニック・アンヒドラーゼ（炭酸脱水酵素）も重要な役割を果たしている。さらに，シアノバクテリアのカルボキシソーム（口絵⑤）や藻類のピレノイド（図2・1）は，無機炭素濃縮機構とともにルビスコを多く含む顆粒であり，効率的にCO_2の固定反応を進めるしくみと考えられている。

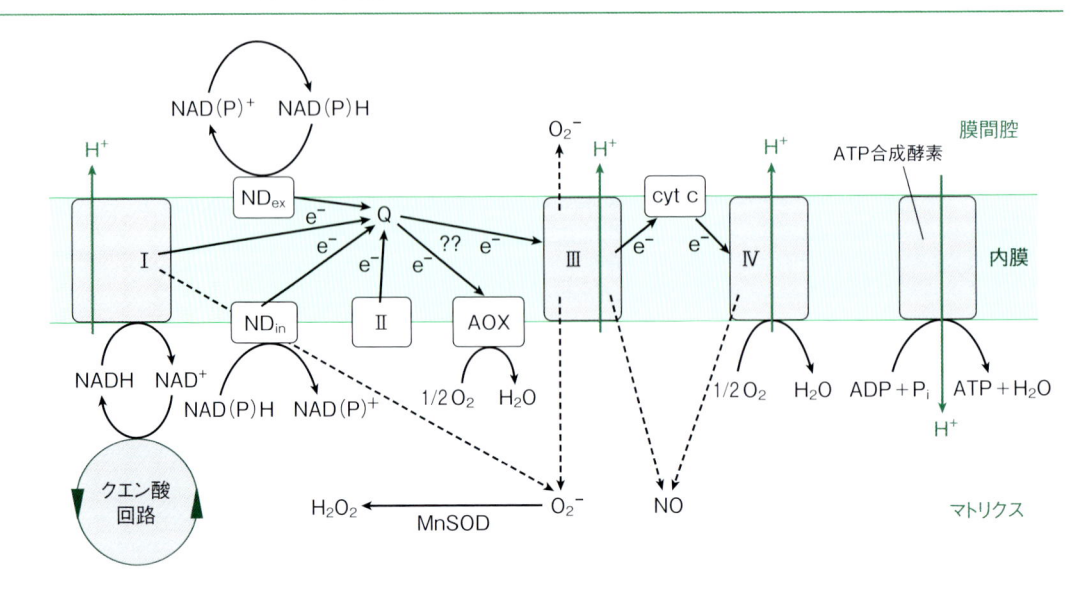

第 6 章 光合成と呼吸 — 生命世界を動かす原動力 —

図 6・8 植物の呼吸鎖の模式図
植物のミトコンドリアでは，一般的な呼吸鎖に加え，AOX (alternative oxidase) や，NAD(P)H から電子を受け取る脱水素酵素などが存在する。ND は NADH 脱水素酵素，添え字の in は内側，ex は外側にあることを示す。I〜IVは複合体を表す。MnSOD はマンガンを使うスーパーオキシド・ジスムターゼである。NO, H_2O_2, O_2^- は化学記号で，それぞれ，一酸化窒素，過酸化水素，スーパーオキシドを表す。（文献 55 より改変）

エネルギーを解放し，ATP の合成を行う呼吸鎖（図 6・8）に分けられる。前半の糖の分解過程は，**第 7 章**で説明する。呼吸鎖を構成する電子伝達成分は，複合体 I，複合体 II，複合体 III，複合体 IV からなり，それぞれの複合体の内部でも，いくつかの電子伝達成分の間で電子が渡される。このほかに，ユビキノン（Q）がミトコンドリア内膜に溶け込んでいて，複合体 I と複合体 II から複合体 III への電子伝達を受け持っている。また，水溶性のシトクロム c が複合体 III と複合体 IV の間を結んでいる。複合体 IV はシトクロムオキシダーゼとも呼ばれるが，シトクロム c から電子を受け取り，内部のシトクロム $a\ a_3$ を介して，酸素を還元する。

　NADH から複合体 I に渡される電子は，さまざまな電子伝達体に受け渡され，最終的に酸素に渡される。電子供与体としては，コハク酸も使われる。クエン酸回路の中のコハク酸脱水素酵素が，複合体 II を通じて，膜内にある呼吸鎖に電子を渡すことができるためである。複合体 I，ユビキノンと複合体 III，複合体 IV のところで，電子伝達と共役した水素イオンの膜内外での輸送が起き，それによって，膜を介した水素イオン濃度勾配ができる。さらにその一部は，カリウムイオンの濃度勾配の形に変わり，膜電位 $\Delta\Psi$ と水素イオン濃度勾配（ΔpH）の両方の形で，水素イオン駆動力（proton motive force: *pmf* : 単位

mV) と呼ばれる自由エネルギーが蓄えられる。

$$pmf = \Delta\Psi + 59\Delta pH \qquad (式6\text{-}5)$$

ここで、59という値が出てくるが、これは、標準状態での (ln 10) RT/F を mV 単位で表した（1000倍した）値である。なお、ln は自然対数、R は気体定数、T は絶対温度（標準状態では 298）、F はファラデー定数（式6-4で既出）である。

この自由エネルギーを解放しながら、ATP の合成が行われる点は、光合成の場合と同じである。

6・6 「もう一つの」呼吸

植物の場合、呼吸といっても、動物や酵母のミトコンドリアとはかなり違う点がある。一つは、「もう一つのオキシダーゼ」alternative oxidase である。通常のオキシダーゼであるシトクロム $a\,a_3$ がシアン化カリウムで阻害されるのに対し、シアンで阻害されないオキシダーゼがあることが知られていた。これは、AOX と呼ばれるオキシダーゼがユビキノンから電子を受け取り、酸素を

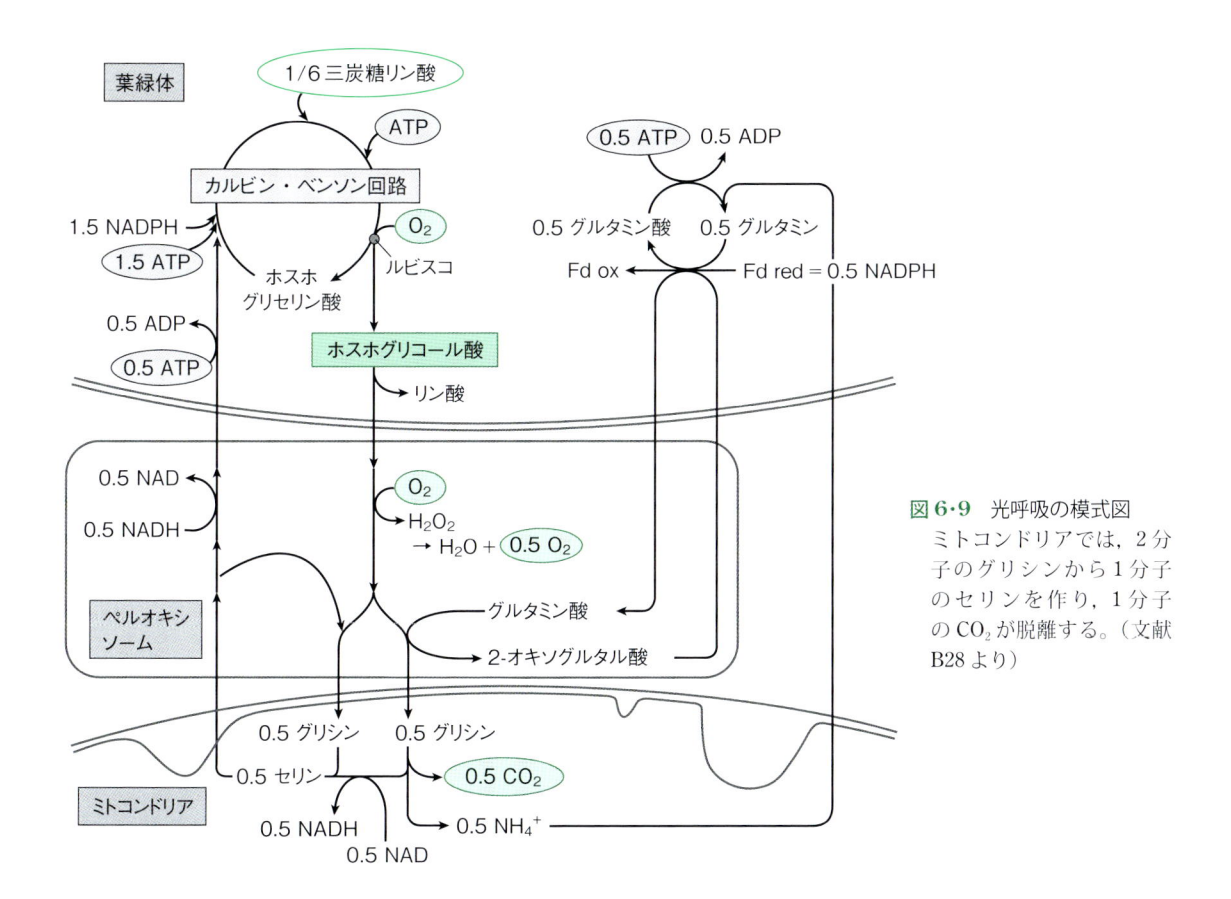

図6・9 光呼吸の模式図
ミトコンドリアでは、2分子のグリシンから1分子のセリンを作り、1分子の CO_2 が脱離する。（文献 B28 より）

還元するためであることがわかった。この酵素は，シアン非感受性であるが，代わりに SHAM によって阻害されるので，これら2種類の阻害剤を使い分けることで，二つのオキシダーゼの活性を求めることができる。AOX の経路では水素イオン輸送をしないので，ATP 合成はできない。これは，ストレス時などに，過剰の還元力を逃がして植物体を守るために使われていると考えられている。なお葉緑体にも過剰な電子を浪費する PTOX が存在する（12・5節）。

光呼吸と呼ばれる過程は，名前は呼吸で，たしかに酸素を消費するものの，呼吸鎖とは関係しない（図6・9）。先にのべたルビスコが酸素と反応してしまったときに作られるホスホグリコール酸から，最終的にリブロース-1,5-ビスリン酸を再生する過程であり，二酸化炭素放出を伴う。この過程は，葉緑体の他に，ミトコンドリアとペルオキシソームが関わる複雑なしくみでできている。光呼吸では，オキシゲナーゼ反応当たり，3.5分子の ATP と2分子の NADPH を利用する。この過程で生ずる二酸化炭素は，再度，ルビスコによって固定される。

6・7　C_4 光合成と CAM 代謝

カルビン・ベンソン回路は 1950 年代に解明されたが，1970 年前後になって，最初の固定産物が C_3 化合物（炭素を3個含む化合物）ではない場合が報告されるようになった。トウモロコシやキビでは，炭素固定の初期の産物がオキサロ酢酸やリンゴ酸などの C_4 化合物なのである。その後の研究により，これは，ホスホエノールピルビン酸カルボキシラーゼ（PEPC）によって，二酸化炭素が一時的に C_4 化合物として貯蔵されることを表していることがわかった（図6・10）。したがって，この場合新たな炭素同化経路が存在するということではなく，二酸化炭素を C_4 化合物として維管束鞘細胞に集積し，そこでまとめて二酸化炭素に戻すことによって，ルビスコによるオキシゲナーゼ反応を回避するという植物の戦略があることがわかる。現実に C_4 化合物を細胞間で移動させるのであるから，エネルギー的なコストもかかる。トウモロコシなど，高温・強光下で光合成を行う場合には，エネルギーはいくらでもあるので，このようなことをしても不利益がないと考えられる。なお，C_4 光合成を行う多くの植物では，維管束のまわりに特別な構造（クランツ構造）があり，維管束鞘を構成する細胞[*3]の葉緑体（グラナをもたない）がルビスコをもつ。それ以外の葉肉の細胞の葉緑体（グラナをもつ）にはルビスコはなく，細胞質に PEPC がある。

ちなみに，PEPC はなぜオキシゲナーゼ反応といった問題がないのだろうか。この酵素の基質は二酸化炭素ではなく，重炭酸イオンなのである。重炭酸イオ

＊3　C_3 植物にも維管束鞘は存在するが，多くの場合，発達した葉緑体をもたない。

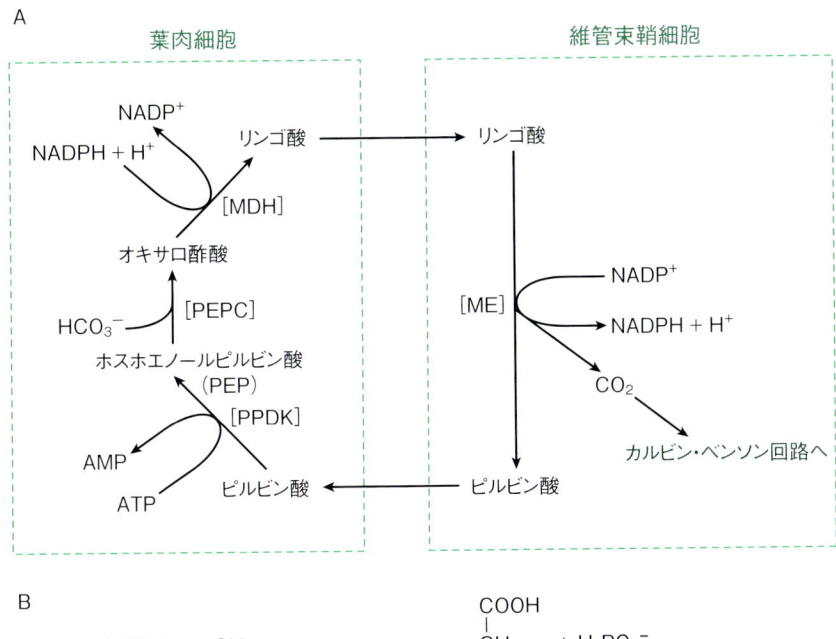

図 6・10 C₄ 光合成経路と PEPC 反応
ここに示すのは NADP-ME 型と呼ばれる経路であり，リンゴ酸とピルビン酸を交換しているが，他にもアスパラギン酸とアラニンを交換するタイプの経路も知られている。（文献 B16 より）

ンは，酸素とは競合しない。そのため，効率よく二酸化炭素を C₄ 化合物に変換することができる。PEP をリンゴ酸に変換する過程では，NADPH が使われるが，これは，トウモロコシなどの NADP-ME 型の C₄ 光合成の場合，維管束鞘細胞で再生され，カルビン・ベンソン回路を回す際に利用される。ただし，C₄ 光合成の実際の代謝のしかたは植物によって異なり，主に 3 通りの型が知られている。詳細は専門書（文献 B5, B6, B7）に譲る。

　C₄ 光合成とよく似た代謝をする別の植物がある。カランコエやベンケイソウの仲間の植物で，乾燥に強いことで知られる。こうした植物は，昼間に気孔を開けていると，水分の損失が大きいため，夜間に気孔をあけて，二酸化炭素を C₄ 化合物の形で貯蔵する。昼間には，こうしてため込んだ C₄ 化合物から二酸化炭素を放出し，それを使ってカルビン・ベンソン回路を回している。こうした代謝をベンケイソウ型代謝（CAM）と呼び，CAM 代謝を行う植物を CAM 植物と呼ぶ。

こうした代謝のしくみは，作物の生産性を考える上では非常に重要な問題であるが，植物生理学の基礎的な学習では，少し難しい問題であるので，関心のある方は，参考文献を参照されたい（文献 B5, B6, B7, B13, B16）。

問　題

1. (a) 光合成において，二酸化炭素から C_3 化合物を作り出す酵素を何と呼ぶか。
(b) また，この酵素の二酸化炭素との反応が，酸素により妨害される問題点を説明せよ。
(c) トウモロコシなどでは，この問題をどのように乗り越えているか。

2. (a) ATP 合成酵素のしくみを簡単に述べよ。
(b) ATP 合成酵素では，どのような自由エネルギーを用いて，ATP の自由エネルギーに変えているか。

3. 光合成において，1マイクロモルの NADPH が生成するときに発生する酸素の量を，マイクロモル単位で答えよ。なお，必要な因子は十分量あり，生成した NADPH は消費されないものとする。

課　題

　カボンバ（カモンバとも呼ばれる。和名はフサジュンサイ）などの水草を使って，光合成の働きを目で見てみよう。カボンバを適当な大きさに切って，水を満たした試験管の中に入れ，それを水槽に立てることによって，発生する気体を集めるしくみを作る。水の温度を測定しておき，異なる実験は，できるだけ同じ温度で行うようにする。いろいろな色の LED が売られているので，それらを用いて，光を当て，発生する気体の量を比較してみよう。その際，水に炭酸水素ナトリウムを溶かしておくと，気体の発生が多くなる。異なる実験を相互に比較するには，植物体の湿重量などで割る必要がある。可能なら，クロロフィル量を測り，それによって標準化するとよい。加える炭酸水素ナトリウムの濃度や，照射する光の強さや光の色などを変えて，どのような条件で光合成が活発になるのかを調べてみよう。

第7章

代謝系の基本
― すべてを生み出す底力 ―

植物の体内で，現実に物質を変換しているのは，さまざまな代謝経路である。代謝の基本は，炭素化合物の相互変換作用である。これには，炭素・炭素結合の生成・切断を伴うものと，化合物の酸化還元状態を変化させるものがある。本章では，代謝のしくみを解説しながら，それを可能にする酸化・還元の力や自由エネルギーの役割を説明する。また，植物特有の代謝についても述べる。

7・1 代謝の調べ方

代謝[*1]は物質の変換であるので，ラベル（標識ともいう）した分子を細胞に与え，一定時間ごとにとりだしてどの物質にラベルが取り込まれたかを調べることにより，代謝経路を推定することができる。ラベルとしては，放射性の炭素である ^{14}C や，安定同位体である ^{13}C が使われる。^{14}C を使うときわめて微量の物質が検出できるが，分子内でのラベルの分布など，詳細な分析は難しい。また，放射性同位元素を使用するために許可を得た施設でしか実験ができない。^{13}C は放射性ではないが，質量分析やNMRなどによって検出することができる。天然に1.1%程度存在するので，それを考慮して分析を行うことが必要である。

代謝経路を調べるには，細胞や組織をそのまま使う方法と，細胞抽出液や酵素を用いる方法がある。前者を *in vivo*（生体内），後者を *in vitro*（試験管内）の実験という。抽出液や酵素を用いれば，詳しい反応のしくみなども調べられる。しかし，細胞内で実際にどんな代謝経路が働いているのかを知るには，細胞を壊さないでラベルする実験が必要である。その場合には，解析が複雑になる。

7・2 基本代謝経路の構築

代謝経路のかなめは，クエン酸回路 citrate cycle（ちなみに「サイトレート」ではなく，「シトレート」と発音する）である[*2]。基本的にどんな物質の代謝も，みなクエン酸回路につながっており，言い換えれば，クエン酸回路を経由する

[*1] 植物の代謝についての詳細は，参考文献B1，B5，B6，B7に詳しい。

[*2] 日本人の研究者はTCAサイクルと呼ぶことが多いが，クエン酸回路の方が一般的なようである。

ことによって，さまざまな物質の相互変換が可能になっている（図7・6でもようすがわかる）。ちょうど，環状線を中心として，放射状に鉄道が伸びているようなものである。

放射状に伸びている代謝経路の特徴は，高分子物質や複雑な物質が，単量体や単位となる分子を介して，クエン酸回路につながっていることである。高分子を単量体にするのは加水分解であるので，とくにエネルギーを必要としないことが多いが，逆に単量体から高分子を合成する際には，ATPの加水分解によって得られる自由エネルギーを必要とすることにも注意したい。

また，有機化合物の炭素骨格を伸ばしてゆくには，カルボニル化合物がアルドール縮合のように結合する反応が使われていて，それによってできる分子を脱水・還元することにより，炭化水素鎖を伸ばしてゆく。このため，炭素鎖を伸ばす代謝反応では，還元が必須であり，逆に，炭素鎖を短くする反応では，脱炭酸反応や，酸化反応が必須である。

次にいくつかの代表的な代謝反応のパターンを示す。

(a) <u>リン酸化反応</u>（酵素名：**キナーゼ kinase**）

ATPの末端（γ位）のリン酸基が基質に転移されることにより，リン酸エステル結合が作られる。

（例）ホスホフルクトキナーゼ（図7・1）

　　フルクトース 6-リン酸 ＋ ATP → フルクトース 1,6-二リン酸 ＋ ADP

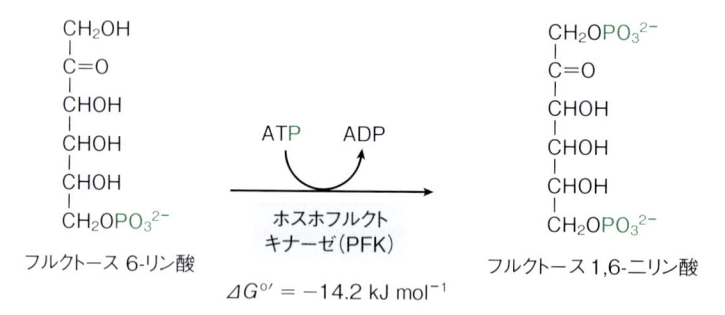

図7・1 ホスホフルクトキナーゼの反応式

フルクトース 6-リン酸　　ホスホフルクトキナーゼ(PFK)　　フルクトース 1,6-二リン酸

$\Delta G^{o\prime} = -14.2 \text{ kJ mol}^{-1}$

(b) <u>リン酸基加水分解反応</u>（酵素名：**ホスファターゼ phosphatase**）

リン酸エステルが加水分解される反応である。

（例）フルクトース 1,6-ビスホスファターゼの反応

　　フルクトース 1,6-二リン酸 ＋ H_2O → フルクトース 6-リン酸 ＋ リン酸

(c) <u>炭素間結合の生成・切断反応</u>

炭素と炭素の間の結合を作ったり切断したりする反応では，カルボニル化合物が使われる。これは有機化学の**アルドール縮合 aldol condensation**（図7・2）

と似ていて，カルボニル炭素がプラスの電荷を帯び，カルボニル基に隣接するC-Hが解離して陰イオンを生ずることに基づいている．

(例1) アルドラーゼ aldolase 反応 (図7･3)

グリセルアルデヒド 3-リン酸 + ジヒドロキシアセトンリン酸 ⇄ フルクトース 1,6-二リン酸

図7･2 アルドール縮合の一般式

図7･3 アルドラーゼの反応式
アルドラーゼの反応では，このように左向きのときに自由エネルギー変化がプラスになるが，それでもこの反応は可逆的である．

(例2) クエン酸合成酵素 citrate synthase 反応 (図7･4)

アセチル CoA + オキサロ酢酸 → クエン酸 + CoASH

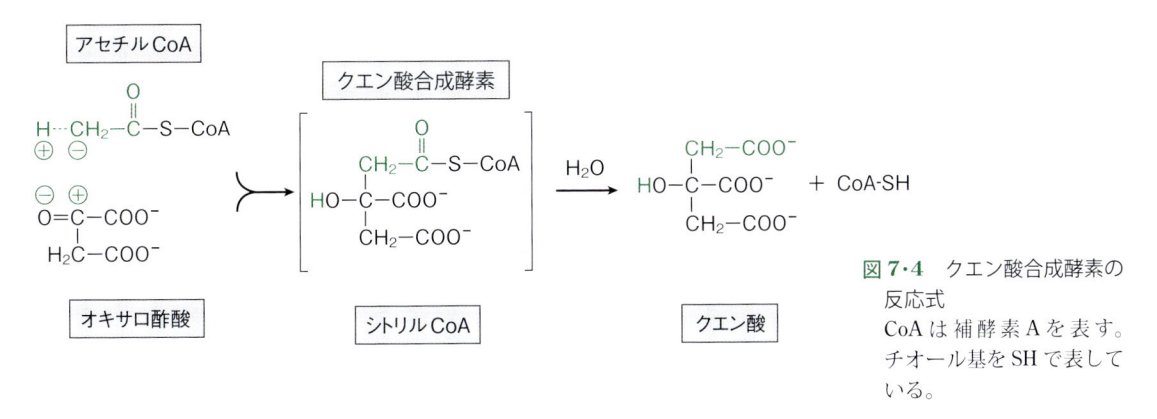

図7･4 クエン酸合成酵素の反応式
CoA は補酵素 A を表す．チオール基を SH で表している．

(d) 脱水素反応 (酵素名：デヒドロゲナーゼ dehydrogenase)

NAD^+ や $NADP^+$ が炭素化合物から2個の水素原子を受け取って還元され，還元力が NADH や NADPH の形で保存される．他方，炭素化合物は酸化される．脱水素反応は，同時に脱炭酸を伴う場合も多い．その場合，二酸化炭素

が速やかに系から除去されるため，反応を不可逆的に進行させることができ，$\Delta G°'$ は大きな負値となる。結局，酸化の結果は二酸化炭素に集約され，残る炭素化合物は少し還元されたことになる。ピルビン酸脱水素酵素 pyruvate dehydrogenase の反応を考えよう。

$$\text{ピルビン酸} + \text{CoASH} + \text{NAD}^+ \rightarrow \text{アセチル CoA} + \text{NADH} + \text{H}^+ + \text{CO}_2$$
$$\Delta G°' = -33.5 \text{ kJ/mol}$$

炭素原子あたりの水素と酸素（水素2個に対応するので，2倍にして数える）の個数の差を，**平均還元数**と考えれば，この過程で，ピルビン酸（$C_3H_4O_3$）の -0.67 から，酢酸（$C_2H_4O_2$）の 0 に増えている。二酸化炭素（CO_2）が -4 と，大きく酸化されているためである（図7・5）。平均還元数を使うと，いろいろな代謝中間体の酸化還元状態がよくわかる。

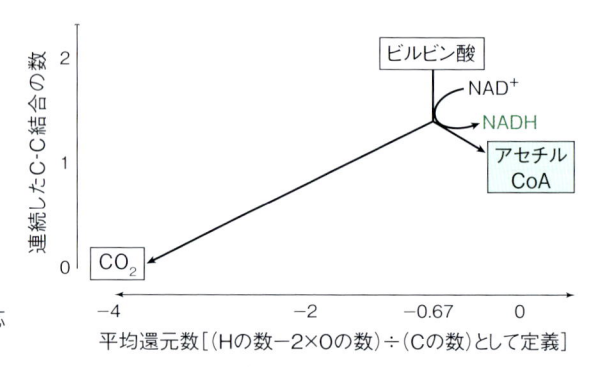

図7・5 ピルビン酸脱水素酵素の反応における酸化還元

他にも同様の反応がある。たとえば，2-オキソグルタル酸脱水素酵素の反応でも，同様の関係が成り立っている。

7・3　植物細胞における中央代謝の全体像

通常の生物学の教科書では，動物細胞の代謝を念頭において代謝経路が描かれるため，グルコースから話が始まる。しかし光合成を行う植物細胞では，状況は異なる。まず，植物細胞における代謝の全体像を把握しよう（図7・6）。その際の中心物質は，グリセルアルデヒド3-リン酸（GAP）である。

GAPとPGAの間の反応を解糖系として見ると，他に類を見ない基質レベルでのリン酸化を介したATP合成とNAD(P)H合成が行われる（図7・7）。GAPDH反応では，GAPというアルデヒドが酸化されてDPGという酸になるときの自由エネルギー変化は非常に大きく，その余力で，無機リン酸を結合しながら，NAD^+ も還元してしまうのである。次のPK反応では，ここで結合したリン酸をADPに渡して，ATPを合成する。両者をあわせて，NADHとATPの両方を作り出すことができる。なお，植物の場合，これらの酵素は，葉緑体

7・3 植物細胞における中央代謝の全体像

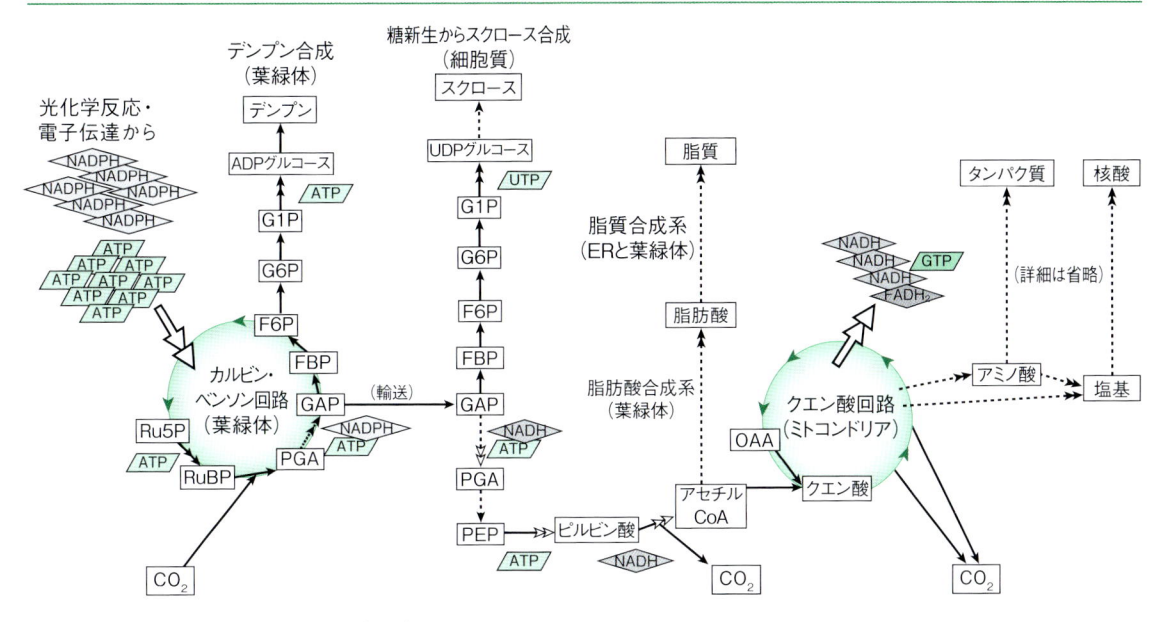

図 7・6 植物細胞における中央代謝の全体像
自由エネルギー源として，ひし形は還元力，平行四辺形は ATP や GTP を表す．二重黒矢印は自由エネルギー要求反応を，白抜き二重矢印は自由エネルギー産生反応をそれぞれ示す．カルビン・ベンソン回路への入力や，クエン酸回路からの出力では，GAP 1 分子あたりの ATP, NAD(P)H の個数を示した．なお，PGA〜F6P の反応は，葉緑体と細胞質の両方で行われる．F6P: フルクトース 6-リン酸，FBP: フルクトース 1,6-ビスリン酸，G1P: グルコース 1-リン酸，G6P: グルコース 6-リン酸，GAP: グリセルアルデヒド 3-リン酸，OAA: オキサロ酢酸，PEP: ホスホエノールピルビン酸，PGA: 3-ホスホグリセリン酸，Ru5P: リブロース 5-リン酸，RuBP: リブロース 1,5-ビスリン酸．ここで示す代謝経路は，あくまでも概略であり，破線で示す経路には省略が含まれる．たとえば，中央下の PGA から PEP の間には 2-PGA が入る．また，GAP から FBP ができるところは，GAP とその異性体 DHAP が縮合して FBP ができる．UDP-グルコースからスクロースへの経路では，スクロース 6-リン酸が入る．これらはいずれも，見やすくするために省略した．

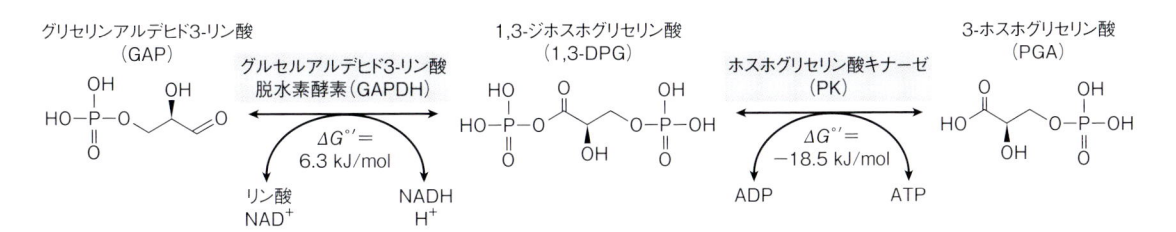

図 7・7 GAP から PGA までのエネルギー産生反応
右向きは解糖系，左向きは糖新生となる．解糖系としてみたときには，ATP と還元力の産生反応，糖新生としてみたときには，ATP と還元力を使って，酸からアルデヒドへの炭素鎖の還元をする反応となる．（文献 B17 より）

と細胞質の両方にあり，むしろ糖新生の方向に働く．つまり，ATP と還元力という大量の自由エネルギーを使って，炭素骨格でいえば，グリセリン酸からグリセルアルデヒドへの還元反応を進めていることになる．葉緑体の酵素（GAPCp）が $NADP^+/NADPH$ を使うのに対し，細胞質の酵素（GAPC）が $NAD^+/NADH$ を使うと一般に考えられている（文献 58）．ただし，実際にどちらを使うのか，あるいはどちらも使うのかについては，個々の植物・藻類ご

とに調べる必要がある。アミロプラストではNAD$^+$を使うという記述もあるが，これはジャガイモやコムギ胚芽の場合で，エンドウの根ではNADP$^+$のようである（文献5）。細胞質では，ATP合成を伴わずに，GAPからPGAまでひとつ飛びに進みながらNADP$^+$の還元をする別の酵素（GAPN）も存在する。

図7·6では，糖代謝経路に関して，糖新生と書いたが，植物でも，非光合成組織では解糖系としても働き，その場合には，図の中の矢印は逆向きに進む。FBPとF6Pの変換など，可逆でない反応は，それぞれの向きによって異なる酵素による反応を受ける。詳細はここでは省略する。

7·4　クエン酸回路

ここでは中心代謝経路の環状線であるクエン酸回路を説明する。クエン酸回路は，一般には丸く書かれている（図7·8）が，そうすると，何が起きているのかという要点が理解しづらい。図7·5にならって，酸化還元に注目した図が図7·9である。①クエン酸を作る縮合反応，②脱炭酸を伴うNADH生成反応，③そうではない還元力生成反応，の三段階からなることがわかる。

クエン酸回路は，炭素数4，5，6の化合物の間の変換をすることができるた

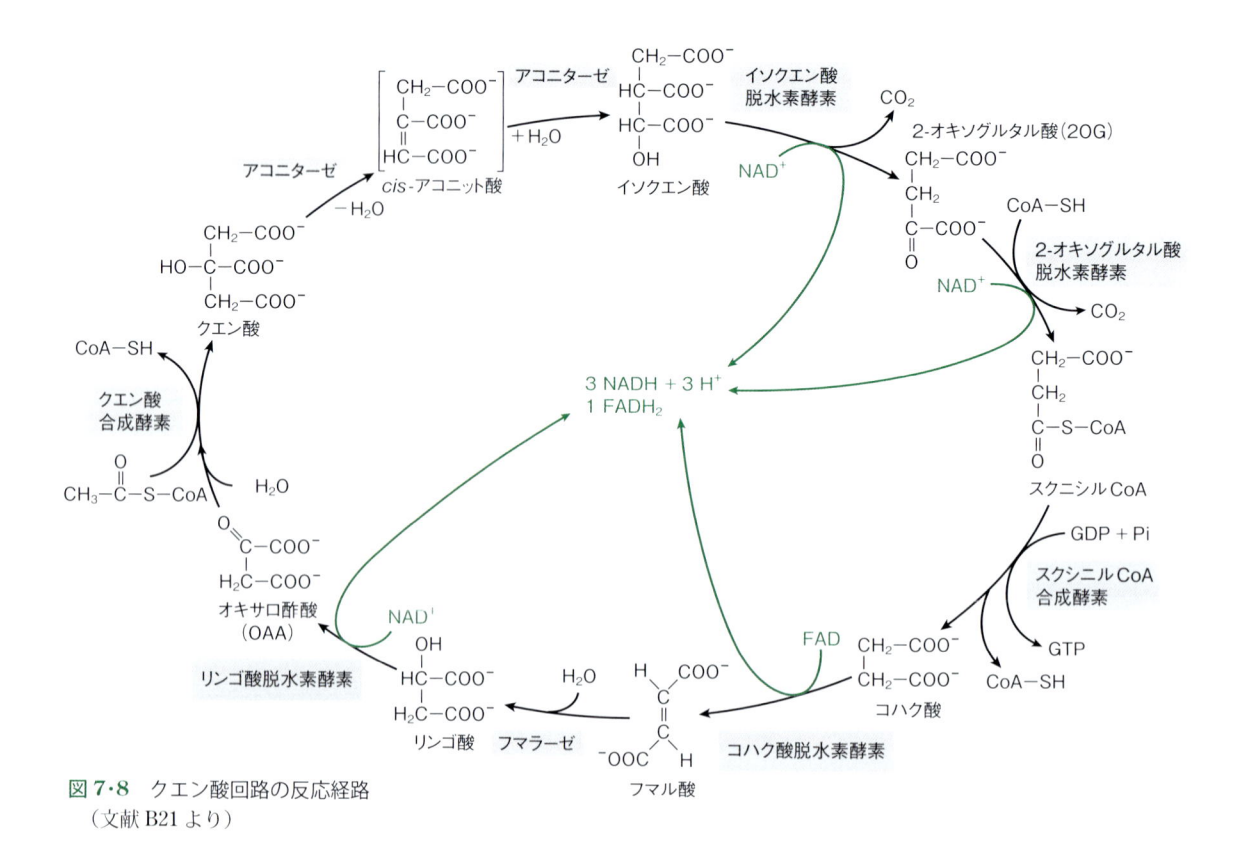

図7·8　クエン酸回路の反応経路
（文献B21より）

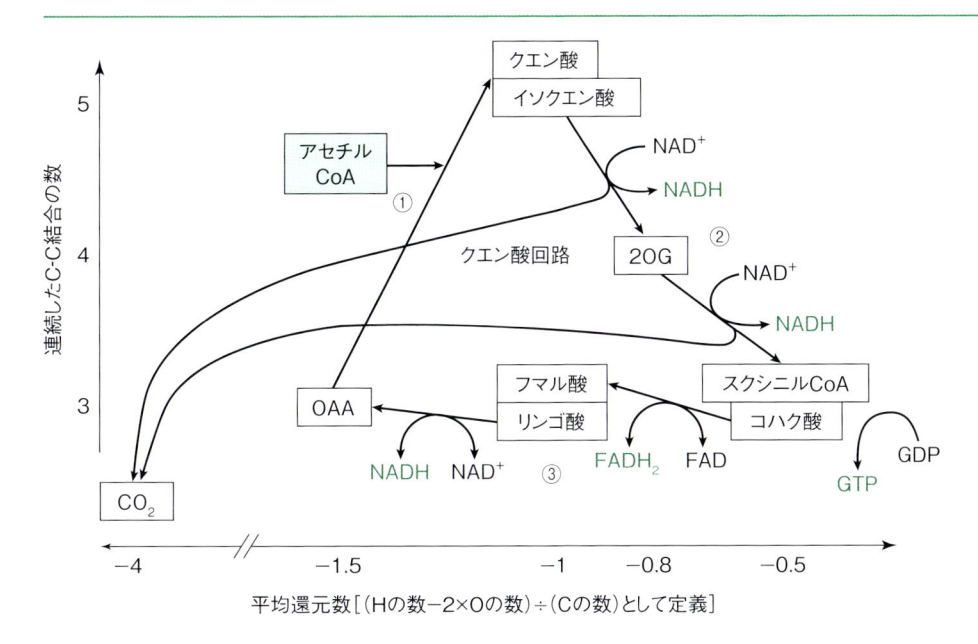

図 7・9 酸化還元状態に注目したクエン酸回路の模式図
　アセチル CoA は酢酸の誘導体なので，平均還元数が 0，C-C 結合の数が 1 であるが，見やすくするため，アセチル CoA は左に置いて表示した。

め，いろいろな物質を合成する原材料を供給するのにも使われている．とくに，2OG からグルタミン酸を作る経路（7・5 節）は，窒素同化系の主要経路である．

　クエン酸回路の一部と共通する回路がグリオキシソームにあり，グリオキシル酸回路と呼ばれている．イソクエン酸がコハク酸とグリオキシル酸に分解され，グリオキシル酸はアセチル CoA と結合してリンゴ酸となる．この結果，2 分子のアセチル CoA から 1 分子のコハク酸が作られる．これは，種子の発芽のときなどに，β 酸化によって脂質から作られたアセチル CoA を利用して，クエン酸回路を動かしたり，糖を作ったりする際に役立つ経路である．

7・5　窒素とアミノ酸の代謝

　ここからは，もう少し植物に特有の代謝について述べる．動物と違って植物は，無機窒素を同化して，アミノ酸などを合成することができる（図 7・10）．無機窒素は硝酸イオンの形で取り込まれたのち，亜硝酸イオン，アンモニアへと還元され，グルタミン合成酵素によって，グルタミンに取り込まれる．つぎに，アミノ基が 2OG に渡されて，グルタミン酸になる．これによって，正味のグルタミン酸合成が起きる．グルタミン酸のアミノ基は，アミノ基転移酵素によって，さまざまな物質に移されて，他のアミノ酸が合成される．

　硝酸イオンの還元は細胞質で行われるが，それ以降の反応は主に葉緑体また

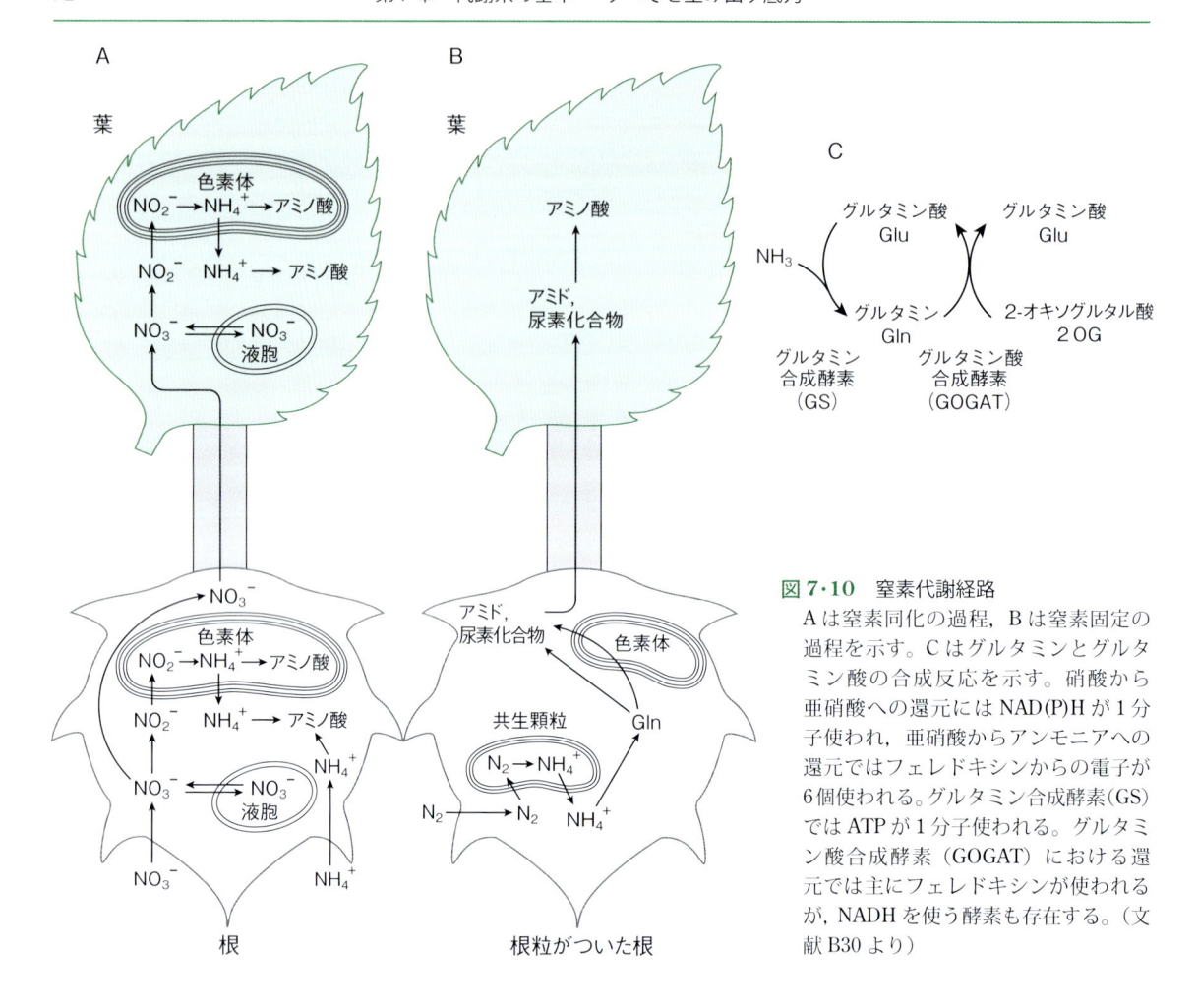

図7・10 窒素代謝経路
Aは窒素同化の過程、Bは窒素固定の過程を示す。Cはグルタミンとグルタミン酸の合成反応を示す。硝酸から亜硝酸への還元にはNAD(P)Hが1分子使われ、亜硝酸からアンモニアへの還元ではフェレドキシンからの電子が6個使われる。グルタミン合成酵素(GS)ではATPが1分子使われる。グルタミン酸合成酵素（GOGAT）における還元では主にフェレドキシンが使われるが、NADHを使う酵素も存在する。（文献B30より）

は色素体で行われる。

核酸塩基も窒素含有化合物であるが、その合成系は非常に複雑なので、生化学の教科書（文献B21）などを参照していただくこととして、ここでは省略する。

窒素の代謝には、空中窒素の固定によるアンモニアの合成がある。これは、植物自体はできないが、マメ科植物の根に寄生して根粒を作らせる根粒菌が、窒素固定を担っている（図7・10 B）。窒素固定反応は、非常に多量の自由エネルギーを必要とする反応である（図7・11）。ニトロゲナーゼという酵素複合体が、この反応を触媒する。

マメ科植物の起源は六千万年前程度であるので、植物の進化の歴史では比較的新しい。それ以前に根粒菌の祖先が何をしていたのかは、よくわかっていない。それよりも前から存在していたのは、光合成的に窒素固定を行う一部のシアノバクテリアや、従属栄養的に窒素固定を行うアゾトバクターなどの細菌である。化学工業と稲妻による空中窒素固定を除くと、空気中の窒素ガスを生物

が利用できる形態に変えることができるのは，主に窒素固定反応だけである。それ以外の窒素化合物供給源としては，火山ガスなどに含まれるアンモニアがある。

根粒とのつきあい方は，植物にとって微妙なバランスが要求される。植物は炭素源を根粒菌に与え，根粒菌は植物に窒素源を与える。根粒がつきすぎると，植物の栄養分が失われてしまうので，植物にとって必要最小限の根粒をつけるようになっている。根粒菌を内包する根粒（これは植物の組織である）からは，地上部に対してシグナルが出ており，地上部はこのシグナルに対して，根粒をこれ以上つけさせないためのシグナルを，根に送っている（9・8節）。

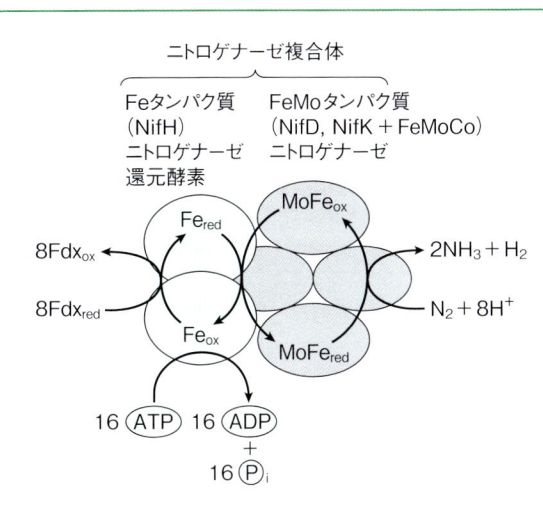

図7・11 窒素固定酵素とその反応
Fdx はフェレドキシンを表す。MoFe はモリブデンと鉄を含む活性中心を表すが，活性中心にはさらに，ホモクエン酸など多様な補助因子が使われている。添え字の ox は酸化型を，red は還元型をそれぞれ示す。（文献 B30 より）

7・6 デンプンとスクロースの代謝

7・6・1 デンプンの代謝

植物が人類にとって重要な大きな理由は，デンプン（4・2節）の供給源となるためである。デンプンは葉の葉緑体内部でも合成される（同化デンプン）が，糖質はスクロースの形で**転流**（詳しくは11・4節参照）されて，他の組織，とくにイモなどの貯蔵器官や種子の胚乳で，デンプンとして蓄積する。デンプンの合成では，グルコース1-リン酸にATPからAMP部分が転移されてできるADPグルコースが基質として使われ，アミロース分子の4位の末端に，順次，グルコース残基が結合して，α1→4結合でつながってゆく。このとき生じたピロリン酸は，リン酸に分解されることにより，反応が可逆的にならないようになっている。

これに対して，動物や菌類のグリコーゲンを合成する反応では，UDPグルコースが使われる。シアノバクテリアの場合は，植物と同様，ADPグルコースを使うが，最終産物はグリコーゲンである。紅藻や灰色藻では，デンプンは細胞質で作られ，UDPグルコースが基質となる。もともとグリコーゲンを合成するしくみが真核生物共通にあり，緑藻や緑色植物では，ADPグルコースを使うデンプン合成系や分岐酵素が付け加わったと考えられている（文献2）。

直鎖状の分子であるアミロースの一部では，**分岐酵素**（枝作り酵素）branching enzyme による糖鎖の付け替えにより，6位にも枝がつけられ，α1→6結合ができる。こうして，ほうき状の「ふさ」がところどころについ

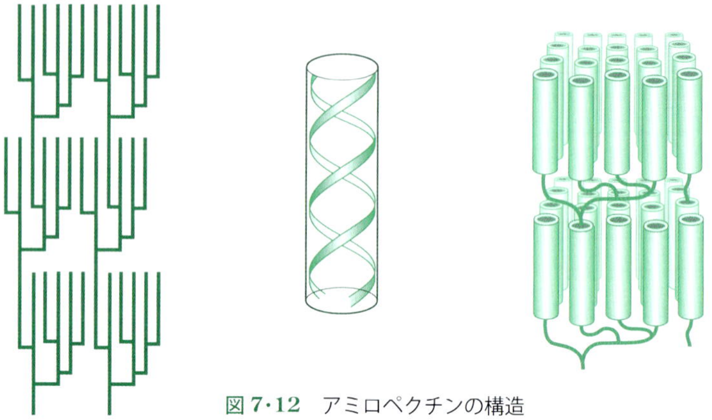

アミロペクチンの　　二本のアミロース鎖　　たくさんのふさが立体的に
ふさ状枝分かれ構造　　が作る二重らせん構造　　整列してできる結晶状構造

図7・12　アミロペクチンの構造
（文献59より改変）

た分子がアミロペクチンと呼ばれ，この枝分かれの度合いによって，物性が異なる。きれいな「ふさ」を作るには，余分な枝を付け替えることも重要で，これは，**脱分岐酵素**（枝切り酵素）debranching enzyme によって行われる。アミロペクチンだけからなるデンプンをもつのが「もち」米で，「うるち」米の場合，アミロースが20％程度含まれる。日本で一般においしいお米と言われるものは，アミロペクチン含量が高い。アミロースだけを作るデンプン合成酵素に起きた変異として *waxy* が知られ，これが「もち」の性質の原因である。米の性質は，胚乳（三倍体）が示す性質であるので，「もち」の性質をもつイネは，すべての対立遺伝子座で *waxy* でなければならない。イネは基本的に自家受粉であるが，近くにうるち米が植えられていると，まれに，その花粉による受粉がおき，キセニア現象のため，完全な「もちごめ」にならないこともあり得るとされる（8・1節参照）。

　種子の発芽時におけるデンプンの分解では，αアミラーゼとβアミラーゼなどが働く。βアミラーゼは，アミロースの鎖を，端から2残基ごとに加水分解することで，マルトース（麦芽糖）を生ずる。αアミラーゼは，不規則に切断して，オリゴ糖やマルトース，グルコースを生ずる。マルトースはマルターゼによって，グルコースにまで分解される。

7・6・2　スクロースの代謝

　スクロース sucrose（ショ糖）の合成では，スクロース6-リン酸合成酵素（SPS）の作用によって，UDPグルコースからフルクトース6-リン酸にグルコースが転移されて，スクロース6-リン酸が作られる。その後，ホスファターゼ

の作用によりリン酸がはずされて，スクロースとなる．スクロースを利用する場合には，スクロース合成酵素（の逆反応）により，スクロースと UDP から，UDP グルコースとフルクトースができる．また，インベルターゼは，スクロースをグルコースとフルクトースに加水分解する．

7・7 脂質の代謝

脂質もまた，植物が作る重要な食糧成分である．燃焼熱が大きいので，燃料としても用いられる．グリセロ脂質の合成は，脂肪酸の合成と，極性脂質や中性脂質の合成に分けられる．

7・7・1 脂肪酸の合成

植物の脂肪酸合成は，基本的に，葉緑体または色素体の中で行われる．細胞質で行われるのは，長鎖脂肪酸への伸長反応だけである．脂肪酸の合成においては，アシルキャリアープロテイン（ACP）と呼ばれるタンパク質が，脂肪酸のキャリアーとして働く．脂肪酸合成の原料はアセチル CoA であるが，このアセチル基が ACP に転移されて，アセチル ACP となり，これが脂肪酸合成のスタート分子（プライマーと呼ぶ）となる．これに炭素 2 個ずつのユニットが順次結合してゆくことになるが，その際の炭素供与体は，マロニル ACP である．

アセチル CoA に二酸化炭素が付加されて，マロニル CoA ができる（図 7・13）．この酵素（アセチル CoA カルボキシラーゼ：ACCase）は，脂肪酸合成の律速酵素である．この反応では，ビオチンという補欠分子族を含む酵素であるビオチン・カルボキシル・キャリアープロテイン（BCCP）に，ATP を使って二酸化炭素を結合させる．次に，CO_2-BCCP が，アセチル CoA に二酸化炭素を転移する．ACCase は，細菌や葉緑体では，四つのサブユニットに分かれているが，動物や植物の細胞質型のものでは，一つの大きな多機能酵素となっている．イネ科では，葉緑体にも，細胞質型の大きな酵素が存在し，細菌型の

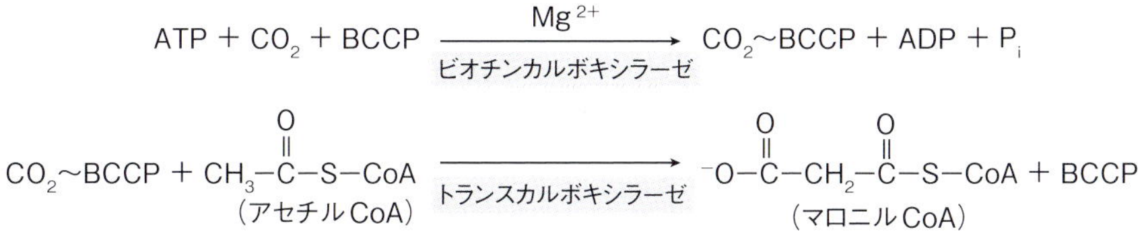

図 7・13　アセチル CoA カルボキシラーゼの反応
BCCP の遺伝子が accB．上段の反応を accC 遺伝子産物が，下段の反応を accA, accD 遺伝子産物が，それぞれ触媒する．

ものはない。このため，細胞質型のACCaseに対する阻害剤であるシクロヘキサンジオン系の物質が，イネ科雑草に対する除草剤として使われる。

脂肪酸合成酵素（fatty acid synthase: FAS）は，図7・14に示すような4段階の反応を連続的に行う酵素である。①の縮合過程は，図7・2に示すものと同様であるが，脱炭酸を伴う点が特徴的である。これにより大きな自由エネルギーを散逸して，不可逆的に反応を進めている。それに引き続く②で，カルボニル基を還元してヒドロキシ基にし，段階③でそれを脱水した後に，④でさらに還元することによって，炭素が2個増えた炭化水素鎖に仕上げている。

図7・14 脂肪酸合成酵素の反応
ACPはアシルキャリアープロテイン。④の産物では，xが$x+2$となる。ここでは簡単のため，①の縮合酵素（KAS）による反応をとくに区別していないが，植物の場合，最初の縮合反応はKAS IIIが，その後の縮合反応はKAS Iが行う。KAS IIIは基質としてアセチルACPではなく，アセチルCoAを利用する点がKAS Iと異なる。

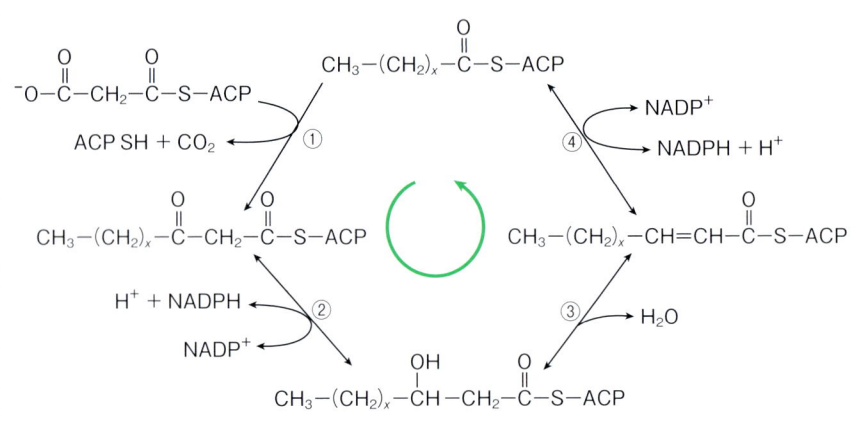

脂肪酸合成は，通常，脂肪酸の炭素数が16または18になるまで進み，その後，アシルACPは，アシルトランスフェラーゼによってグリセロ脂質合成に使われたり，チオエステラーゼによって加水分解されたりする。後者の場合，できた脂肪酸は葉緑体を出て，ERに送られる。なお，オレイン酸の合成は，葉緑体に存在する可溶性のステアロイルACP不飽和化酵素によって行われるが，それ以外の不飽和化は，葉緑体やERに存在する膜結合性酵素によって行われ，その場合の基質は，アシルCoAやアシルACPなどではなく，主にグリセロ脂質である。Δ^{12}位の不飽和化は，植物やシアノバクテリアと一部の菌類などがもつ不飽和化酵素によって行われる。この酵素は哺乳類などの動物（センチュウなどを除く）にはない。

ワックス（5・4節）の材料となる超長鎖脂肪酸（very long chain fatty acids: VLCFA）の合成では，表皮細胞の色素体で合成された通常の炭素数16または18の脂肪酸が，ER（小胞体）に輸送され，そこでアシルCoAとなる。次に，さらに炭素2個ずつの単位の縮合を受ける。これを脂肪酸伸長酵素（fatty acid elongase: FAE）と呼ぶ。近年，遺伝的解析の結果をもとに，詳しい生合成経路がわかってきた。炭素数28までと，それ以上の長さのものを作る酵素が異

なることが知られている．詳細は，総説（文献 4）を参照のこと．

長鎖アルコールは長鎖脂肪酸の還元によって生ずるため，炭素の数は偶数が一般的である．炭化水素は主に直鎖で炭素数 30 前後のものが多いが，脂肪酸の脱炭酸で作られるため，奇数個の炭素を含むものが普通である．脱炭酸によって作られるものには，アルデヒド，アルケン，第 2 級アルコール，ケトンなどもある．ワックスは，長鎖脂肪酸と長鎖アルコールから作られる[*3]．これらさまざまな疎水性物質を細胞外に運び出して，クチクラ層に埋め込む輸送タンパク質が知られている．

[*3] ワックスは比較的単純な物質であるが，さらに複雑な構造をもつ脂質成分として，クチン（オメガヒドロキシ脂肪酸を含むポリエステルで葉の表面にある）やスベリン（芳香族と脂肪族のヒドロキシ脂肪酸の複雑な重合体でコルクの成分として知られる）がある．ここではこれ以上述べない．

7・7・2 グリセロ脂質の合成

葉緑体における脂質合成は，包膜で行われる．脂質合成の最初は，グリセロール 3-リン酸の 1 位へのアシル基転移で始まり，次に 2 位への転移がおきて，ホスファチジン酸（PA）ができる（図 7・15）．

図 7・15 アシルトランスフェラーゼによるホスファチジン酸の合成
グリセロール 3-リン酸の 1 位と 2 位に順次脂肪酸がエステル結合する．

PA には，CTP が作用して，CDP-DG ができ，これにグリセロール 3-リン酸が結合してできる PGP から脱リン酸化することにより，ホスファチジルグリセロール（PG）ができる（図 7・16 の右側の経路）．

葉緑体の糖脂質も，包膜で合成される．最初に PA が脱リン酸化されてジア

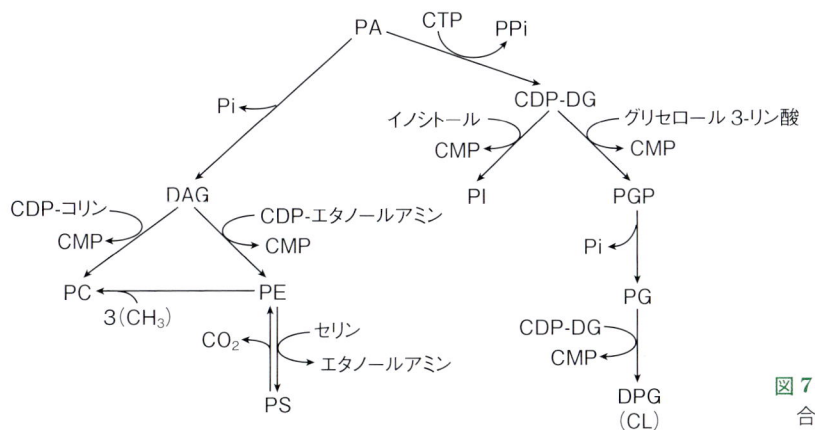

図 7・16 植物におけるリン脂質の合成経路

シルグリセロール（DAG）となり，これに，UDP ガラクトースからガラクトースが転移して，MGDG が作られる。さらに，もう 1 分子の UDP ガラクトースからの転移により，DGDG が作られる。これら二つのステップは，糖のアノマーが逆（それぞれ β と α）なので（図 4・2），まったく別の酵素によって触媒される。SQDG の合成も，DAG に UDP スルホキノボースが反応して行われる。DGDG の合成には，2 分子の MGDG の不均化による経路もある。

ER における脂質合成系でも，最初に PA が作られるが，その際のアシル基供与体は，葉緑体から排出された脂肪酸から ATP を使ってできるアシル CoA である。DAG に CDP-エタノールアミンや CDP-コリンが反応して，それぞれホスファチジルエタノールアミン（PE）とホスファチジルコリン（PC）ができる。ホスファチジルイノシトール（PI）は，CDP-DG にイノシトールが転移されて合成される。ミトコンドリアでは，PG にさらに CDP-DG からジアシルグリセロールが転移されて，カルジオリピン（CL または DPG）が作られる。PC は PE のアミノ基部分のメチル化によっても合成される（図 7・16）。

貯蔵脂質であるトリアシルグリセロール（TAG）の合成は，主にオイルボディで行われ，DAG にアシル CoA からのアシル基が転移される。このほかに，PC の 2 位のアシル基が DAG に転移して TAG を作る経路も知られている。

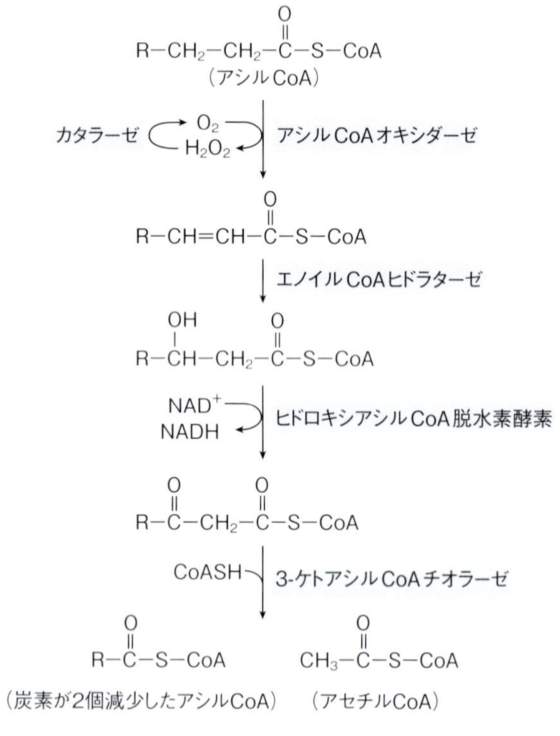

7・7・3　グリセロ脂質の分解

細胞が栄養条件の変化などのストレスにさらされたときには，脂質の分解が起きることがある。植物には，非常に多くのリパーゼやホスホリパーゼの遺伝子があるが，その多くの機能は詳しく調べられていない。油脂を蓄積した種子の発芽の際には，脂肪酸が β 酸化によって分解され，還元力とアセチル CoA を生成する（図 7・17）。これは，過酸化物を生ずる反応を含み，グリオキシソーム／ペル

図 7・17　β 酸化経路
動物では β 酸化がミトコンドリアで行われるが，植物では，種子のグリオキシソームや緑葉のペルオキシソームだけである。また，最初の酸化では，還元力を保存できるデヒドロゲナーゼではなく，オキシダーゼが働く点も大きな違いである。生成したアセチル CoA はグリオキシル酸回路に入り，コハク酸となる。

オキシソームの中で行われる。脂肪酸の酸化にはリポキシゲナーゼも働くが，脂質分子内のアシル基に直接働きかけるという報告もある。この経路で分解すると，ジャスモン酸（図9·1）の他，炭素数6程度のアルコールやアルデヒドなど，緑の香りと呼ばれるものが作られ，その一部は，感染した病原菌を殺したり，昆虫の誘因・忌避などの機能をもつことが知られている。

7·7·4 その他の脂質の合成

ステロールやテルペン類の前駆体となるイソペンテニルピロリン酸（IPP，構造式はp.107）合成経路として，メバロン酸経路と非メバロン酸経路が知られている（文献B5）。メバロン酸経路では，アセチルCoAが縮合してアセトアセチルCoAとなり，さらにヒドロキシメチルグルタリルCoA（HMG-CoA）を経由してIPPができる。これは細胞質で行われ，ステロール類の合成に使われる。葉緑体にある非メバロン酸経路では，ピルビン酸とグリセルアルデヒド3-リン酸から，1-デオキシ-D-キシルロース5-リン酸（DOXP）ができ，数段階の反応の後に，IPPができる（図9·12参照）。これはカロテノイドやフィトールの合成に使われる。

IPPが順に重合して，スクワレンが作られ，これが酸化後，環化して，シクロアルテノールと呼ばれるステロール骨格を作る。テルペノイドの合成やステロールの合成については，詳しい参考書（文献B1, B5, B6）を参照していただきたい。

スフィンゴ脂質も重要な脂質成分であるが，量が少ないことと，構造が複雑なため，その代謝はまだ研究継続中の点が多い。動物と同様，スフィンゴシン合成では，パルミトイルCoAとセリンが前駆体となる（詳細は，文献38を参照のこと）。スフィンゴシン1-リン酸は，生理活性物質としても働いている。

7·8 イオウの代謝

植物は根から硫酸イオンを吸収して，亜硫酸イオン，硫化物イオンの順に還元し，O-アセチルセリンとの反応により，システインを作る（図7·18）。いくつかの酵素は葉緑体外にもあるが，全体としてこの経路は，主に葉緑体にあると考えられている。植物におけるイオウの主な利用先は，システインのほか，メチオニン，SQDG，CoA，グルタチオンなどである。亜硫酸還元酵素は，大気汚染物質である亜硫酸ガスなどのSOxの解毒にも役立つので，この酵素活性（さらにおそらく亜硝酸還元酵素の活性も）を高めれば，大気汚染に強い植物ができるという考え方もある。

図7・18 イオウの代謝経路
実線矢印はシアノバクテリアでの経路を，破線矢印は植物での経路を示す．星印は葉緑体に含まれる活性を示す．OX は酸化型を，RED は還元型を，それぞれ示す．APS：アデノシン 5′-ホスホ硫酸，PAPS：3′-ホスホアデノシン 5′-ホスホ硫酸，GSH：グルタチオン還元型，GSSG：グルタチオン酸化型，Trx：チオレドキシン，Fd：フェレドキシン．（文献 B16 より）

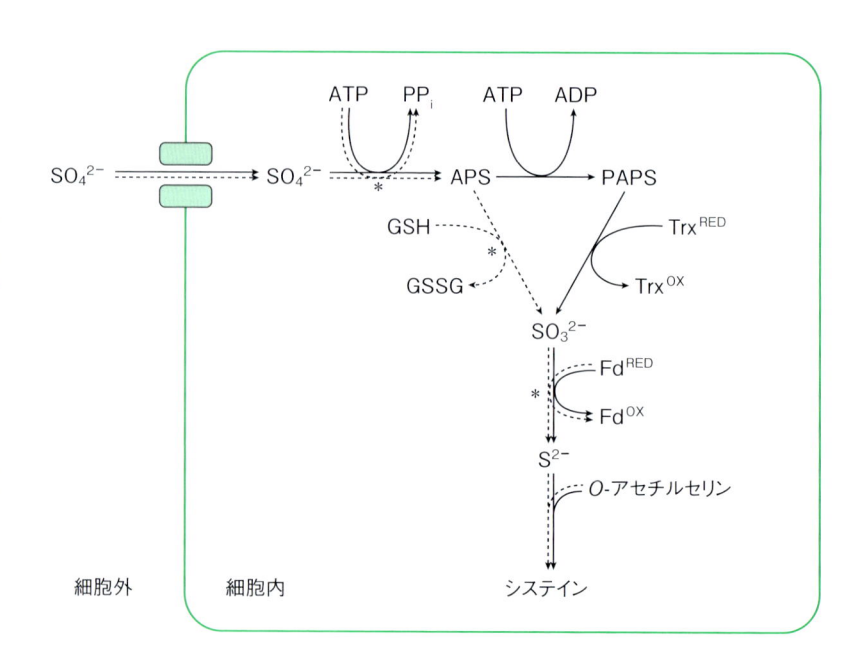

7・9 代謝のまとめ

　代謝の学習では，どうしても物質の変換経路ばかりに注目してしまうが，改めて図7・6を振り返ってみると，植物における代謝は，光合成によって得られる還元力と ATP によって駆動されていることがわかる．それぞれの代謝経路の矢印を動かしているのは，もとをたどると，あくまでも光合成である．つまり，窒素同化も，イオウの同化も，また糖質や脂質の合成もすべて，光合成で得られた自由エネルギーを消費して行われ，作られた物質には，消費された自由エネルギーの一部が蓄積されている．だからこそ，その物質を分解することによって，活動のエネルギーを得ることができ，また，それを食べた動物に自由エネルギー源を与えることができるのである．こうして，植物を食糧として摂取している草食動物や，それを捕食する肉食動物にいたるまで，同じ自由エネルギー源を消費して，活動のエネルギーや生体物質を生産していることがわかる．

　代謝経路は個々のステップの反応を知ることも大切であるが，どれだけの ATP を消費し，どれだけの還元力（NADH や NADPH）を必要とするのか，という観点から整理して理解することが望ましい．図7・5，図7・9 で導入した平均還元数の考え方を使うと，どんな物質に自由エネルギーが蓄積されているのかを判断することができる．多くの自由エネルギーを蓄積している物質を分

解し，酸化すれば，それだけ多くの自由エネルギーを解放し，活動のエネルギーを得たり，別の物質を合成したりすることができる．このように，代謝系を全体として大づかみに把握する観点も，植物がどのように生きているのかを理解する助けとなるだろう．

問 題

1. スクロースは葉で作られ，非光合成組織に転流される．スクロースが自由エネルギー源として利用される場合には，どのような代謝物質を経るか．

2. 窒素代謝によるアミノ酸合成は，動物にはない，植物の重要な機能である．硝酸塩を吸収して，グルタミンを合成するまでに，何個のATPとNAD(P)Hが必要となるか．

3. 脂肪酸は，炭化水素部分が多いため，かなり還元的な物質である．光合成によって，二酸化炭素からパルミチン酸を合成する場合，何個のATPとNAD(P)Hを必要とするか．

4. TAG（トリアシルグリセロール）を光合成によって二酸化炭素から作る場合，何分子のホスホグリセリン酸PGA（カルビン・ベンソン回路で生ずるC_3化合物）を必要とするか．ただし，TAGのアシル基はすべて18個の炭素を含むものとする．

5. ミトコンドリアは，植物でも重要なオルガネラであるが，ミトコンドリアの主な代謝的機能をまとめよ．本章以外にも記述があることに注意．

課 題

　生物には窒素源が必須であるが，生物が利用できる窒素源は限られている．地球上で作られる生物が利用できる窒素源の循環について，生態学関係の本を参考にして，調べてみよう．窒素源は，どのようにして生物が利用できる形になるのだろうか．また，人間をはじめとする動物は，タンパク質を常に分解して，アンモニアを捨てている．動物が捨てるアンモニアは，生態系の循環の中で，どの程度の割合を占めているだろうか．

第8章

細胞増殖と成長・発生
― つねに成長し続ける植物体 ―

植物の成長を可能にするのは，細胞の分裂と伸長である。植物細胞に特有の問題としては，細胞壁の合成がある。植物の成長は先端成長であり，茎の先端と根の先端の細胞が分裂して，新たな組織を形成してゆく。茎の先端で，葉が作られるのか，花を作るのかを決めるのは，栄養成長から生殖成長へという発生プログラムの切り替えによる。本章では，細胞の増殖から，植物体の成長に至る過程を解説する。

8·1 被子植物の胚発生

被子植物の受精と胚発生の過程の概略を説明する（図8·1）。めしべの根元には胚珠があり，その中には，胚嚢がおさめられている。胚嚢の形成過程では，胚嚢母細胞の減数分裂で4個の細胞が生ずるが，そのうち3個が消滅して1個の胚嚢細胞が残る。この細胞の核がさらに分裂することによって，すべて単相 n の8個の核を含む細胞ができる。これが雌性配偶体の胚嚢細胞である。受粉した花粉から伸びた花粉管に含まれる2個の精細胞のそれぞれが，卵細胞と中央細胞（2個の極核を含む）と受精する。これを重複受精と呼ぶ。卵細胞からは胚（$2n$）が，中央細胞からは内乳（$3n$）が形成される。内乳からは胚乳が形成されるが，最終的に形成される種子の中に胚乳が多量に含まれるのはイネ科の種子などで，マメ科では，種子の内容物はほとんど胚だけ（小さな植物体）である（図1·4）。

胚発生では，まず，接合子が図の上下方向に二つに分裂する。根元側は，一列に分裂を繰り返して，胚柄と呼ばれるひものような組織になる。先端側が胚となる。胚は，三次元的な分裂を繰り返して，球状胚を作る。球状胚では，表皮細胞になる細胞層が分化してくる。これ以後，表皮は表皮細胞からだけ作られることになる。やがて，胚に極性がはっきりしてきて，先端部中央を残して子葉原基が盛り上がってくる。この時期の胚を心臓型胚と呼ぶ。さらに進むと，くぼみの中央が茎頂分裂組織となる。また，根元の先端に根端分裂組織が形成

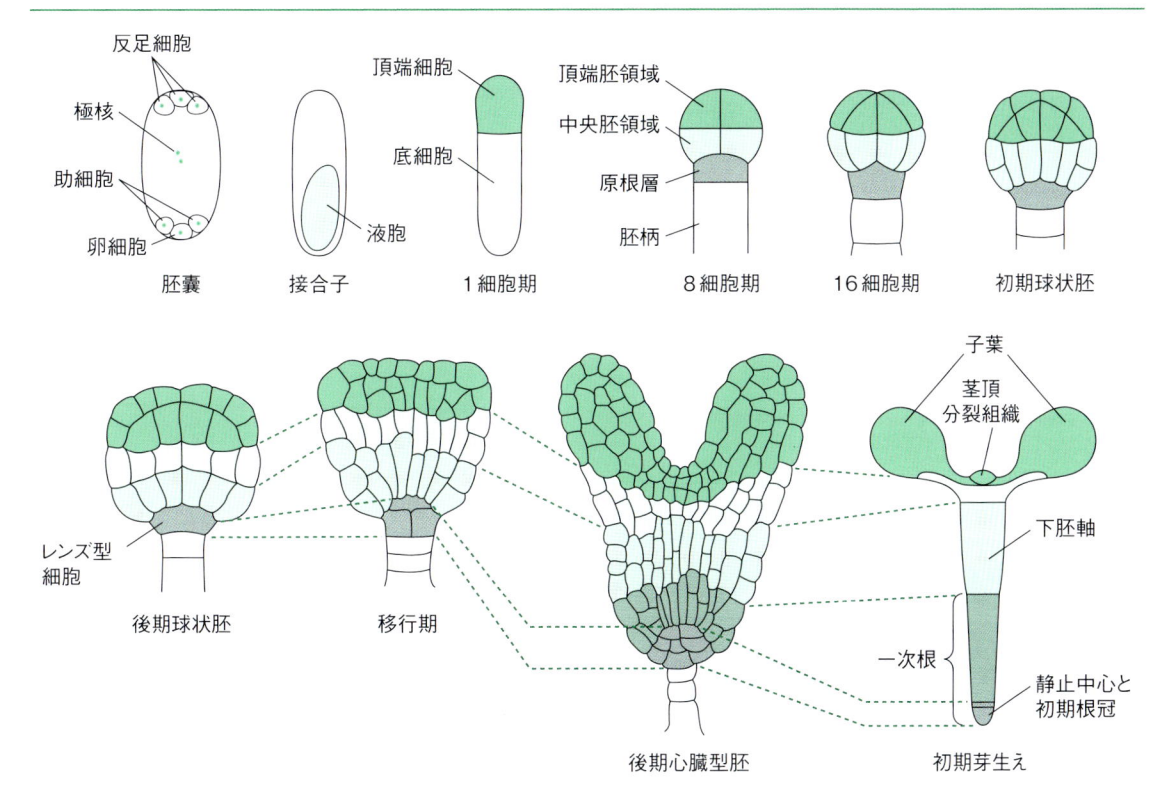

図 8・1　シロイヌナズナの胚発生過程
　胚嚢は，卵細胞のほか，2個の助細胞，3個の反足細胞，2個の極核を含む中央細胞からなる．重複受精の結果，中央細胞は胚乳へと発達し，卵細胞からは接合子ができる．接合子は細胞分裂を繰り返し，胚発生を行う．球状胚，心臓型胚，魚雷型胚を経て，成熟胚が種子に含まれることになる．発芽後の芽生えは，子葉，下胚軸，根から構成される．胚軸先端には茎頂分裂組織が，根の先端には根端分裂組織が存在する（文献 B6 より）．なお，文献 69 には，胚発生過程の三次元連続画像に基づく，細胞分裂パターンの詳細な情報が示されている．

される．こうして，植物の胚発生では，最初から極性が明確で，この極性が，芽生えにおける茎頂と根端の極性に発展する．

8・2　植物体における分裂組織

　植物において細胞が分裂している場所（メリステム）は限定されている．主なものは二つあり，一つは茎頂分裂組織 shoot apical meristem（SAM），もう一つは根端分裂組織 root apical meristem（RAM）である．しかし，そのほかにも分裂組織がある．それらは，介在分裂組織 intercalary meristems（分化が進んだ組織に挟まれた分裂組織を指す；節間のものは節間分裂組織といいイネ科の草本などで見られる），側方分裂組織 lateral meristem（維管束形成層 vascular cambium とコルク形成層 phellogen cambium）などである．そのほか，細かいところでは，表皮における根毛，トライコームや気孔を作るメリステモイド meristemoids（図 9・17）もある．維管束形成層では，組織の内側と外側

という極性も明確である。

8・3　茎頂分裂組織とオーキシン極性移動

　胚では，植物成長制御物質のオーキシンが合成され，それが，細胞から細胞へと輸送される。この輸送には方向性があり，それは，輸送体 PIN タンパク質（オーキシン排出タンパク質；auxin efflux protein）が細胞膜のどの部分に局在するかによって決まってくる（図8・2）。さらにこうした茎頂の構造を維持するには，ペプチドホルモンのシグナル伝達系が関わっているが，それについては，9・4節で述べる。

　オーキシンの分布を実現するために働く因子を解明するため，いろいろな突然変異体がとられ，その原因遺伝子が特定された。それらは，*GURKE*（*GK*），*FACKEL*（*FK*），*GNOM*（*GN*），*MONOPTEROS*（*MP*）などである。それぞれがコードするタンパク質としては，アセチル CoA カルボキシラーゼ，ステロール C-14 還元酵素，グアニンヌクレオチド交換因子（GEF），オーキシン応答因子（ARF）であるが，詳しい作用機構はまだ研究の途中である。これらのうちで，*GN* がコードする GEF は小胞輸送を調節して，PIN タンパク質の局在パターンを作り出すといわれる。また MP は，通常は抑制因子 AUX/IAA と結合して不活性になっているが，オーキシンによって抑制因子の分解が起きると，ターゲットとなる遺伝子の活性化を行う（9・2節参照）。MP のターゲットとなる遺伝子のなかには，オーキシン依存性維管束発達を引き起こす作用をもつものなどがある。

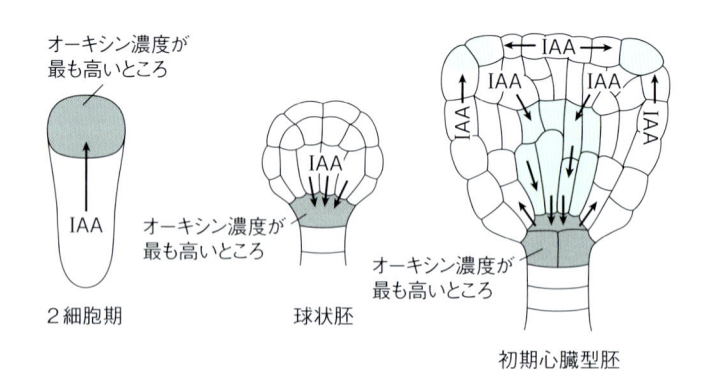

図8・2　初期胚におけるオーキシンの極性移動
　　オーキシンを極性輸送するのが PIN の役割であるが，それぞれの細胞において細胞膜のどの部分に PIN タンパク質が存在するのかにより，オーキシンの輸送方向が決まってくる。それにより，組織全体の発達の仕方が変わってくる。（文献 B6 より）

8·3 茎頂分裂組織とオーキシン極性移動

茎頂分裂組織（SAM）の構造は，外側を覆う外衣と内部の内体とに大別される（図8·3）。外衣はふつう1〜数層の細胞層からなり，その中央領域の細胞は，垂直方向に垂層分裂を繰り返し，押し出された細胞から葉原基ができる。以下では，シロイヌナズナでの研究からわかった知見を簡単に紹介する。ただし，各遺伝子の発現の詳細は現在研究が進められているところなので，入門書

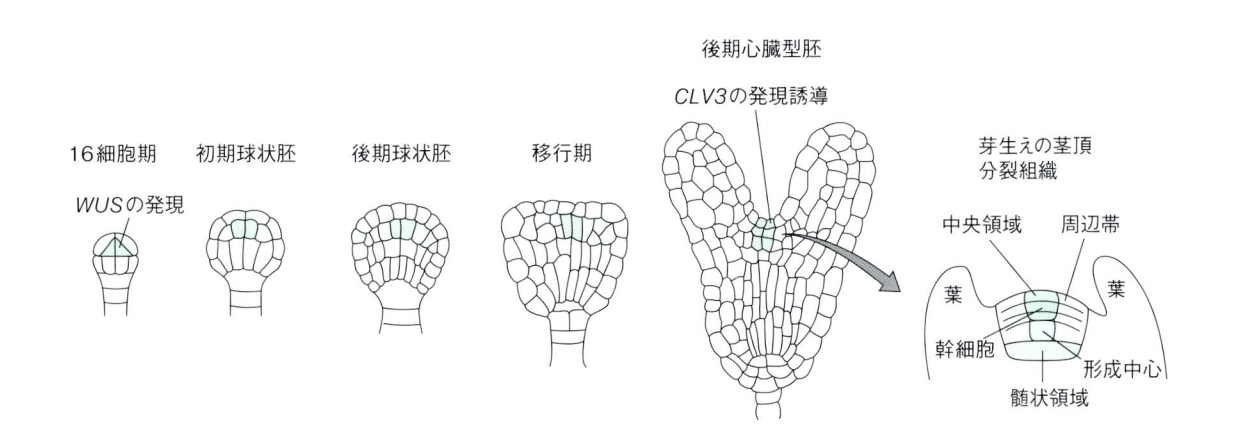

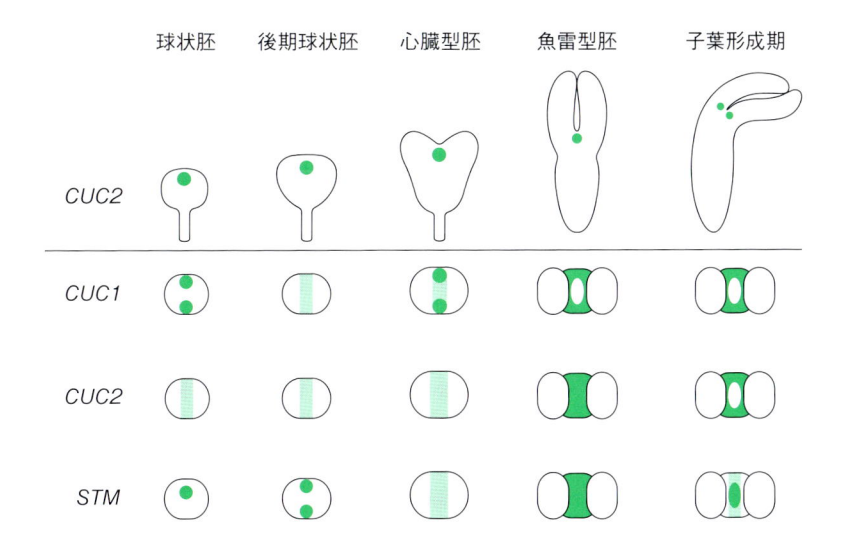

図8·3　茎頂分裂組織における細胞の分化と遺伝子発現
初期胚における *WUS* の発現により茎頂分裂組織が始まる。中央領域の上部に幹細胞，下部には形成中心（OC）がある。*WUS* の発現は，形成中心で行われる。心臓型胚では，幹細胞で *CLV3* 遺伝子の発現が始まる。幹細胞は垂層分裂して，これらの層を維持しながら，まわりに細胞を追い出し，葉原基を作る。中央領域のさらに内側には髄状領域があり，そこからは維管束細胞などが作られる。下段の図は，それぞれの遺伝子の発現領域を模式的に示したもの。（上段は文献B6より，下段は文献48より）

である本書では簡単にだけ記載している。一応の理解としては，シロイヌナズナでは，表層の L1 層，その下の L2 層が外衣を構成し，さらにその下にある数層の L3 層が内体とされる。**幹細胞** stem cell は L1, L2 の中央部と L3 最外層中央部にある少数の細胞群である。L3 内奥部の細胞群は**形成中心** organizing center（OC）と呼ばれる。形成中心は，上部の細胞に働きかけて，幹細胞にする働きがある。ホメオドメイン転写因子をコードする *WUSCHEL*（*WUS*）遺伝子は，16 細胞期胚から発現している（ホメオドメインについては 8・7 節で紹介する）。その後，二つの子葉原基の間にあるオーキシン活性の低い領域で，*CUC1/CUC2* 遺伝子が発現する（図 8・3）。さらに，KNOTTED- 様ホメオボックス転写因子（KNOX）をコードしている *SHOOT MERISTEMLESS*（*STM*）などの遺伝子が発現し，*WUS* と *STM* が，中央の分裂細胞群を維持する。

オーキシンのほか，植物成長制御物質のサイトカイニンも，茎頂における細胞分裂の促進などの重要な役割を果たしている。サイトカイニンは，転写因子である *STM* などの発現を促し，逆に *STM* は茎頂におけるサイトカイニンの合成を促進する。

CLV3 が発現するのは，SAM 上部中央の幹細胞の領域で，その直下奥の形成中心で発現する *WUS* によって，*CLV3* の発現が，何らかのしくみで促進される。*CLV3* 遺伝子の産物は，小さなペプチドホルモン（9・4 節参照）であり，その受容体は CLV1 と呼ばれる。*CLV1* 遺伝子は，L3 領域で，*WUS* の発現域を覆うように発現する。CLV3 ペプチドが受容体 CLV1 に結合すると，*WUS* の発現を抑制する。このフィードバックにより，茎頂中央にあって分裂する細胞の活性が適度に保たれている。シグナル伝達の分子的なしくみについては，9・4 節で扱う。

8・4　根の細胞分化と根端分裂組織

根の構造で特徴的なのが，中心から円周に向かう放射状方向の分化である（図 8・4）。原表皮から表皮ができる。内皮と皮層の形成に関わる遺伝子として，*SCARECROW*（*SCR*）と *SHORT-ROOT*（*SHR*）が知られている。これらは GRAS ファミリーの転写因子をコードしている。*SHR* 遺伝子の発現は，中心柱の細胞群で起こるが，作られたタンパク質は，細胞間連絡（プラズモデスマータ）を通じて，より外側の細胞に拡がり，そこで転写制御を行うとされる。*SCR* 遺伝子は主に内皮で発現する。

内皮の細胞壁には，**カスパリー線** casparian strip と呼ばれる仕切りが付随している。これはリグニンやスベリンと呼ばれる疎水性の高分子物質でできてお

8·4 根の細胞分化と根端分裂組織

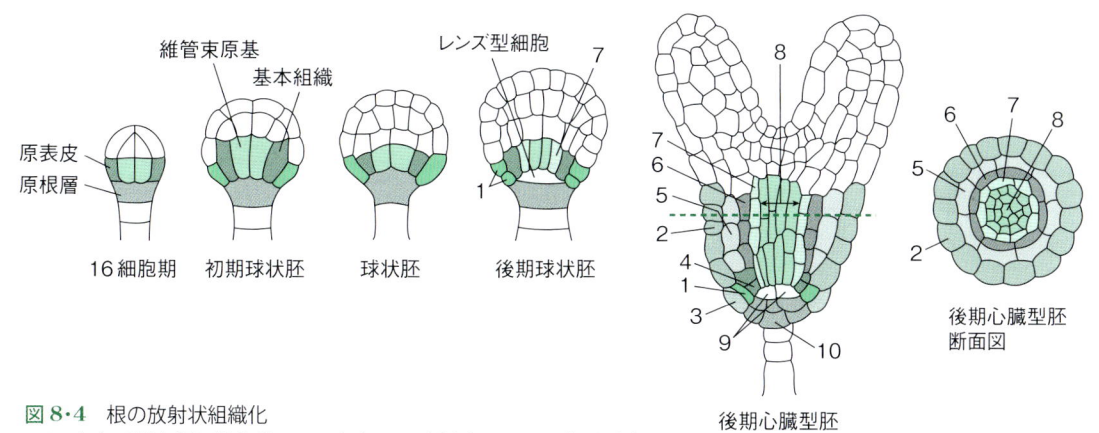

図 8·4 根の放射状組織化
1, 表皮／側方根冠幹細胞; 2, 表皮; 3, 側方根冠; 4, 皮層／内皮幹細胞; 5, 皮層; 6, 内皮; 7, 内鞘; 8, 中心柱; 9, 静止中心; 10, 根冠のコルメラ細胞。（文献 B6 より）

り，内皮の内側にある中心柱部分に，水や溶質が直接到達しないようになっている。

根端分裂組織 RAM は複雑な細胞の集まりで，常にそれぞれの細胞層の**幹細胞** stem cell が維持されながら，新たな細胞群が生み出されている。静止中心 quiescent center (QC) は分裂しない細胞であるが，これらが根端の位置を決めている。図 8·4 に示す 1 と 4 が幹細胞で，それぞれ，**表皮**と**皮層／内皮**を作りだしている。**根冠** root cap の**コルメラ細胞** Columella cells を作るのは，静止中心の下側の細胞である[*1]。中心柱を作る維管束細胞を生み出すのは，静止中心上部の細胞群である。なお，コルメラ細胞には，アミロプラストの動きにより重力を感じるしくみがある（10·1 節参照）。

これらの幹細胞のアイデンティティーを決めるのは，より分化した細胞から到達する**オーキシン**のシグナルと考えられており，オーキシンの分布は，ここでも PIN によって決められている。図 8·2 に示すように，根端となる部分は，オーキシンの濃度が高い部分である。球状胚の段階で，オーキシンの作用により，*MP* 遺伝子と *NPH4* 遺伝子の発現が起きると，胚の基部側で *PLT* 遺伝子の発現が起きる。心臓型胚において，皮層／内皮幹細胞における *SCR* 遺伝子と *SHR* 遺伝子の発現が起きる。*PLT, SCR, SHR* が発現する中心部の細胞が，静止中心となる。静止中心に対して，まわりの細胞が始原状態を保つように働きかけることにより，分裂組織が維持される。

一方で，**サイトカイニン**は，主に根で作られて地上部に運ばれる植物成長制御物質で，オーキシンとは逆の作用をもちながら，根端分裂組織の維持に関与しているとされる。

[*1] 根端の根冠の細胞も分裂し，根のまわりを覆うように広がってゆくが，途中でプログラム細胞死を起こすことによって，根の上の方まで覆い尽くすことがないようになっている（文献 65）。

根端から少し上の根の部分は，**分裂帯**と呼ばれ，細胞分裂が盛んである。それよりも上部の細胞は，分裂するのではなく，細胞伸長を行い，この部分は**伸長帯**と呼ばれる。

8·5 植物細胞の分裂

細胞分裂の基本的なしくみと，それを制御するサイクリン／CDKについては，一般的な生化学・細胞生物学の教科書を参照のこと。動物細胞と違い，植物細胞は細胞壁があるため，くびれるのではなく，内側に膜小胞が並んで，細胞板を合成するという形で，細胞質分裂が完了する（図8·5）。この際，**フラグモプラスト** phragmoplast（隔壁形成体ともいう）と呼ばれる細胞骨格系が膜小胞の整列を行う。膜小胞は，ゴルジ体から分離してできるもので，内部には，細胞壁を作るための材料が入っており，膜小胞が融合しながら，細胞板が作られると考えられている。

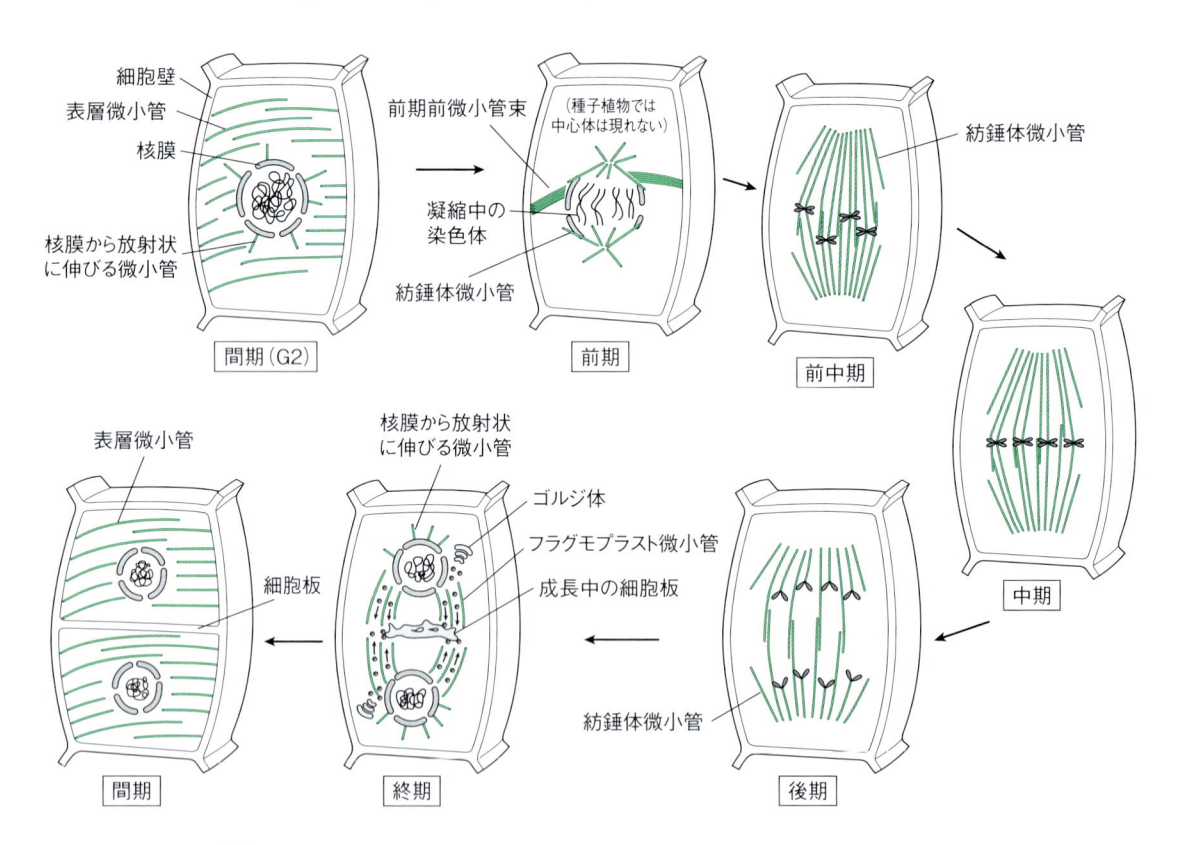

図 8·5 植物細胞の分裂における微小管の動態
間期の細胞では，微小管は細胞膜の内側に並んでいる。分裂前期にかかると，将来の分裂面にあたるところに，微小管の束が集まる。中期には，染色体が赤道面に整列する。後期には，染色体が分配される。終期には，フラグモプラストが分裂面に整列し，細胞板と新たな細胞膜が形成される。なお，前期前微小管束のことを分裂準備帯と呼ぶこともある。（文献 B11 より改変）

8·6 伸長成長

細胞の伸長成長は，分裂組織から少し離れたところで起きる。植物細胞は細胞壁があるため，そのまま伸長することはできない。細胞壁を構成する多糖類の網の目の一部を切断し，少しゆるめてから，新たに細胞壁を合成するという形で，細胞伸長が行われる。細胞壁を構成する主な成分は，セルロースとヘミセルロースの繊維である。セルロースの繊維は，細胞の長軸に対して垂直な方向に，細胞を取り巻く形で配向し，何本もの繊維の束からなる微繊維でできている。ヘミセルロースは，それらセルロースの微繊維を縦につなぎ，しっかりとした細胞壁構造を構築する役割を果たす。細胞壁をゆるませる酵素の一種，エクスパンシンは，セルロース微繊維とその他の細胞壁多糖の間の水素結合を取り除き，細胞壁を緩めるのに働く。その他，実際に多糖類を構成する糖の間の結合を切断する酵素も知られている。細胞が伸長するには膨圧が必要で，常に内側から圧力をかけ続けながら，細胞壁をゆるませて，その間に細胞成分を合成してゆくことになる。

セルロースを合成する酵素は，細胞膜に埋め込まれた巨大な複合体を形成しており，細胞質からの UDP グルコースの供給を受けながら，細胞の外側でセルロースの合成反応を行う。

8·7 花器官形成の ABC モデル

被子植物は適当な日長条件などにより栄養成長から生殖成長への切り替えが起きると，茎頂の性質が変わり，葉ではなく花を作るようになる（9·5, 10·2 節参照）。**花器官** floral organ は，基本的に 4 種類の円周上に並んだ領域（ワール whorl，環状場とも呼ぶ）の組織からなる。それぞれのワールの性質は，3 種類の遺伝子がどのような組み合わせで発現するのかによって決められていて（図 8·6），これらの遺伝子は一般に，ホメオティック遺伝子 homeotic gene と呼ばれる。遺伝子の切り替えによって，器官がほかの属性をもつ器官になってしまうからである。ちなみに，動物で知られるホメオボックス遺伝子も，触角が足に変わることなどから，ショウジョウバエのホメオティック遺伝子につけられた名称である。ただし，花器官の決定に関わるホメオティック遺伝子は，MADS ボックス遺伝子と呼ばれるファミリーに属している。これとは別に，すでに述べた *KNOX* など，植物には植物固有のホメオボックス遺伝子群が存在する。

図 8·6 を見てみよう。野生型の場合，外側の二つのワールでは，A 機能遺伝

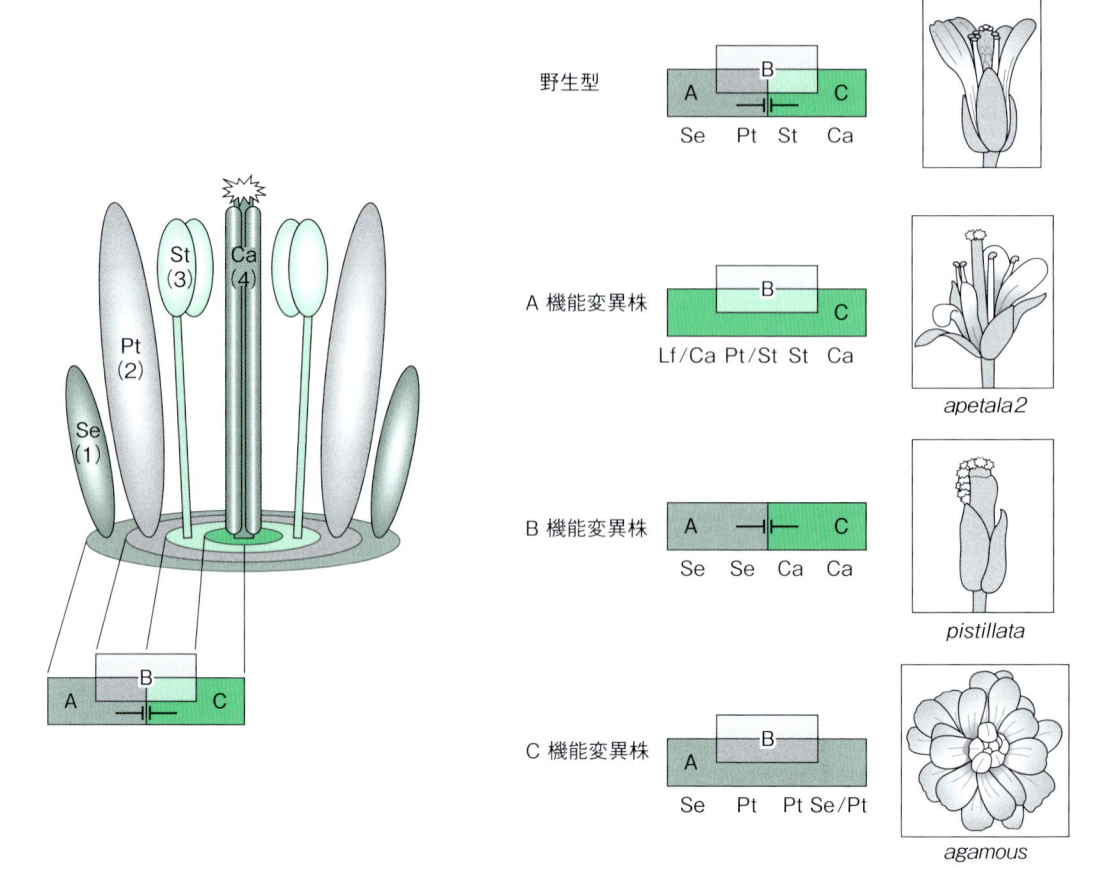

図 8·6　花器官決定の ABC モデル
花器官を構成する同心円状の 4 つの組織（ワール）の運命決定には，A, B, C という 3 種類の転写因子が関わっている。これらがどのような組み合わせで発現するかによって，それぞれのワールの種類が決定される（文献 7 より改変）。Lf：葉，Se：がく片，Pt：花弁，St：おしべ，Ca：心皮。右の花器官の図に書かれている *apetala2*, *pistillata*, *agamous* は，それぞれ，変異型遺伝子座をもつ変異体を表す。

子が働いており，内側の二つのワールでは，C 機能遺伝子が働いている。また，中間の二つのワールでは，B 機能遺伝子も働いている。A だけの働きだとがく片になり，A + B だと花弁，B + C だとおしべ（雄蕊(ゆうずい)），C だけとめしべ（心皮：雌蕊(しずい)）になる。これらの遺伝子のうちで，たとえば，A 機能遺伝子の突然変異体では，B と C しか残らないので，心皮，おしべ，おしべ，心皮という，花びらのない花ができる（*apetala*）。同様に，*pistillata* 変異体では，B 機能が失われていて，がく片，がく片，心皮，心皮となる。*agamous* 変異体では，C 機能が失われ，がく片，花弁，花弁，がく片となるはずだが，それだけではなく，花芽分裂組織の停止が起こらず，さらに花弁，花弁，がく片，花弁，花弁…と続き，八重咲きのようになることが知られている。このほか，クラス E と

呼ばれる遺伝子があり，花の形成そのものを決めている．詳しくは，参考文献（文献7，文献23）を参照のこと．

8·8　葉の成長

茎頂において葉原基ができる位置は決まっていて，それにより，最終的な植物体における葉の付き方 phyllotaxy が決まる．代表的な葉の付き方には，互生 alternate，対生 opposite，輪生 whorled などがある．一つの葉原基ができたあとの次の葉原基の位置は，PIN タンパク質の配向によって作られるオーキシンの流れによって決まると考えられている．新しく作られる葉原基がオーキシンのシンクとして働き，直上で新たな葉原基が作られるのを防いでいる．

葉が平らな形をしているのを，誰も不思議に思わないかもしれない．しかし，1枚の葉が正しく形成されるのには，やはり，組織間の相互作用が想定されている（図8·7）．葉が平らな形に成長する際，葉身が横方向に十分に成長するには，葉の内部で作られる ANGUSTIFOLIA3（AN3）という転写因子が，葉の

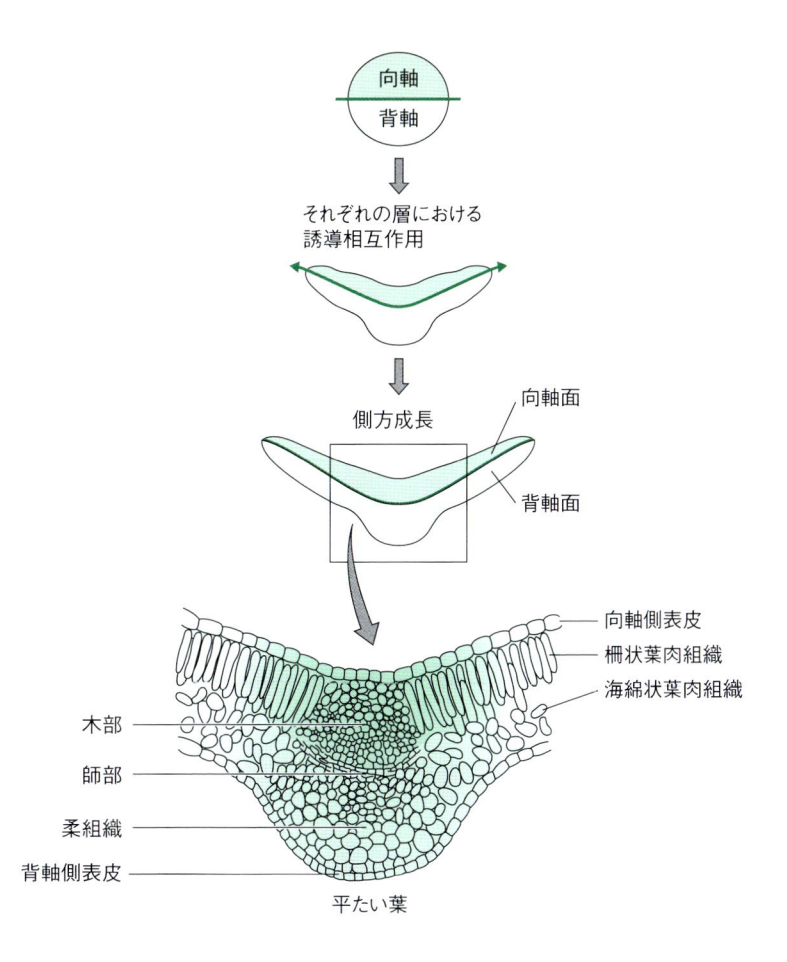

図 8·7　葉が平らに成長するには向軸側と背軸側の相互作用が必要
（文献 B6 より）

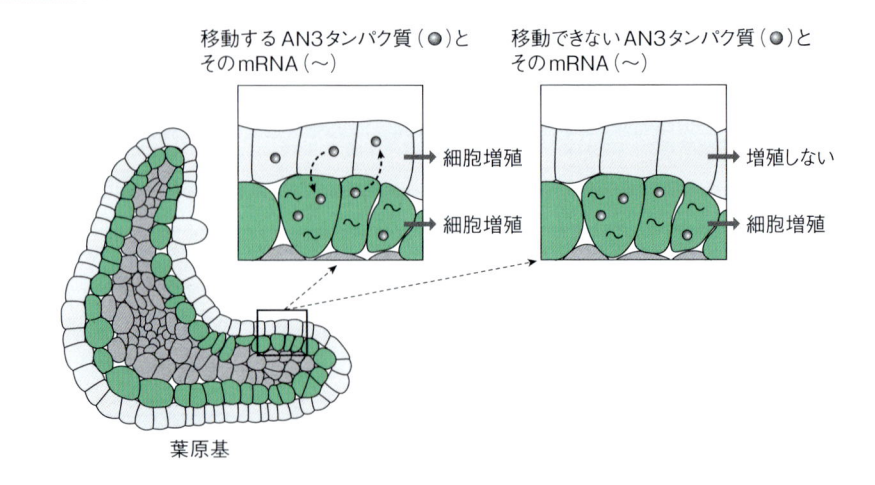

図中ラベル:
- 移動するAN3タンパク質(●)とそのmRNA(〜)
- 移動できないAN3タンパク質(●)とそのmRNA(〜)
- 細胞増殖
- 細胞増殖
- 増殖しない
- 細胞増殖
- 葉原基

図 8·8　葉の細胞の成長に関する AN3 の働き
（文献 19 より）

内部を移動してゆき，それによって表皮の細胞も葉肉の細胞も増殖刺激を受けるということがわかってきた（図 8·8：文献 19）。

8·9　まとめ：ボディプランと発生プログラム

　植物体ができるしくみは，細胞分裂と細胞伸長の積み重ねである。しかしそれだけでは，植物としての体の秩序はできない。隣り合った細胞間の相互作用，具体的には物質を介した情報伝達が，組織だった植物体を作り上げるために不可欠である。ある大きさの体の中でまとまった組織化を実現する動物と異なり，植物の形態形成の特徴は先端成長であり，条件が許せばどこまでも伸び続けることができる。そうした意味では，植物のボディプランはかなり柔軟なものと考えなければならない。

　近年の分子遺伝学的な研究の進展により，植物の発生・分化についての知見も数多く得られてきた。その結果，茎頂，根端のそれぞれの分裂組織を維持するしくみや，それらから茎や葉，および根の組織が作られるしくみの全体像が，少しずつ見えてきた。それぞれの局面で登場するさまざまな因子や遺伝子の数も膨大なものになりつつあるが，本書ではできるだけ単純化して，制御ループの問題として理解するべく紹介した。隣り合った細胞間や離れた細胞間で，細胞分裂をどのように促進したり阻害したりするのか，その積み上げが植物の体を作り上げてゆくのである。発生プログラムという考え方を使うならば，分裂組織で維持される幹細胞，異なる種類の細胞の分化を可能にする細胞間相互作用，分化した細胞のアイデンティティー（固有の性質）を維持するしくみ，環

境シグナルや内部的環境による栄養成長から生殖成長への切り替えなどが，植物の一生を通じての成長の基盤となっている（図8・9）．しかも，この順序の最初に出てくる茎頂と根端の幹細胞は，胚発生の最初の細胞分裂によって与えられた極性（図8・1）に基づいて形成されている．この意味では，植物体がもつ極性は，受精の最初から与えられているとも考えられる．次章では，細胞間相互作用に重要な役割を果たす成長制御物質について，また第10章では，環境シグナルの受容についてそれぞれ説明するが，これらの内容は，本章の内容と密接に関連しているということを忘れないでほしい．

最近の哺乳類での研究では，iPS細胞など，分化した細胞のプログラムを初期化する技術がクローズアップされてきているが，一方で，植物に関しては，長田・建部（文献33）による先駆的な研究によって，一個の葉肉細胞を脱分化させたのちに再分化させ，植物体を再生できることがわかっていた．哺乳類だけは体細胞の再分化ができないと信じられてきたが，いまやすべての真核生物で，発生プログラムを初期化し，再分化させることができることがはっきりしてきた．しかし依然として，初期化のしくみ，あるいは裏返せば，分化した状態を維持するしくみはわかっていない．これからは，植物と動物の研究がう

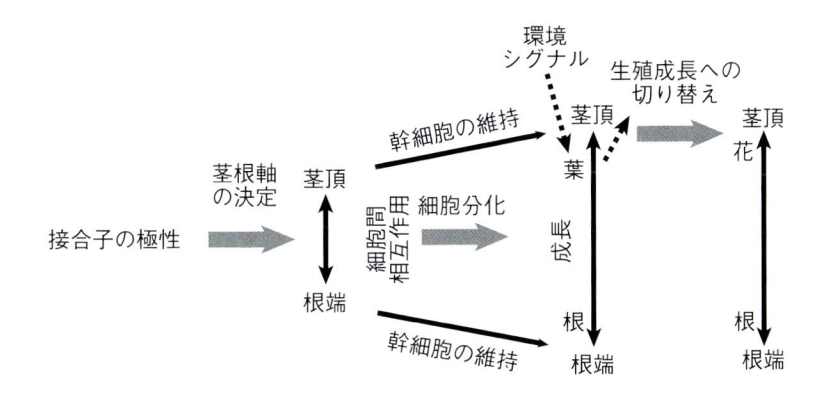

図8・9　植物の基本的ボディプランと発生プログラム
　植物体を構築するために働く代表的な発生プログラムを太い矢印で示した．これらは適当な外部からの入力をもとにして，細胞の運命を決定づける役割をもっている．茎根軸は，種子形成の段階では，まだ天地軸と一致していないことに注意．種子形成・脱水の段階と吸水・発芽の段階は，植物にとって重要な成長段階ではあるが，ボディプランという点では，連続的とみることもできる．シグナルを増幅して不可逆にしてゆく細胞分化などの過程とは対照的に，幹細胞の維持は，定常的なフィードバックループを介して行われている．また，分化した細胞のアイデンティティーの維持も，何らかの定常的なフィードバックによって行われているはずだが，その詳細は明らかではない．葉や茎を切り取って植えると，新たな植物体が生ずることが多いが，そうした場合には，細胞運命の初期化（脱分化）と再分化が起こり，胚発生と同様の過程を経て進むと考えられる．一方で，組織中に少数の幹細胞が維持されていて，そこから新たな器官形成が起こる可能性もないわけではない．

まく収斂してゆくことができそうに思われる。植物のバイオテクノロジーに関しては，最終章で簡単に紹介する。

問 題

1. 植物細胞の分裂において，分裂位置を決めるしくみをまとめよ。

2. 茎と根の構造の違いをまとめ，それぞれを作りだすしくみの違いを説明せよ。

3. 花の形成に関するABCモデルを説明せよ。

4. 頂芽優勢は，茎頂が，他の側芽の成長を抑える現象である。茎頂を切除すると，次の側芽が新たな茎頂となって，成長をはじめる。頂芽優勢には，茎頂で合成されて極性移動するオーキシンが関与するといわれる。どのような実験をすれば，このことを証明することができると考えられるか。

課 題

園芸品種には，さまざまな形態をもつ花が存在する。八重咲きの花は，ワールが4つで終わらずに，めしべなどを作らないまま，無限に花弁を作り続ける。変わった形をもつ花を例にとり，ABCモデルでどのように説明できるのか考えてみよう。

第 9 章

調節系のしくみの基本
― 時と場所をわきまえた細胞間のきずな ―

　　植物の成長を制御するホルモン様の物質群がある。本章では，これらの種類と作用について説明し，次第に明らかになりつつある植物成長制御物質のシグナル伝達についても解説する。高校の生物教科書にも出ている植物ホルモン発見の歴史などは割愛し，最近の新しい知見を中心にまとめた。なお本章の内容は，一般的な生化学や生物学の教科書では扱わない内容であるため，ある程度詳細を記載することにした。

9·1 植物成長制御物質の概要

　植物の成長を制御する物質は，まとめて植物ホルモンと呼ばれることが多いが，血流にのって標的細胞に働きかける動物のホルモンとは働き方が異なるため，**植物成長制御物質** plant growth regulators と呼ぶことが望ましいとされる（図 9·1）。歴史的には，幼葉鞘の成長促進物質としてオーキシンが最初に発見されたが，天然のオーキシンは，インドール酢酸（IAA）であることがわかっている。人工オーキシンとしては，ナフタレン酢酸（NAA）などが使われている。オーキシンは，茎頂からシュート下部に向かって，極性輸送（方向性をもった輸送）されるが，それにはPINと呼ばれるオーキシン排出輸送体など極性輸送因子が関わっている。オーキシンは植物体の屈性などに関わっているが，それだけではなく，頂芽優勢と呼ばれる側芽の抑制や，維管束の成長とパターン形成などにも関わっている。

　ジベレリン（GA）は，イネの馬鹿苗病菌 *Gibberella fujikuroi*（*fuzikuroi* とも綴る）が作る徒長物質として，最初に日本人により発見された植物成長制御物質であるが，その後植物自体も産生することがわかり，現在では非常に多くの種類が知られている。GA_3 はブドウの種なし処理に使われている。オオムギの発芽の際には，GAが胚で作られて，胚乳を取り囲むアリューロン層に作用し，αアミラーゼの合成を誘導することにより，胚乳のデンプン分解を引き起こすことが知られている。

オーキシン

インドール 3-酢酸（IAA）　　2,4-ジクロロフェノキシ酢酸（2,4-D）　　1-ナフタレン酢酸（NAA）

ジベレリン

GA₁　　GA₃

サイトカイニン

ゼアチン　　カイネチン（6-フルフリルアミノプリン）

その他の成長制御物質

アブシシン酸（ABA）　　エチレン　　ジャスモン酸（JA）　　7-イソ-ジャスモノイル-L-イソロイシン

ブラシノライド　　サリチル酸

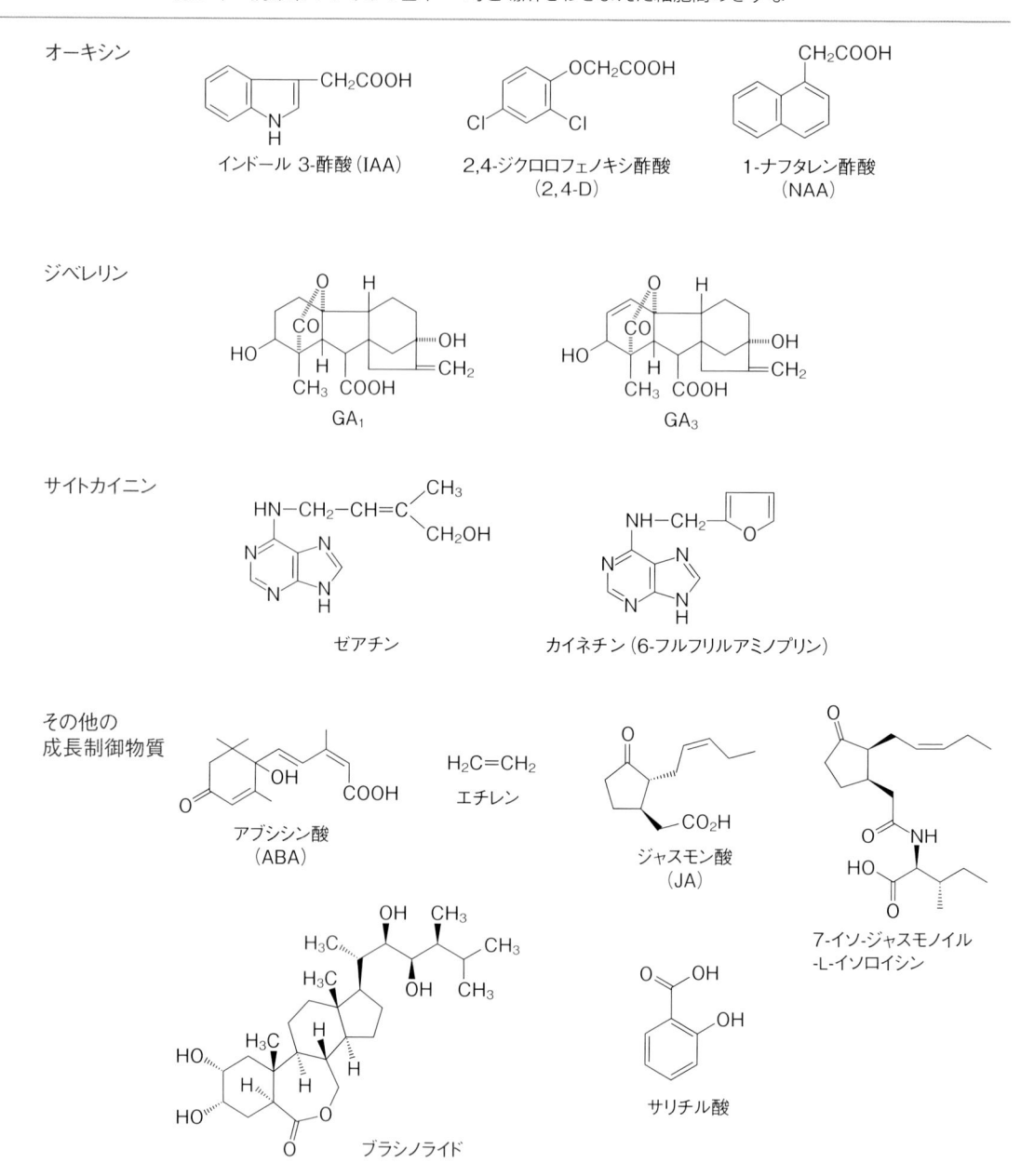

図 9・1　植物成長制御物質の構造

　サイトカイニン類は，もともと細胞分裂を促進する物質として発見されたアデニンの誘導体で，カイネチンやゼアチンなどが知られる．不思議なことに，まったく構造の異なるジフェニル尿素誘導体にもサイトカイニン活性が知られており，農業的に用いられている．なお，動物の生化学で出てくる「サイトカイン」（生理活性タンパク質）はまったく別のものなので注意が必要である．
　エチレンは単純な構造の化合物であるが，唯一の気体状の植物成長制御物

質として知られていた。最近では，一酸化窒素（NO）も生理活性をもつことがわかってきた（図10・10など）が，植物に特有の物質ということではない。エチレンはリンゴやバナナが熟すのを促進するので，果実がまだ青いうちに収穫し，販売前に熟させるために使われる。また，成長してゆく茎の先端が障害物にぶつかったときにも，エチレンが放出され，胚軸が太くなる。芽生えを使った実験の際には，注意が必要である。

アブシシン酸（ABA）は，落葉促進物質[*1]や芽の休眠物質などとして単離されたもので，光発芽種子の発芽抑制などにも働いている。このほか，ブラシノライドなどブラシノステロイドは，植物で知られる唯一のステロイドホルモンであり，成長促進効果が知られている。ジャスモン酸は，脂肪酸の一種であるリノレン酸からリポキシゲナーゼによって作られる物質（動物では，類似の反応によりアラキドン酸からプロスタグランジンが作られる）で，ストレス応答などに働いている。実際に作用するときの形は，7-イソ-ジャスモノイル-L-イソロイシンであることが，最近わかった（文献11）。サリチル酸は，ウイルスや病原微生物に対する植物の全身獲得抵抗性を高める働きが知られている。ストリゴラクトンは根と微生物との共生に関係する。

本書では詳しく述べないが，植物成長制御物質の多くは，配糖体などの形でも存在し，その多くは保存用の分子種と思われている。しかし，ジャスモン酸の例のように，誘導体が本来の活性型ということもあり，また，輸送形態ということもあり得るので，まだまだ研究が必要とされる。

表9・1には，植物成長制御物質の代表的な作用をまとめた。

*1 今ではエチレンが落葉を促進することがわかっている（p.136）。

表9・1　植物成長制御物質の代表的な作用の例

物質名	主な作用・役割
オーキシン	細胞成長の促進，細胞分裂の活性化，頂芽優勢（腋芽の成長の抑制），発根の誘導，屈性（偏差成長），維管束分化，エチレン生成など
サイトカイニン	細胞分裂の促進，腋芽の成長の促進，不定芽形成の誘導，老化遅延など
ジベレリン	茎の伸長成長の促進，発芽の促進（種子の休眠打破）など
アブシシン酸	種子の成熟と休眠，気孔閉口，水ストレスや低温ストレスに対する応答など
エチレン	果実の成熟，落果（離層形成），花や葉の老化，茎の伸長抑制と肥大成長など
ブラシノステロイド	成長促進，維管束分化など
ジャスモン酸	傷害応答など
サリチル酸	感染応答など
ストリゴラクトン	頂芽優勢（腋芽の成長の抑制），根と微生物の相互作用など

9・2　シグナル伝達

　成長制御物質は，ある細胞で生産されて，細胞間連絡または維管束を通じて輸送され，ほかの細胞に働きかける。その際，受け手の細胞には受容体があり，受容体が特定の制御物質と結合すると，シグナルが細胞内に伝達され，最終的に遺伝子発現などの変化を引き起こす。動物細胞ではすでによく知られたシグナル伝達系がある。植物細胞でのシグナル伝達経路は，キナーゼやタンパク質分解系が関与するなど，類似点もあるが，それぞれの植物成長制御物質ごとに異なる受容体やシグナル伝達経路があるので，それらを簡単に紹介することにする。

　シグナル伝達系には，キナーゼが関与する場合と，タンパク質の分解や移動

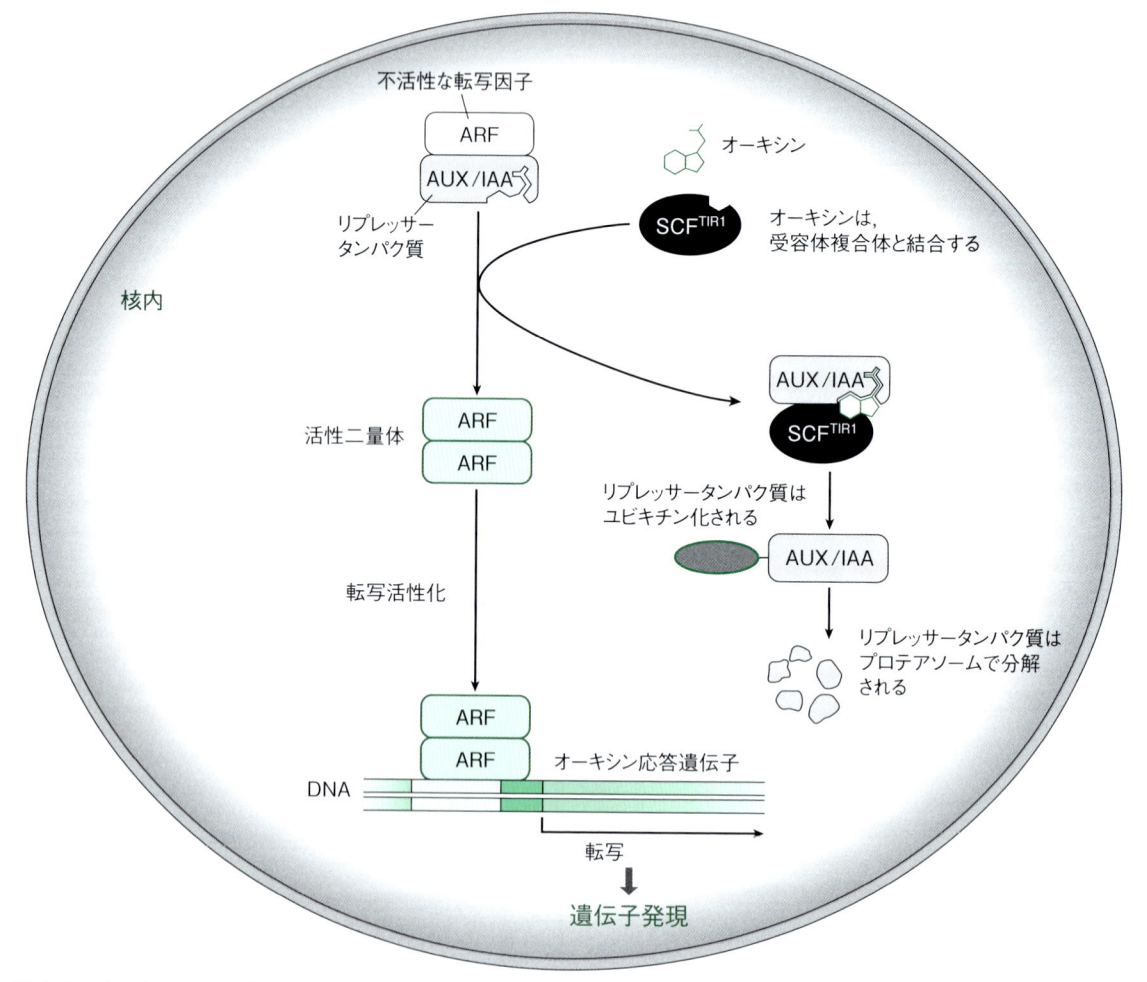

図9・2　オーキシンのシグナル伝達
　プロテアソームは細胞核と細胞質の両方に存在する。ここでは細胞核内のものが働くとして描かれている。以下，他の図式でも同様。（文献B6より改変）

9·2 シグナル伝達

を伴う場合がある。図 9·2 には，オーキシンのシグナル伝達経路の概略を示す。オーキシンのシグナルは，ARF と呼ばれる転写因子によって，最終的には標的遺伝子に伝えられるが，ARF は通常，AUX/IAA と呼ばれる阻害タンパク質と結合している。オーキシン存在下では，AUX/IAA は SCF と結合する。それにより ARF が解放されると，ARF は二量体として標的遺伝子に結合し，遺伝子発現を活性化する。一方，オーキシンと結合した AUX/IAA と SCF との複合体では，AUX/IAA がユビキチン化されたのち，プロテアソームで分解される。

ジベレリンの作用機構の概略を，図 9·3 に示す。ジベレリンの作用を最終的に実現するのは，PIF3/4 と呼ばれる転写因子だが，これは通常，DELLA と呼ばれる阻害タンパク質と結合している。ジベレリンが GID1 と結合し，さら

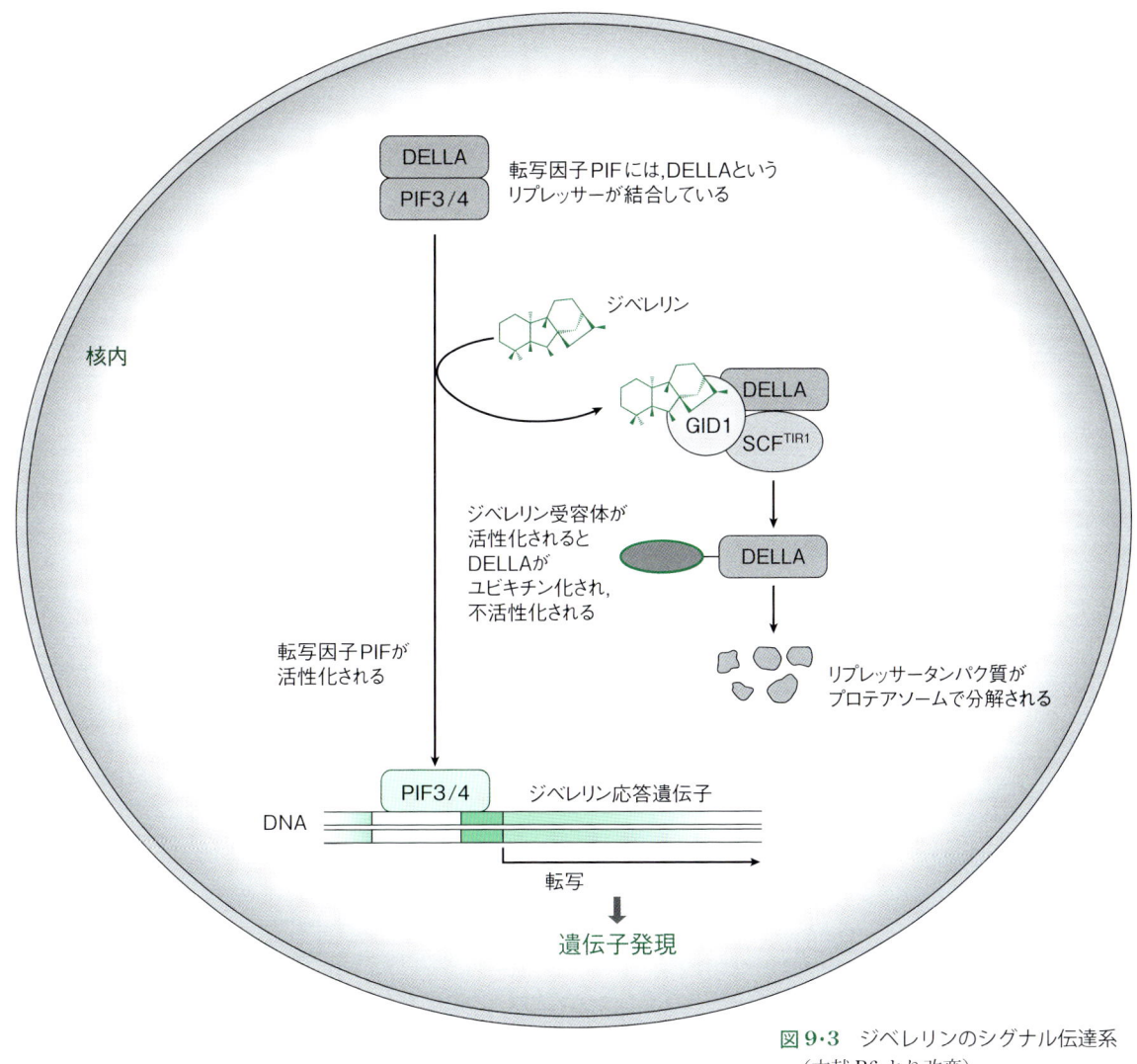

図 9·3　ジベレリンのシグナル伝達系
（文献 B6 より改変）

にそれが DELLA と結合すると，DELLA は PIF3/4 から離れ，SCF 複合体と結合し，オーキシンの場合と同様に，ユビキチン化され，プロテアソームで分解される。遊離した PIF3/4 は，標的遺伝子と結合し，その転写を活性化する。

サイトカイニンの作用機構は，上のものとは大きく異なり，細菌の二成分制御系と似たしくみによる（図 9·4）。サイトカイニンの受容体は，細胞表面にある二量体タンパク質で，サイトカイニンの結合により，細胞内のヒスチジン

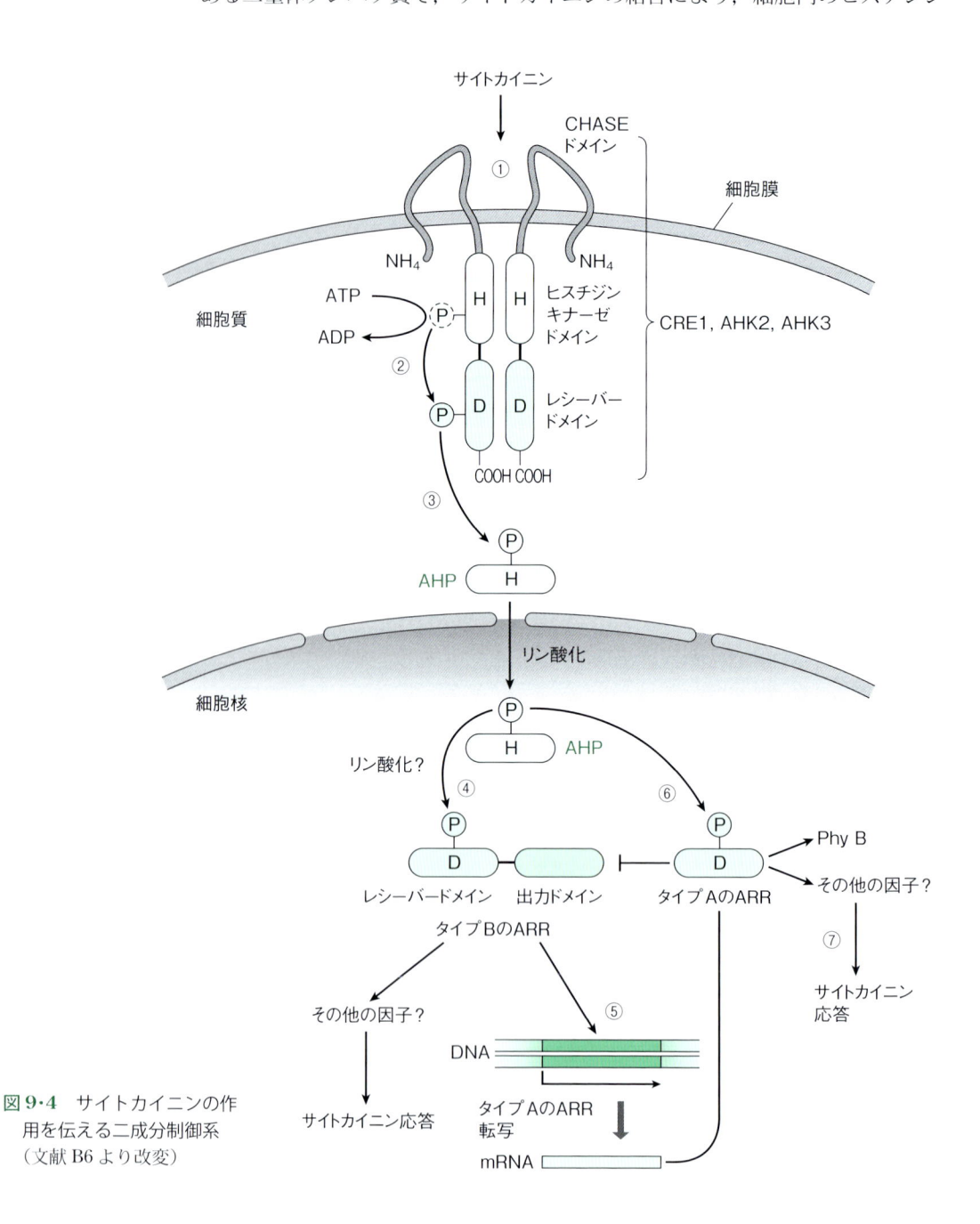

図 9·4 サイトカイニンの作用を伝える二成分制御系（文献 B6 より改変）

キナーゼドメインが活性化され，リン酸基転移の連鎖により，AHP タンパク質がリン酸化される。リン酸化された AHP タンパク質は，核内に入り，そのリン酸基を ARR タンパク質に転移する。リン酸化された ARR タンパク質は，標的となる DNA に結合して転写を活性化するほか，まだ完全には解明されないしくみを活性化することにより，シグナルを伝えると考えられている。

エチレンもサイトカイニン同様，二成分制御系によりシグナルを伝える（図9·5）。受容体である ETR1 タンパク質は，ゴルジ装置にある RAN1 銅輸送タンパク質の作用により，銅イオンを結合している。類似の受容体が何種類もあるが，作用は異なる。エチレンがないとき，ETR1 タンパク質は CTR1 タンパク質と結合していて，CTR1 は活性な状態にあり，以下の過程を抑制している。*CTR1* 遺伝子は *constitutive triple response 1* として得られた変異体の原因遺伝子で，これが機能しないと，常にエチレンが存在するときのような表現型になる。このとき，CTR1 は何らかのしくみ（諸説あるようである）により，EIN2 タンパク質の働きを抑制している。ETR1 にエチレンが結合すると，CTR1 タンパク質が不活性となり，これにより EIN2 タンパク質が活性化される。これが，EIN3, ERF2 と，シグナル伝達カスケードを活性化し，その結果，標的遺伝子の転写を活性化する。

アブシシン酸のシグナル伝達系は，いまのところ仮説の段階であるが，これまでのものとは少し異なる（図9·6）。従来から，アブシシン酸のシグナルを伝える経路にはタンパク質脱リン酸化酵素 PP2C が関与することが

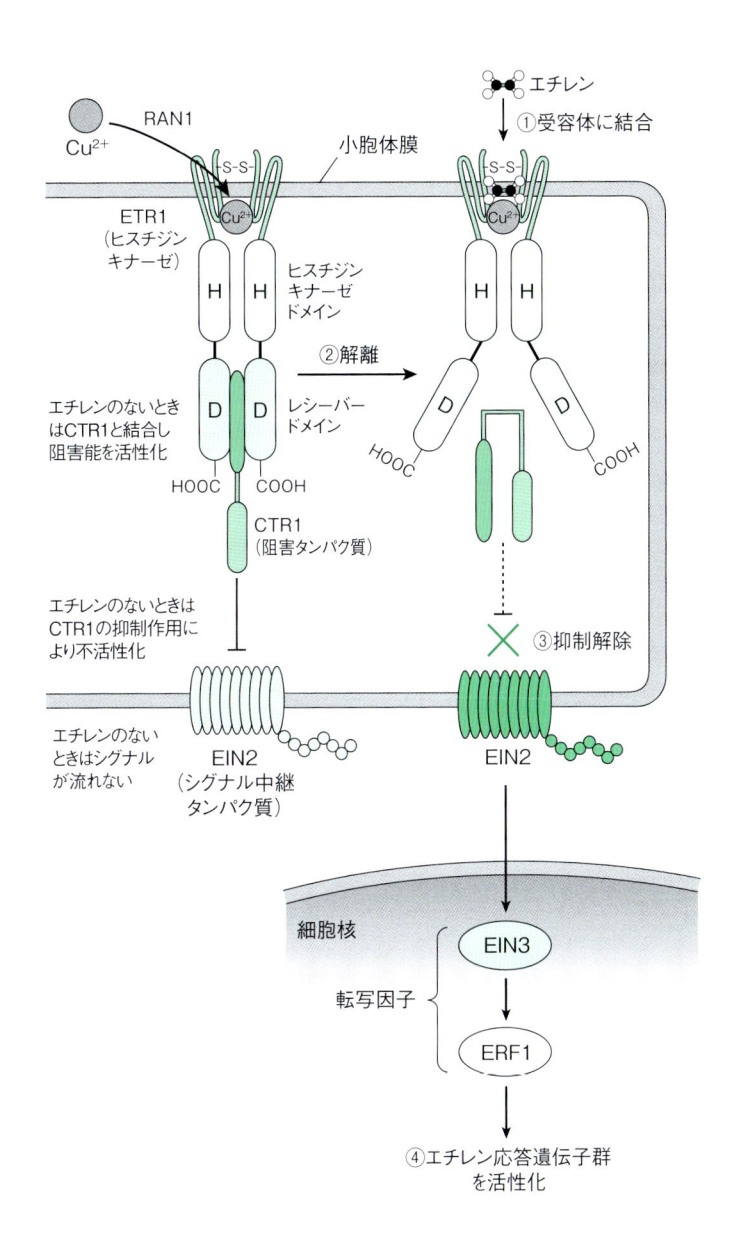

図 9·5 エチレンのシグナル伝達系
（文献 B6 を文献 70 に基づき改変）

知られていた。アブシシン酸の受容体と考えられるタンパク質としては，以前には細胞膜のGTG，色素体膜のCHLHなどが提唱された。2009年になって，2つのグループからPP2Cの阻害因子としてPYR/PYL/RCAR（これは3つの名前で同一のものを指していて，シロイヌナズナでは14個の相同タンパク質が存在する）が発見され，これがアブシシン酸の受容も行っていることがわかった（文献26，文献37）。現在では，この経路が重要だと考えられ，遺伝子制御やイオンチャネルの制御（気孔が閉じる際など）に関わっているとされる。

ブラシノステロイドは，細胞内にまで入って作用する動物ステロイドとは異なり，細胞膜上の受容体プロテインキナーゼと結合し，細胞内にシグナルを流す（図9・7）。ブラシノステロイドの受容体であるBRI1は，細胞外にロイシン・リッチ・リピート（LRR）と呼ばれる繰り返し配列からなる大きなドメインをもつことが特徴である。BRI1がブラシノステロイドと結合すると，細胞内ドメインに結合していた阻害タンパク質BKI1（図には示

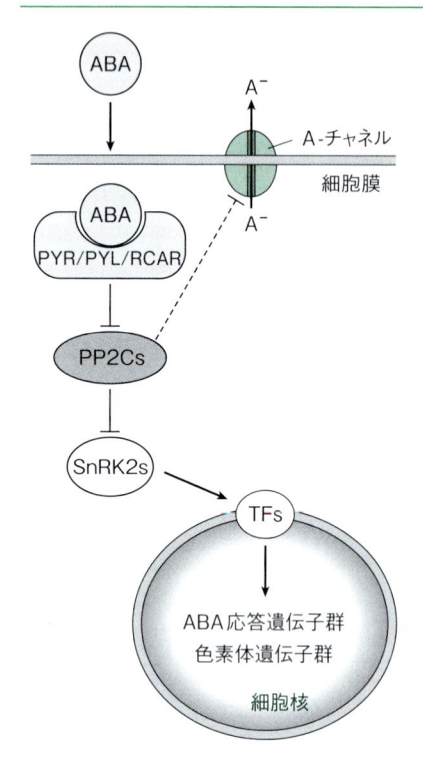

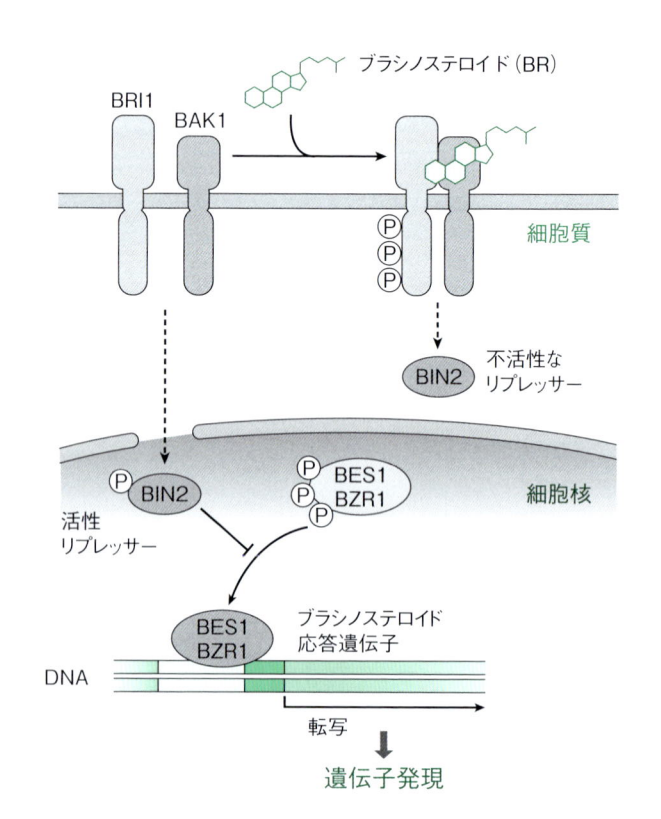

図9・6 アブシシン酸のシグナル伝達に関する仮説
PP2C：タンパク質脱リン酸化酵素タイプ2C，SnRK2：SNF様タンパク質リン酸化酵素2，TF：転写因子。図中では，それぞれ複数存在するので，sがついている。A-チャネルは，陰イオンチャネルを示す（文献B6より文献26，37に基づき改変）。なお，この図式は現在ますます確かなものとなっており，シグナル伝達に伴うタンパク質間相互作用のネットワークが推定されている（文献66）。

図9・7 ブラシノステロイドのシグナル伝達系
本文中にあるBKI1, BSK, BSU1は示されていない。図中左に描かれているのは，シグナルがないときに，リン酸化BIN2がBES1, BZR1をリン酸化することによりターゲット遺伝子の転写を抑制しているようすである。シグナルが入ると，これらの抑制がはずれる。（文献B6より）

していない)が解離するとともに,細胞内のキナーゼドメインが活性化され,同時に,BAK1と呼ばれる別のキナーゼとも結合する。これがBSK,BSU1を順次活性化し,それにより,阻害タンパク質BIN2のリン酸化を外す。通常,リン酸化されたBIN2は,BES1,BZR1などの転写因子をリン酸化することにより転写を抑制しているが,ブラシノステロイドシグナルにより,この抑制が解除される。

ジャスモン酸のシグナル伝達系は,最初に述べたオーキシンやジベレリンのシグナル伝達と似ていて,阻害タンパク質による阻害を解除する形で行われる(図9·8)。

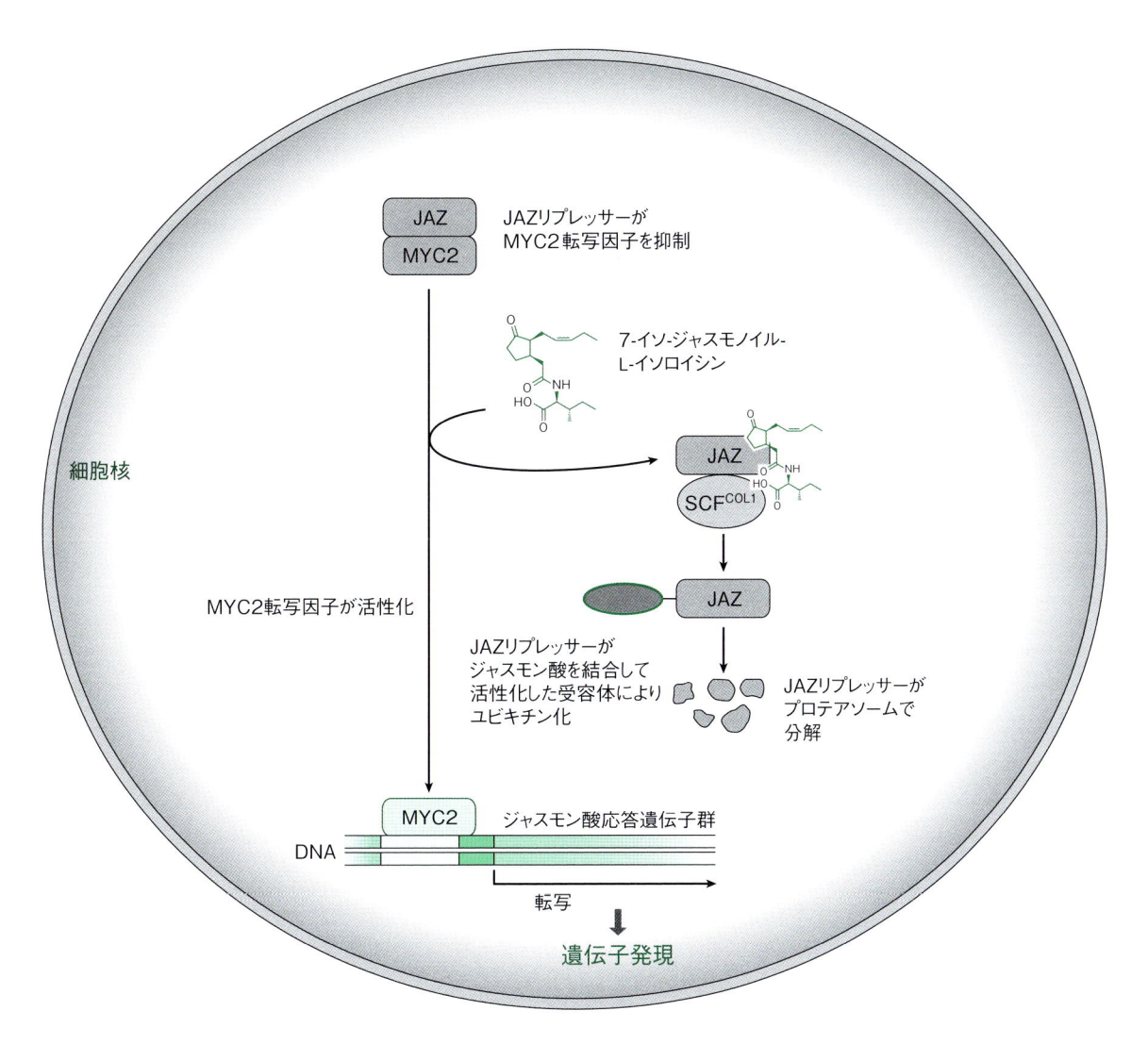

図9·8 ジャスモン酸のシグナル伝達系
(文献B6より改変)

9・3 植物成長制御物質の生合成

植物成長制御物質の生合成のしくみについても，かなりわかってきたので，簡単に紹介する。

オーキシン（インドール3-酢酸：IAA）は，トリプトファン関連物質から合成されるが，その経路はさまざまである（図9・9）。また，アグロバクテリウムなどの細菌もIAAを合成することができるが，その経路は少し異なる。IAAは植物体の中で，糖と結合した形の不活性な状態でも存在する。オーキシンの活性を調節するしくみには，配糖体化のほか，酸化酵素による分解も考慮する

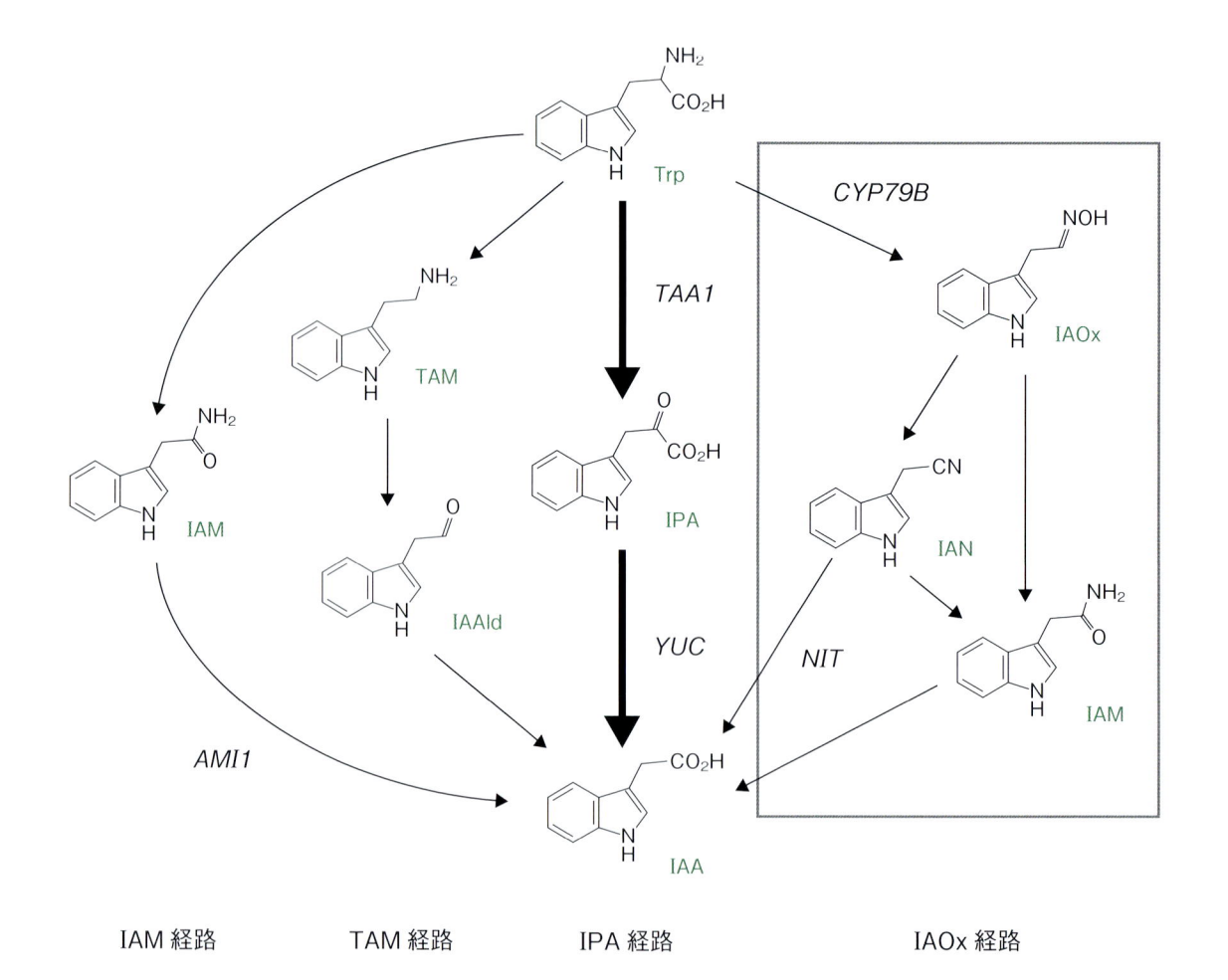

図9・9 オーキシンの生合成
Trp：トリプトファン，IAM：インドール3-アセトアミド，TAM：トリプタミン，IAAld：インドール3-アセトアルデヒド，IPA：インドール3-ピルビン酸，IAOx：インドール3-アセトアルドキシム，IAN：インドール3-アセトニトリル，IAA：インドール3-酢酸（オーキシン）。*TAA1*, *YUC*, *CYP79B*, *NIT*, *AMI1*は酵素の遺伝子名を表す。（文献29より改変）

必要がある。

ジベレリン (GA) はジテルペン類であり，非メバロン酸経路でできるイソペンテニルピロリン酸 (IPP：図9・12参照) の縮合によってできるゲラニルゲラニルピロリン酸から合成される (図9・10)。*ent*-カウレン，*ent*-カウレン酸を経て，活性型である GA_1，GA_4 が作られる。

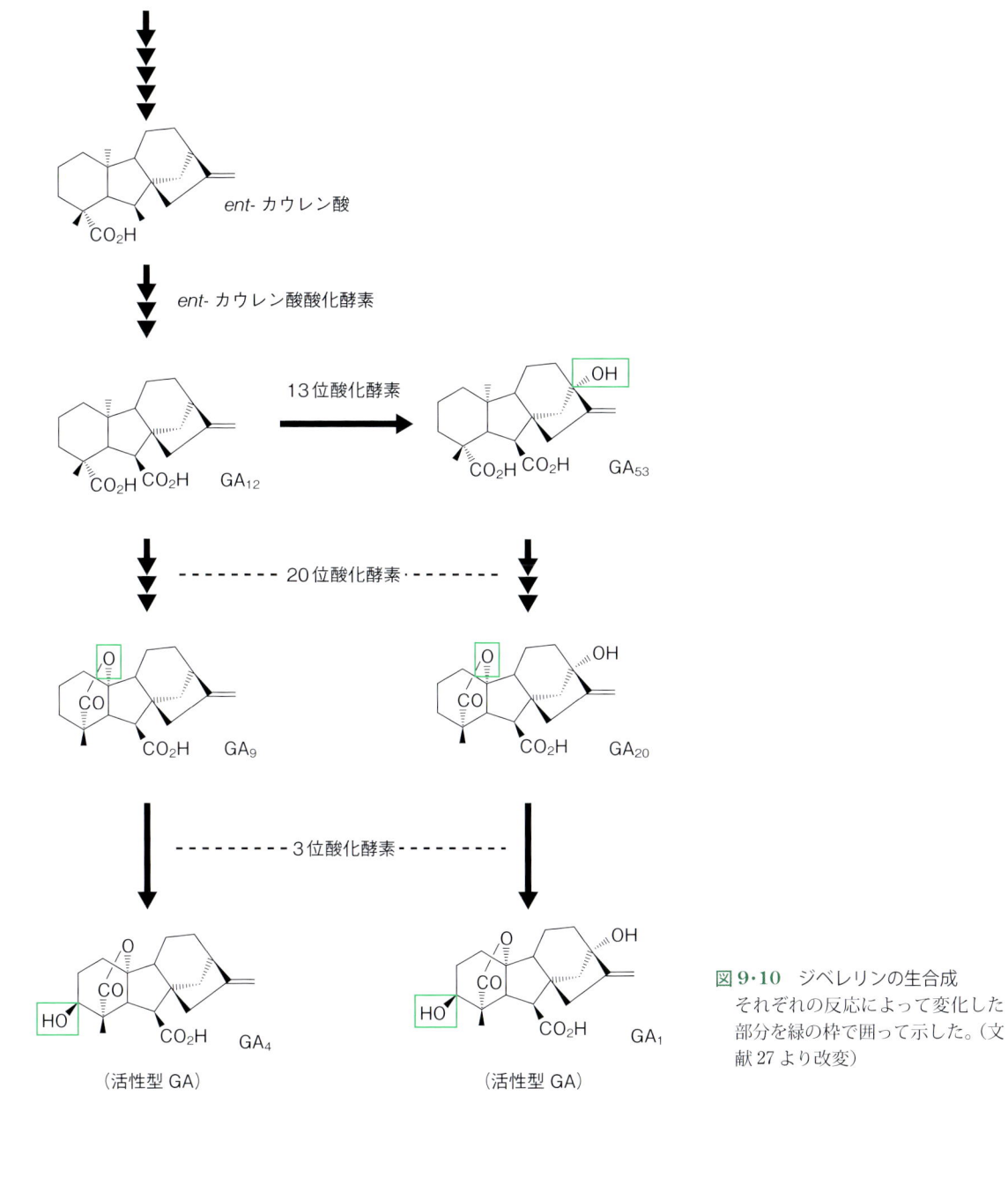

図9・10 ジベレリンの生合成
それぞれの反応によって変化した部分を緑の枠で囲って示した。(文献27より改変)

サイトカイニン（ゼアチン）は，プリン塩基の一種であり，ATPまたはADP骨格をもとにして，合成される（図9・11）。また，アグロバクテリウムは，独自の経路でサイトカイニンを合成する。

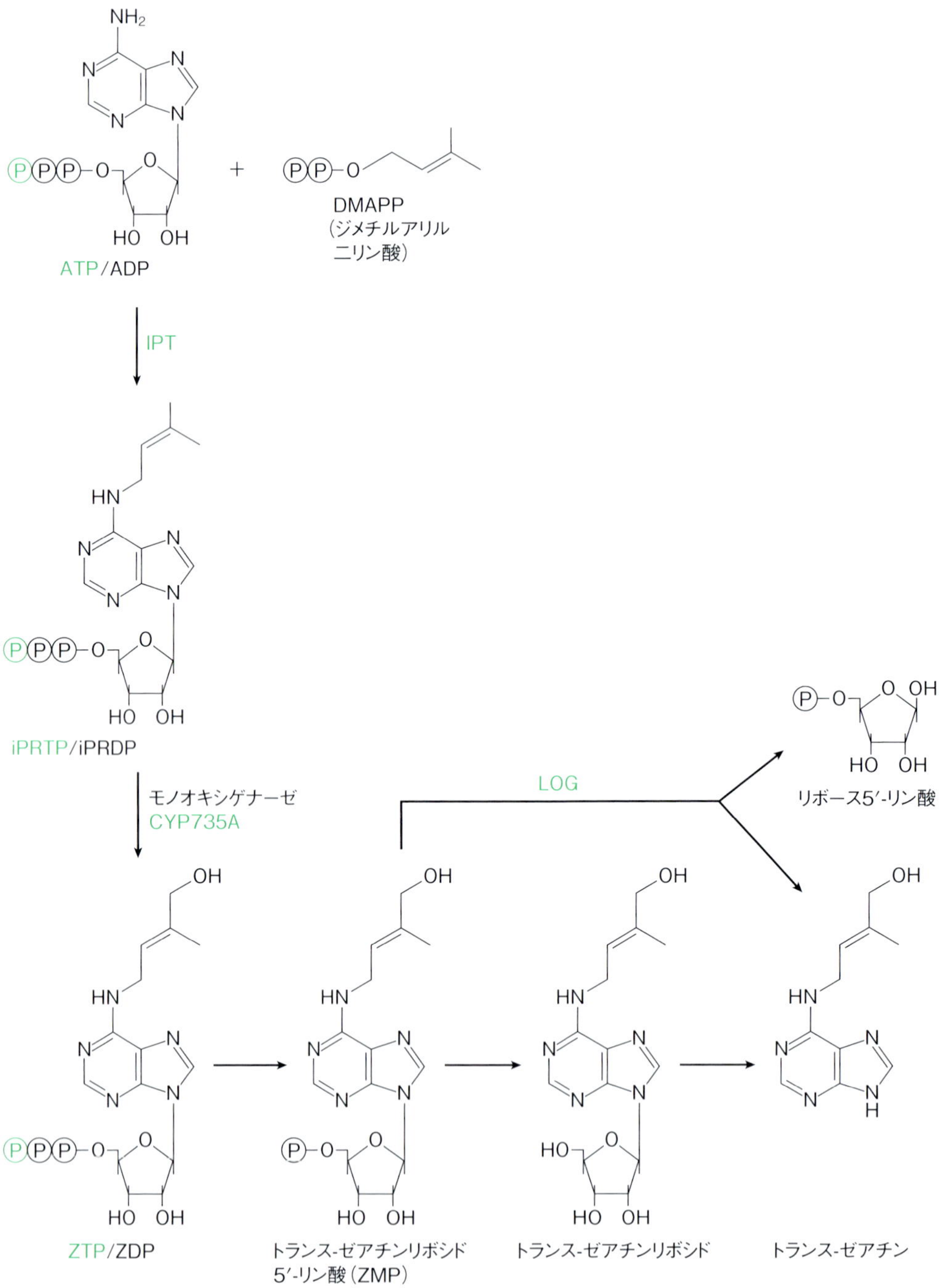

図9・11 サイトカイニンの生合成
　　IPT，CYP735A，LOGは遺伝子名に基づく酵素名を表す。（文献B6より）

アブシシン酸は，カロテノイドの一種であるビオラキサンチンからネオキサンチンを経由して作られる（図 9・12）。

色素体

ピルビン酸　グリセルアルデヒド 3-リン酸
↓（非メバロン酸経路）
イソペンテニルピロリン酸（IPP）
↓↓
ゼアキサンチン
↓
オールトランス-ビオラキサンチン
↓
トランス-ネオキサンチン
↓
9′-シス-ネオキサンチン

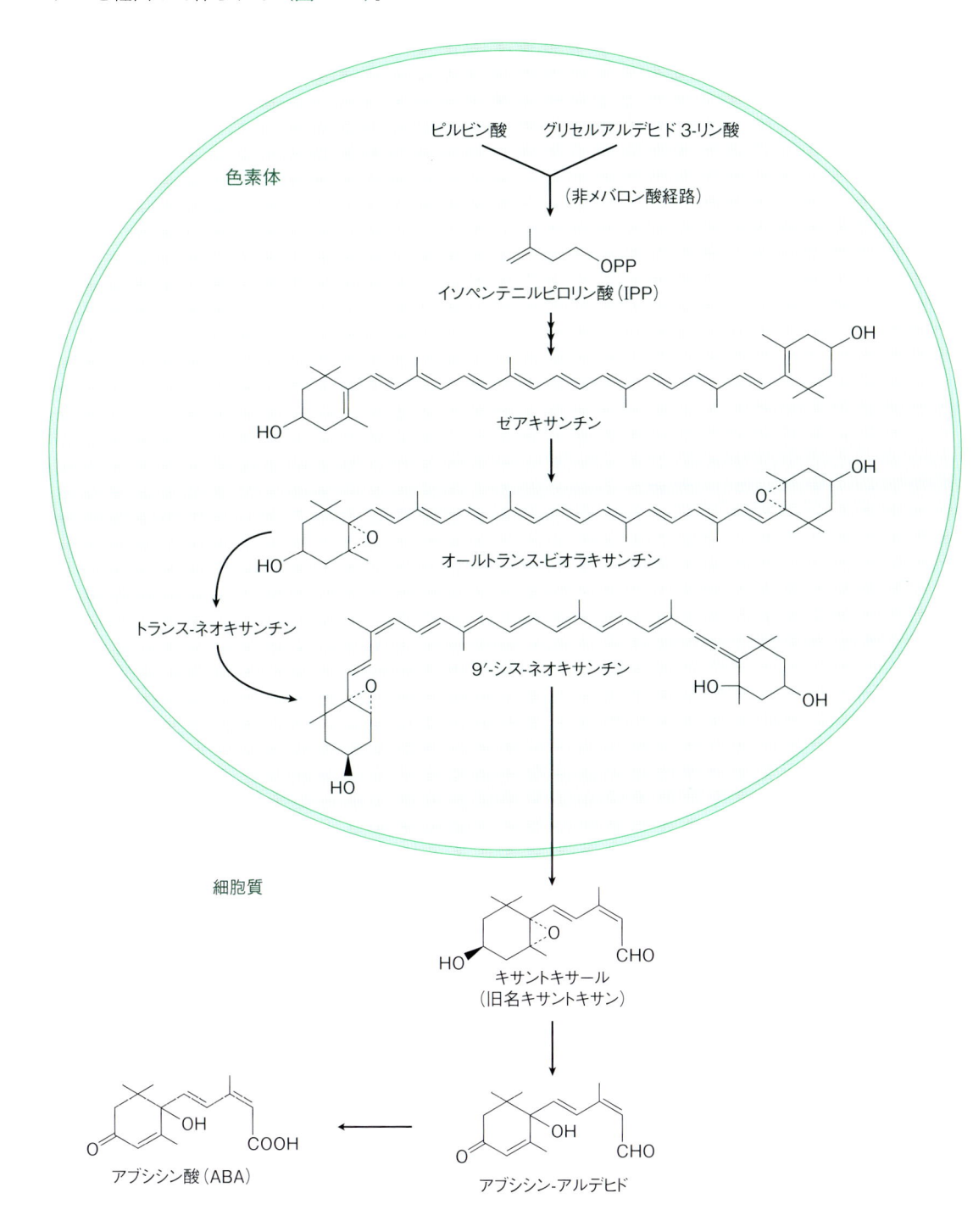

細胞質

↓
キサントキサール（旧名キサントキサン）
↓
アブシシン-アルデヒド
→
アブシシン酸（ABA）

図 9・12 アブシシン酸の生合成
（文献 B6 より改変）

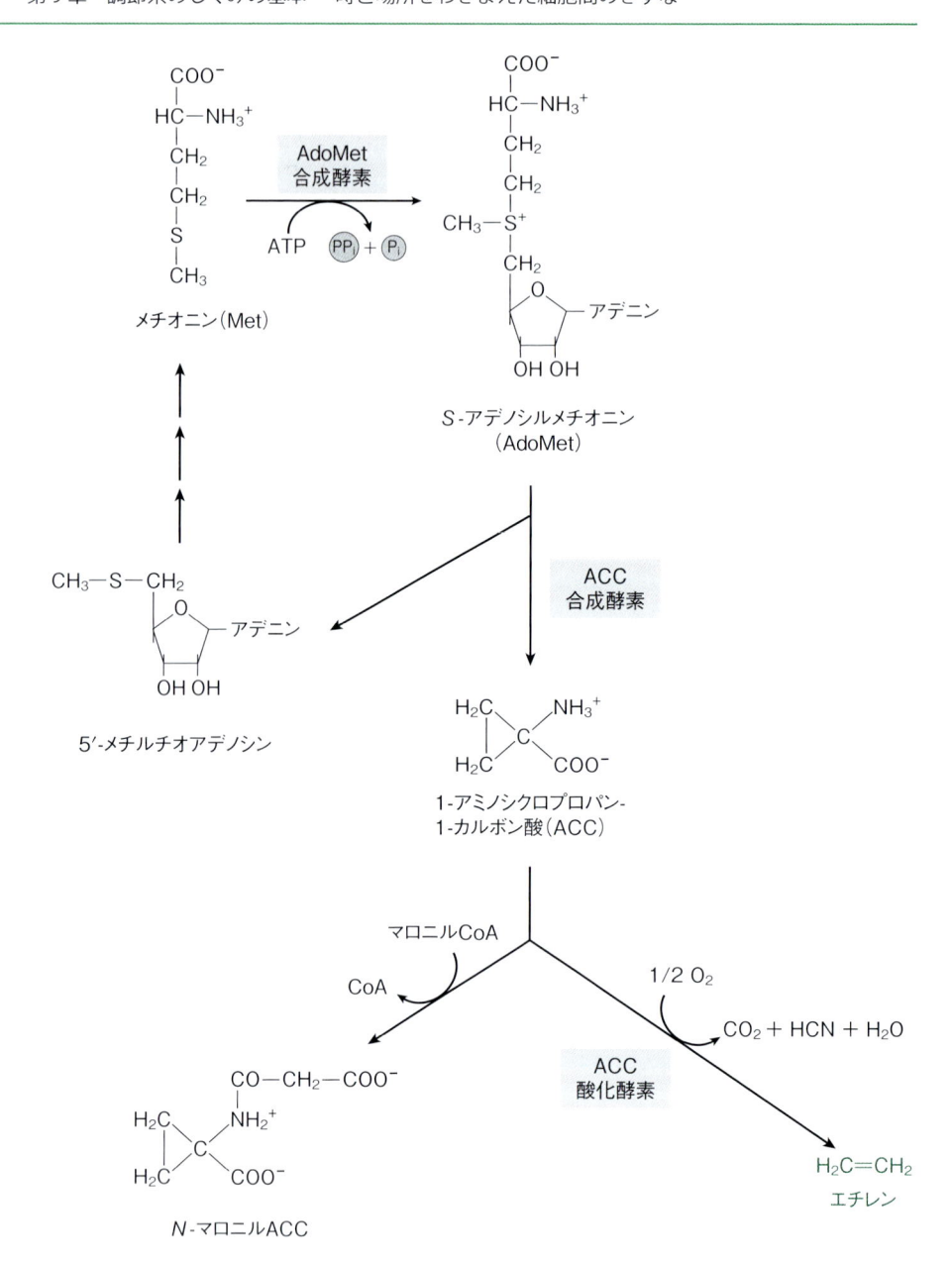

図 9・13　エチレンの生合成
（文献 B6 より改変）

　エチレンの生合成では，メチオニンが原料となる（図9・13）。S-アデノシルメチオニンから環状化合物であるACCが合成され，これが，ACC酸化酵素の作用によりエチレンを生ずる。果実の成熟の際には，エチレンが大量に合成され，それによって呼吸の上昇（クリマクテリック上昇）が起きる。このときエ

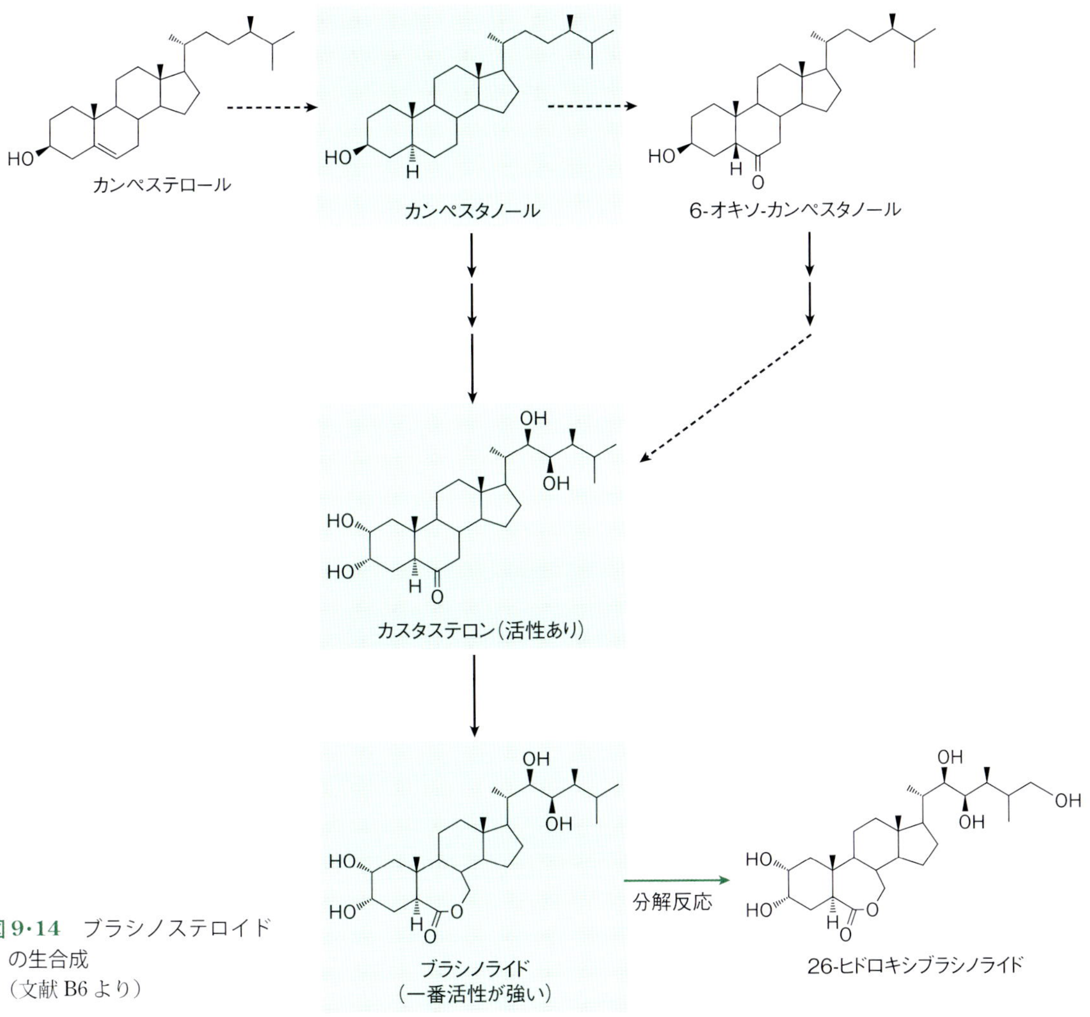

図 9・14 ブラシノステロイドの生合成
(文献 B6 より)

チレン合成の律速となっているのは ACC 酸化酵素といわれる。

ブラシノステロイドは，ステロールの一種であるカンペステロールから作られるが，少し異なる別経路も存在する（図 9・14）。酸素を含む 7 員環ができることが特徴的である。

9・4 分泌型ペプチドホルモン

従来から知られていた疎水性で低分子量の成長制御物質のほかに，最近では，分泌型のペプチドホルモンともいうべきものが数多く知られるようになった（表 9・2）。代表的なものとして，フィトスルフォカイン（PSK），CLV3 などの CLE ペプチドがある。これらは，大きな前駆体タンパク質（プレプロペプチド）として合成されたのち，プロセシングにより短いペプチドとして切り出される。

表 9・2　分泌型ペプチドホルモンの構造

ペプチド名	成熟型構造
PSK	**Tyr(SO₃H)**-Ile-**Tyr(SO₃H)**-Thr-Gln
TobHypSysI	Are-Gly-Ala-Asn-Leu-Pro-**Hyp**-**Hyp**-Ser-**Hyp**-Ala-Ser-Ser-**Hyp**-**Hyp**-Ser-Lys-Glu（いずれかの Hyp に五炭糖が付加）
TDIF	His-Glu-Val-**Hyp**-Ser-Gly-**Hyp**-Asn-Pro-Ile-Ser-Asn
CLV3	Arg-Thr-Val-**Hyp**-Ser-Gly-[(L-**Ara**)₃]-**Hyp**-Asp-Pro-Leu-His-His-His
CLE2	Arg-Leu-Ser-**Hyp**-Gly-Gly-[(L-**Ara**)₃]-**Hyp**-Asp-Pro-Gln-His-His
PSY1	Asp-**Tyr(SO₃H)**-Gly-Asp-Pro-Ser-Ala-Asn-Pro-Lys-His-Asp-Pro-Gly-Val-[(L-**Ara**)₃]-**Hyp**-**Hyp**-Ser
CEP1	Asp-Phe-Arg-**Hyp**-Thr-Asn-Pro-Gly-Asn-Ser-**Hyp**-Gly-Val-Gly-His

翻訳後に修飾を受けるタイプのホルモンを示している（太字は翻訳後修飾を示す）。PSK はフィトスルフォカイン，TDIF は道管要素分化阻害因子。Hyp はヒドロキシプロリン，SO₃H は硫酸基，Ara はアラビノースが結合していることを示す。（文献 B8 より）

　これとは別に，こうしたプロセシングを受けずに分泌されるものもあり，自家不和合性に関与する SP11 や，花粉管ガイダンスに働く LURE など，多くのシステインリッチペプチドが含まれる。前者の場合，ER に輸送されるときにプレ配列が除去され，さらに，ゴルジ体で修飾を受けた後に，最終的にホルモン部分が切り出されて，分泌される。ペプチドホルモンは，ターゲット細胞の細胞膜にある受容体タンパク質と結合して，シグナルを伝える。

　PSK は培養細胞の増殖を促進する 5 アミノ酸からなる因子として発見された。その受容体は，ロイシンリッチリピート型受容体様キナーゼ（LRR-RLK）のひとつである PSKR1 である。LRR-RLK はシロイヌナズナでは，200 あまりのメンバーからなるファミリーを形成している。

　CLV3 は，茎頂分裂組織における未分化細胞の維持と器官分化のバランスを保つ 12 アミノ酸からなる因子として同定されたが，シロイヌナズナでは多数の類似ペプチドが CLE ペプチドとして知られる。CLE ペプチドには，根粒形成の制御に関わる因子なども含まれる。CLV3 の受容体は，CLV1/CLV2 と呼ばれる LRR-RLK である（図 9・15）。茎頂中央帯（central zone; CZ）の外側の細胞層（外衣）と，内側の細胞層（内体）にある organizing center（OC）は，それぞれ横方向とランダムな分裂を行う。CLV3 は外衣の幹細胞から分泌されて，内体における WUS の発現を抑制し，WUS は未知のしくみにより，CLV3 の発現を促進すると考えられている（文献 39）。これについては，8・3 節も参照のこと。

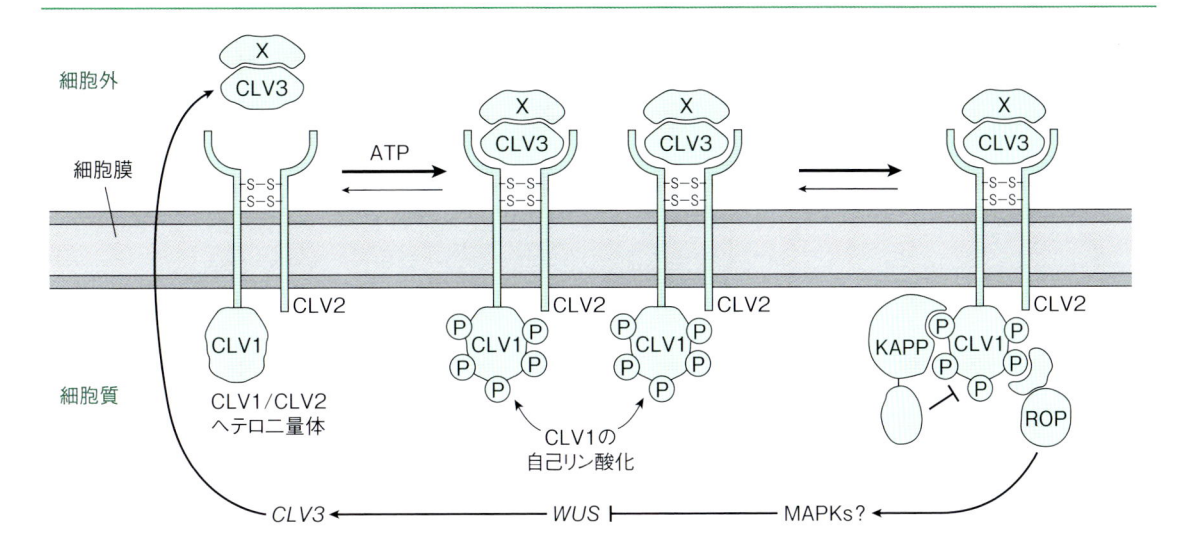

図 9・15　茎頂におけるシグナル伝達
ここでは，CLV1/CLV2複合体がCLV3を受容するように描かれているが，より新しい知見によれば（文献1），受容体には，CLV1のみ，CLV2/CRN，RPK2のみ，という3種類あるといわれている。ただ基本的には，このような受容体キナーゼがシグナルを受容するということに関しては，疑いないところである。Xは未知の因子。ROP：rho-GTPアーゼ，KAPP：キナーゼに付随するタンパク質脱リン酸化酵素，MAPKs：分裂促進因子活性化タンパク質キナーゼ。（文献B6より）

9・5　花成に関わるシグナル伝達

　昔からフロリゲンとして想定されていた花成誘導物質の実体が，ようやくFTと呼ばれるタンパク質であることがわかった。フロリゲンが存在するという主な根拠は高校の教科書などに詳しく説明されているが，日長刺激を受けるのが葉であること，葉のシグナルが茎頂に伝達されて花成誘導が起きることなどが接ぎ木実験によって証明されたことであった。図9・16には，現在考えられている花成誘導のしくみの概要を示す。

　現在までに詳しく調べられているのは，シロイヌナズナ（長日植物）とイネ（短日植物）である。日長による花成決定のしくみについては次章で述べるが，日長を感じるのは葉である。葉で感じられた情報は，FTタンパク質（イネではHd3aと呼ばれる）として，師管を通って茎頂に送られ，茎頂はFTタンパク質を受け取ると，花原基を分化させるためのLFYとAP1という転写因子の発現が起きる。

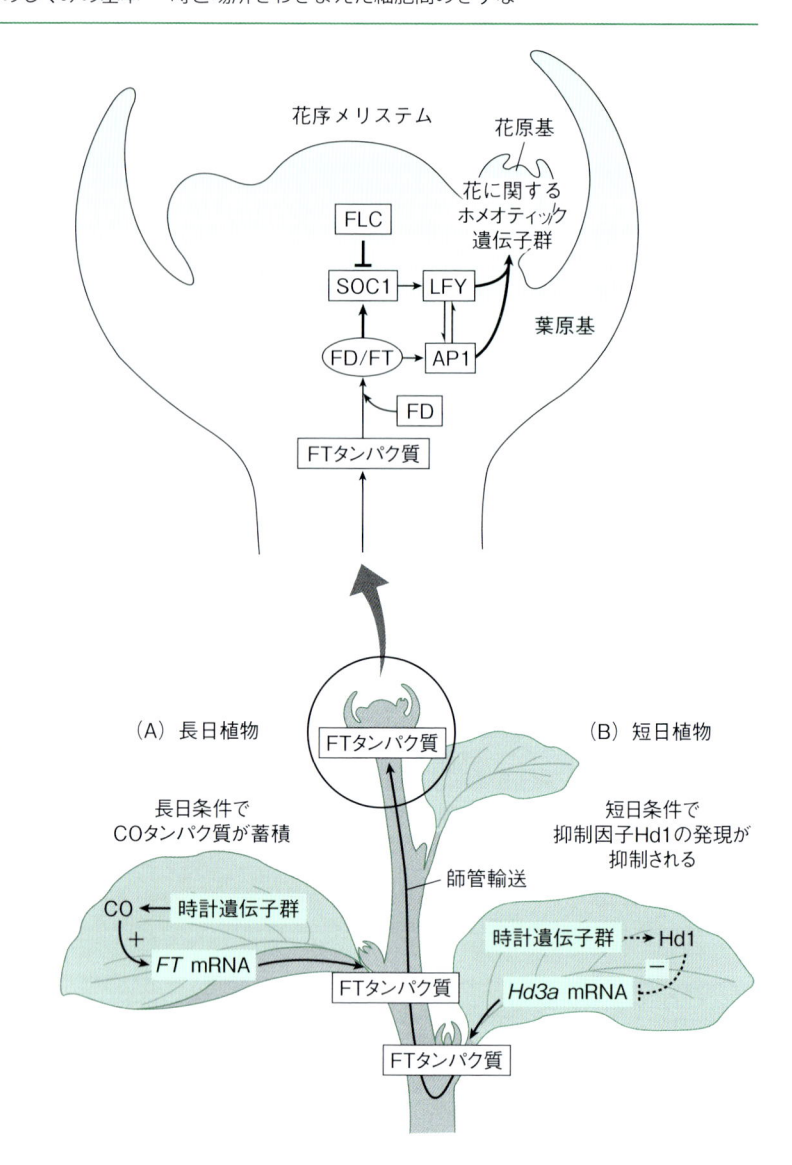

図9・16 花成を促すシグナル伝達
日長条件はフィトクロムなどを通じて概日時計にシグナルを伝え，それに応じて作られたFT(Hd3a)タンパク質は，師管を通って茎頂に達し，メリステムの性質を，葉原基を作るものから，花原基を作るものへと変化させる。右上にある花に関するホメオティック遺伝子群については，図8・6を参照のこと。
FD, LFY, AP1, FLC, SOC1 は，それぞれ転写因子の名前。ただし，FTは転写因子ではない。（文献B6より）

9・6 表皮細胞分化に関わるシグナル伝達

表皮における気孔形成を制御するしくみにも，細胞間のシグナル伝達が働いている（図9・17）。気孔の密度は，組織の成長を通じて適切に保たれている。原表皮細胞からメリステモイド母細胞（MMC）ができ，これは，不等分裂により，メリステモイド，孔辺細胞母細胞（GMC），孔辺細胞（guard cell）となる。原表皮細胞からは，普通の表皮細胞であるペーブメント細胞もできる。EPF2は，新たに原表皮細胞がMMCとなるのを阻害する。EPF1は，隣接する細胞の不等分裂を抑える。これらによって，気孔が近接して形成されないようにしてい

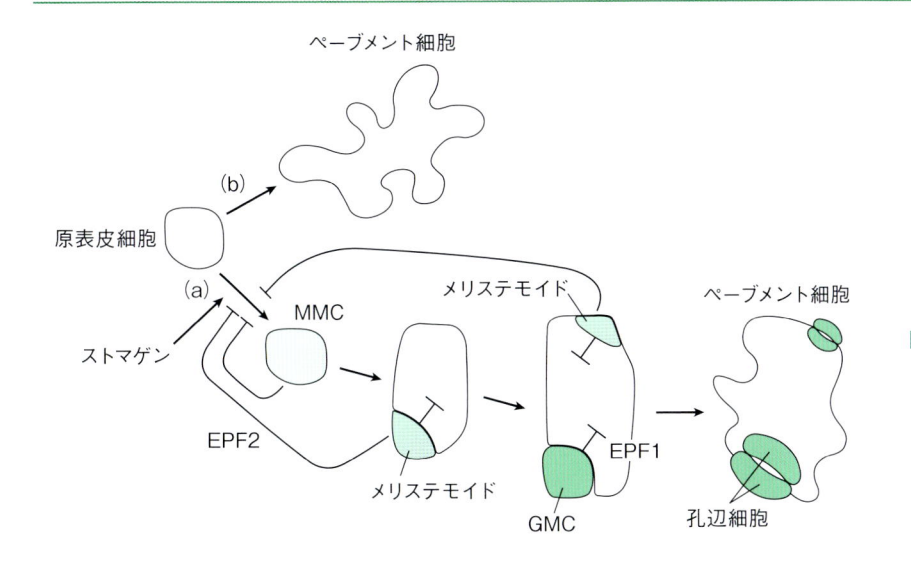

図9·17 表皮細胞分化に関わるシグナル伝達 MMC，EPF1，EPF2，GMCなどは，本文中で説明してある。（文献B8より）

る。葉肉細胞から分泌されるストマゲンが気孔形成を促進する。EPF1, EPF2, ストマゲンなどは，よく似た構造をもち，細胞外シグナルとして働く小型のタンパク質ファミリーに属し，受容体キナーゼであるTMM/ER（ERL1/ERL2）に結合することにより，細胞内のMAPキナーゼカスケードを活性化すると考えられている（詳細は文献B8を参照のこと）。

9·7 自家不和合性に関わるシグナル伝達

植物には，エンドウやシロイヌナズナのように，自家受粉するものもあるが，自家不和合性 self incompatibility という，近親交雑を避けるしくみをもつものがある。ここでは，アブラナ科でよく研究されている自家不和合性のしくみを述べる。その基本的なしくみは，雌ずいと葯のタペート細胞のそれぞれで発現するタンパク質をコードする遺伝子（S遺伝子）が，ゲノム上で隣接してセットとして存在していることである。花粉成熟に伴って，タペート細胞が破裂してその内容物が花粉表面を覆い，花粉表層が形成される。花粉が柱頭に付着したときには，タペート細胞に由来するSタンパク質と柱頭（乳頭細胞）のSタンパク質との間で，反応が起きることになる。このセットは何種類もあり，同一セットのタンパク質をもつ雌ずいと花粉との間でのみ反応が起き，それにより，受粉が成立しなくなる。

雌ずい先端の乳頭細胞ではSRKというタンパク質が，タペート細胞にはSP11/SCRというタンパク質が，それぞれ発現する（このSCRは，S-locus cystein-richの意味で，前出のSCARECROWとは別のタンパク質）。これらは，それぞれが多型を示し，連鎖した遺伝子によりコードされている。図9·18に

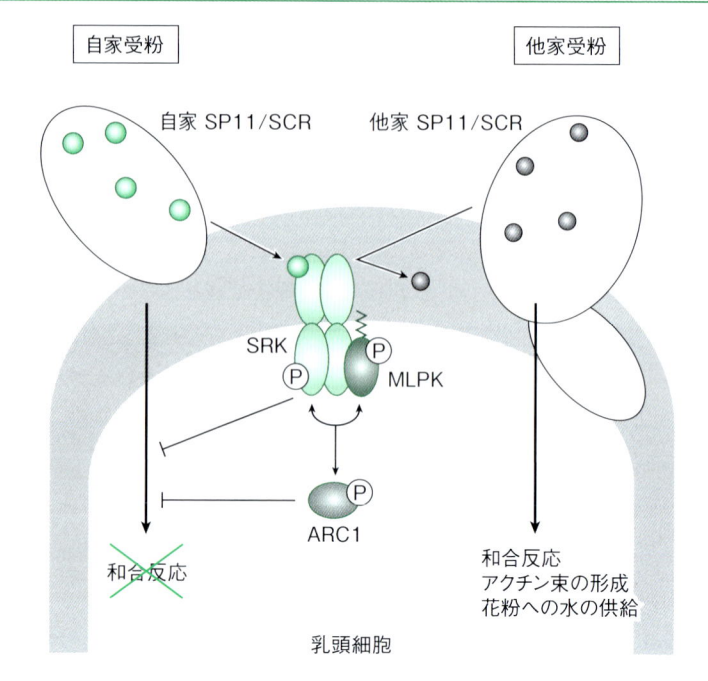

図9・18 自家不和合性のしくみ
SRK：S受容体キナーゼ，MLPK：M遺伝子座タンパク質キナーゼ，ARC1：E3ユビキチンリガーゼの一種。ただし，MLPKの下流のシグナル伝達系はまだあまりよくわかっていない。（文献B8より）

示すように，自家受粉の場合，同じセットのSRKとSP11/SCRが結合することにより，タンパク質キナーゼが活性化され，それにより花粉の発芽ができなくなり，結果として受粉過程が抑制される。

これは胞子体型と呼ばれる自家不和合性の一つのしくみに過ぎない。胞子体，つまり二倍体の葯細胞で作られた物質が関与するために，このように呼ばれる。このほかに配偶体型と呼ばれる花粉内部の因子による自家不和合性が，ナス科など多くの植物種で知られている。また，それぞれのタイプの中でも，実際の分子的なしくみにはさまざまなものが知られている。

9・8　根粒形成に関わるシグナル伝達

根粒はマメ科植物の根にできる粒状の器官で，その中に根粒菌が感染した細胞が含まれている。根粒菌は単独でも生育できるが，NodDタンパク質によって，植物の根から分泌されているフラボノイドを検知すると，多数の*nod*遺伝子群の発現を誘導する。これにより，Nodファクターと呼ばれるリポキチンオリゴサッカライド誘導体が作られて，分泌される。植物がNodファクターを認識することにより，感染過程が開始される（図9・19）。根粒菌が根毛から感染すると，植物側でも，感染細胞を保持するための特別な組織が形成され，最終的に根粒となる。根粒内部には，植物が作るレグヘモグロビンが蓄積する

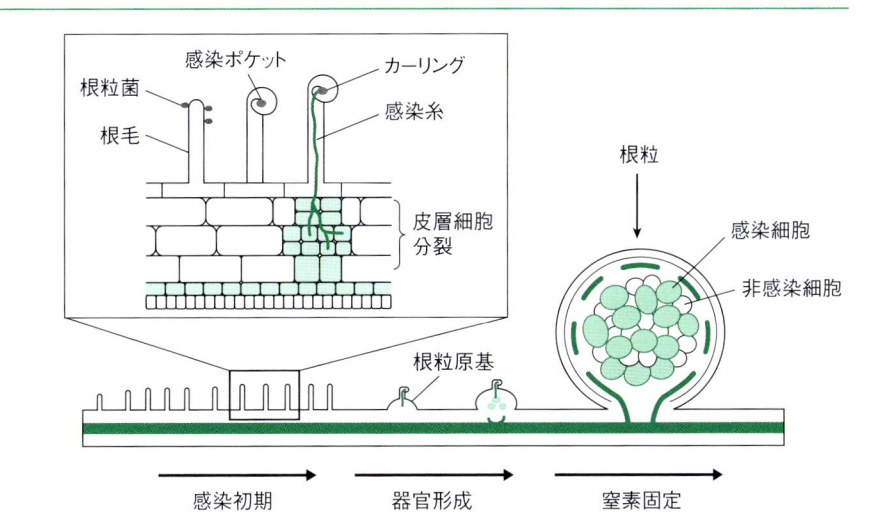

図 9·19 根粒形成過程
（文献 B30 より）

ため，根粒は赤く見える。レグヘモグロビンには，根粒で行われる窒素固定を阻害する酸素をトラップする役割があると考えられている。

このように，根粒は植物と細菌との共同作業で作られる器官であることが特徴で，その形成過程には，両者の密接なシグナル授受がある。

しかし，根粒形成の制御は，さらに複雑である。一つの植物につく根粒が多すぎると，植物から根粒菌に与える有機物が多くなり，植物が負担に耐えられなくなる。そのため植物は，形成される根粒の数を適度に調節するしくみをもっている（図 9·20）。根からは根粒の形成に応じて CLE ペプチド（表 9·2）の一種が放出され，それを地上部の組織が受け取る。受容体は HAR1 と呼ばれ

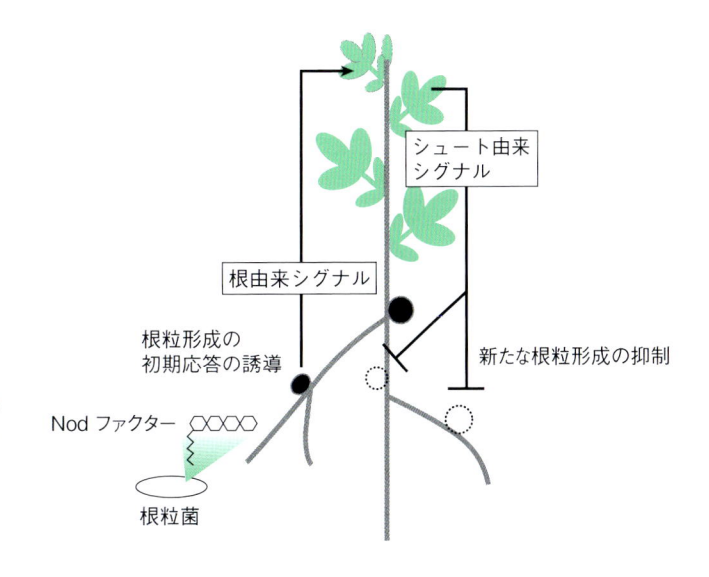

図 9·20 根粒形成にかかわるシグナル伝達
シュートは植物の地上部を指す。根粒から出たシグナルが，シュートに達し，逆に葉から出たシグナルが根粒形成を抑制すると考えられているが，その実体は，まだ明らかではない。（文献 B8 より）

るLRRタイプの受容体キナーゼである。これを欠損する変異株では，異常に多数の根粒が形成される。地上部からは，根に対して，根粒の形成を抑制するシグナルも出ていることが推定されているが，まだその実体は明らかにされていない。

9・9　リゾスフェアにおけるシグナル伝達

　植物を育てるときは，根を十分に張らせることが重要であるが，さらに，根のまわりに適切な環境が整えられていることが必要である。この環境としては，土の構造と，共存する微生物が含まれる。根のまわりの生物圏を，**リゾスフェア** rhizosphere と呼ぶ。リゾスフェアを構成する微生物の中でも，とくに菌根菌（細菌ではなく，菌類の仲間）は，リン酸の吸収を助けるなどの役割を果たすことが知られている。菌根菌も根粒菌と同様に，植物の根に寄生するが，根粒の場合と異なり，マメ科植物だけでなくいろいろな植物の根に寄生し，菌根と呼ばれる菌根菌が付着した根を形成する（図9・21）。植物にとって利益が多いという面を考えると，寄生というよりも共生といってよいかもしれない。

　その際に植物側から放出される共生促進物質がストリゴラクトン

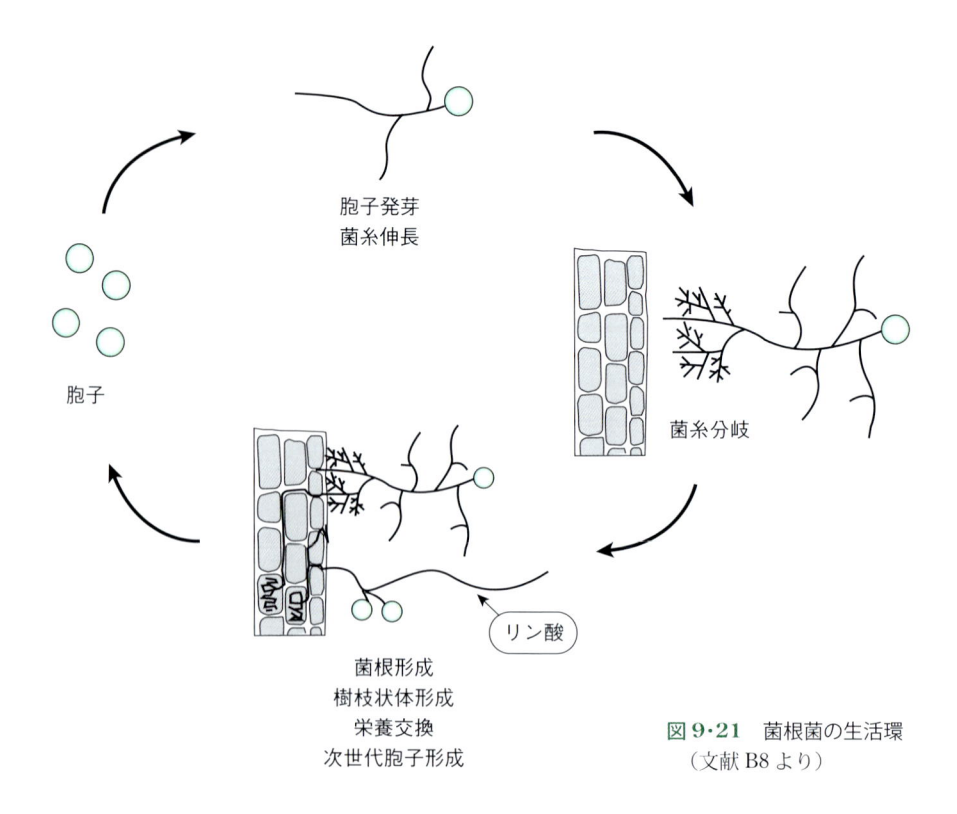

図9・21　菌根菌の生活環
（文献B8より）

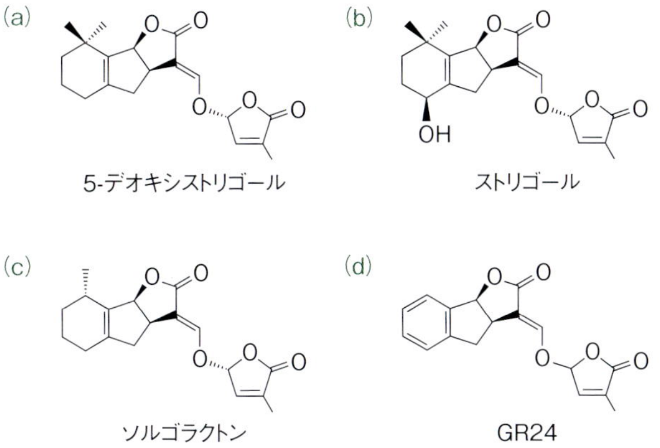

図 9・22　ストリゴラクトンの構造
(a) はミヤコグサ，(b) はワタ，(c) はソルガムから，それぞれ単離された物質。(d) は合成ストリゴラクトン。(文献 B8 より)

strigolactone である（図 9・22）。ストリゴラクトンは，植物によってその構造が少しずつ異なる。寄生植物のうちでも，根に寄生する植物は，このストリゴラクトンを検知すると，その発芽を促進することも知られている。また，ストリゴラクトンは植物成長制御物質としても働き，オーキシンと同様，腋芽形成を阻害することが知られている。

9・10　植物の調節系と成長制御物質のまとめ

　古典的な植物ホルモンの枠を越えて，さまざまな物質が，植物細胞間ばかりでなく，病原微生物や共生菌，環境細菌との間でもやりとりされ，それが植物の成長を適切に制御している姿が次第に明らかになってきた。制御物質としては，アミノ酸や核酸，あるいはテルペノイドなどに由来する低分子物質ばかりではなく，オリゴペプチド（表 9・2，図 9・20）やタンパク質（図 8・8，図 9・16～18），あるいは RNA までもが細胞間を移動して，細胞間コミュニケーションを行っていることがわかってきた。そのあるものは師管を通って，また別のあるものは細胞間連絡を通って移動する。あるものは細胞核に直接働きかけ，別のものは細胞膜上の受容体を介して，細胞内にシグナルを伝達する。問題 3 でも述べるように，こうした多様なシグナル伝達系は，それぞれの目的に適した形になっていることに注目すべきであろう。いままでは植物のシグナル伝達に関してほとんどわかっていなかったため，この分野の学習がホルモンの名前を覚えるだけになっていたように思われる。しかしこれからは，それぞれのシグナル伝達系がシステムとして実際にどのように機能し，どのようにうまく細

胞や植物の機能を調節しているのかを理解できる段階になったはずである。いまはまだ物質や受容体などの名前であふれているシグナル伝達の分野が，暗記物から考える科学に脱皮する日が近いと期待している。

問　題

1. 植物成長制御物質のシグナルが細胞内で伝達されるしくみを分類し，シグナルがそのまま増幅されて伝えられるタイプと，阻害が解除されるタイプに分けよ。

2. 植物成長制御物質を，以下の物質群に分類せよ。
アミノ酸関連物質，核酸関連物質，テルペノイド，オリゴペプチド，脂肪酸関連物質，その他。

3. シグナル伝達には，大別して二通りある。シグナルを大きく増幅するしくみと，定常状態を維持するしくみである。たとえば，オーキシンのシグナル伝達は，ARF と AUX/IAA が同時に合成されている状況を考えると，常にオフの状態を維持している。オーキシンが入力されると，その分に応じて阻害が解除されてシグナルが伝達される。これに対して，二成分制御系を使う場合には，シグナルはキナーゼとリン酸基の転移により増幅される。WUS と CLV3 のシグナル伝達のように，負のフィードバックループを作っている場合もある。これらの異なるシグナル伝達方式が使われているのには，それぞれどのような意味があると考えられるか。考察せよ。

課　題

　根粒を観察してみよう。春先に，田んぼや草原に生えているマメ科植物を丁寧に引き抜いて，その根を観察してみよう。赤い色をした粒がついていないだろうか。可能なら，根粒を取り出し，薄く切って，顕微鏡で観察してみよう。

第10章

環境応答
― 感度良く着実に ―

植物は，季節の変化に合わせて，その成長の仕方を変化させるが，その際，自分自身がもつ内在性の時計と，光の周期とを合わせて，日長を判定している。そのほかにも，成長のさまざまな局面で，植物はさまざまな色の光情報を利用している。環境応答としてはこのほかに，温度や感染に対する応答も重要である。本章では，環境に対する植物の応答のしくみと意義を解説する。

10・1 屈性と傾性

光に対する植物の応答の代表的なものは，光に向かって成長することであろう。図 10・1 には，トウモロコシの黄化芽生えが，青色の光に向かって成長するようすが示されている。植物の**光屈性** phototropism（屈光性ともいう）には，青色の光が有効で，他の色は効果がない。青色の光は，後に述べる**フォトトロピン**によって吸収されて，シグナル伝達が起こる。その結果，オーキシンの分布が不均等になり，光から遠い側の組織が**偏差成長**することにより，芽生えが光に向かって成長することになる。偏差成長を起こす場所は，芽生えの先端ではなく，少し下の伸長帯である。なお，トウモロコシの芽生えでは，伸びている部分が子葉鞘であるが，マメ科植物の芽生えなどの場合には，胚軸が偏差成長を行い，光に向かって成長する。

図 10・1　黄化トウモロコシ芽生えの光屈性
（関根康介氏提供）

このように，刺激を受けたときに，その方向または逆の方向に成長する場合，**屈性** tropism と呼ぶ。方向に関しては，90度など他の角度ということもあり得るので，要するに，刺激の方向に依存した方向性をもつ運動が起きるときに，屈性と考えればよい。重力刺激に対する屈性は**重力屈性** geotropism（屈地性ともいう）と呼ばれる。重力に対する応答は，茎と根では逆になっている。根の先端にある**コルメラ細胞**（8・4節）には，大きなデンプン粒を含む**アミロプラスト**があり，これが重力に応じて，細胞の中での位置を変えることにより，重力の方向が感知され，結果として，根は重力の方向に成長する。茎の場合，内皮細胞に含まれるアミロプラストが重力に応じて細胞内の局在を変え，それが刺激となって重力とは逆の方向に成長が起きると考えられている。

屈性とは異なり，刺激の方向と関係なく反応が起きる場合，**傾性** nasty と呼ぶ。すでに図1・5で紹介した葉の就眠運動もこれにあたるが，就眠運動には概日リズムも関わっている（10・6節参照）。光による植物の運動でも，エンドウの黄化芽生えの先端屈曲部が光を受けるとまっすぐに伸びる現象（図2・10）などは，光の向きとは関係ないので，光傾性である。傾性を与える刺激には，温度などもある。朝にはしぼんでいたチューリップの花が昼間に開き，夜になると閉じる場合などが，この例である。

単細胞藻類は光に向かって運動することが知られており（図1・6），これを**光走性** phototaxis（走光性とも呼ばれる）と呼ぶ。負の光走性も知られており，それは非常に強い光に対して逃げる反応である。クラミドモナスの光走性では，緑色の光が有効である。チャネル型ロドプシンが光受容体となり，光刺激に応じて細胞膜を介した Ca^{2+} の輸送が起こり，それによる膜電位がべん毛まで伝達されると考えられている。なお，ヒトの網膜にあるロドプシンもレチナールを含む色素タンパク質だが，シグナルがG-タンパク質を介して出力される点で，少し異なる。また，眼点を1個しかもたないクラミドモナスが光の方向を感知するしくみとしては，細胞が回転しながら泳ぐことが重要である。カロテノイドを含む眼点が上記の光受容体の脇に位置しているため，光を横から受けると，その向きにより，光受容体に光が当たらなくなる。細胞の回転にあわせて周期的に遮光されることにより，光の方向がわかると考えられている。横から来る光の前で，自分でぐるぐる回ってみると，その状況がわかるだろう。

10・2 調節的に働く光

光は成長や運動を調節するだけでなく，植物細胞の分化のスイッチや，光周性のセンサー，概日リズムのリセットスイッチとしても機能している。

10·2 調節的に働く光

　古くから知られた現象に，**光発芽** photogermination がある。レタスの種子は非常に小さく，脂肪を蓄積している。ひとたび発芽すれば，その脂肪分を使って，根と芽を伸ばしてゆく。しかし伸びる長さには限度があるので，土の中深いところにある種子が発芽しても，地上まで伸びる前に栄養がなくなってしまう。光発芽は，こうした小型の種子が，発芽してもよい条件にあることを感知するしくみである。光発芽では，**赤色光**（R：red）が効果的である。短い時間でも赤い色の光を受ければ，発芽が起きる。ところが，赤い色の光をあててすぐ，もう少し波長の長い**遠赤色光**（FR：far-red。昔は近赤外光といった）をあてると，発芽しなくなるのである。さらに不思議なことに，この2種類の光の効果は可逆的で，最後にあてた光の種類によって，最終的な発芽率が決まる。表 10·1 は，この現象を最初に報告した論文のデータである。FR による抑制が少ないが，その後の研究で，種子の条件や光の波長を微調整することにより，もっと明瞭に可逆性が見られている。モデル植物であるシロイヌナズナでも，同様のことは観察可能であるが，多量の栄養分を蓄えている豆類の種子では，光発芽は見られない。この発芽抑制はアブシシン酸によるもので，光シグナルによってジベレリンの合成が盛んになることによって，発芽抑制の解除が起きると説明されている。種子をよく洗ってアブシシン酸を除去するか，多量のジベレリンを投与すれば，光とは関係なく発芽するようになる。

表 10·1　レタスの光発芽に対する光の効果

光処理	発芽率（%）
暗黒	8.5
R	98
R→FR	54
R→FR→R	100
R→FR→R→FR	43
R→FR→R→FR→R	99
R→FR→R→FR→R→FR	54
R→FR→R→FR→R→FR→R	98

レタスの種子を暗所で水につけ，湿ったペーパータオルに載せて，暗所20℃で保存する。吸水開始16時間後に，短い光を照射し，再び暗所において，約1日後に発芽が起きているかどうかを数える。現象としては，発芽するかしないかのどちらかであるので，発芽率は，発芽した種子の割合を示す。R は赤色光（約 580 から 680 nm，現在では 660 nm が使われる）1分間，FR は遠赤色光（700 nm 以上，現在では 730 nm が使われる）4分間の光照射を示す。（文献 6 より）

　光発芽と並んで，植物に対する光の効果を示す代表的な現象が，**光周性** photoperiodism と呼ばれるものである。代表的な例は，アサガオ（この目的によく使われる品種はムラサキで，市販されている種子で同じになるとは限らない）の花芽ができる現象である。アサガオは**短日植物** short-day plant で，一日の日長が短くならないと，花芽をつけない。夏至を過ぎて，日長が短くなってくることで，茎頂分裂組織が葉を作るのをやめて，花芽を作るように変化する。じつはアサガオは，日長（昼の長さ）を測っているのではなく，夜の長さを測っている。そのため，夜の真ん中で短い時間でも光をつけると，長い夜と感じなくなる。この光の効果を**光中断** night break と呼ぶ（図 10·2）。光中断に有効な光は，赤色の光（R）で，この効果は，続けてあてる遠赤色光（FR）によっ

0	12	24時間	短日植物	長日植物
			＋	－
			－	＋
			－	＋
			－	(＋)

↑光中断

▢ 明期　■ 暗期　　＋ 花芽がつく　－ 花芽がつかない

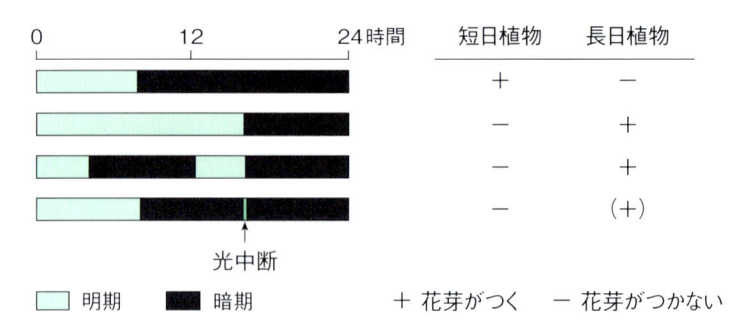

図10・2　花成に対する光中断の効果
短日植物では，日長が短いと花芽をつける。明期が離れていても花芽がつかないので，連続した暗期が重要であることがわかる。とくに，光中断と呼ばれる短時間の光照射でも，連続した暗期を分断することにより，花成を阻害することができる。花芽をつけるのに必要な最短の暗期の長さを限界暗期と呼ぶ。長日植物は，日長が長いと花芽をつける。光中断は赤色光で起き，遠赤色光で抑制されるので，これにはフィトクロムが関わっていることがわかる。（文献 B30 より）

て打ち消され，また花芽がつくようになる。RとFRの効果は可逆的で，この状況は光発芽の場合とよく似ている。こうして，RとFRにより相互に変換する光受容体が存在しているのではないかという考えが生まれ，フィトクロムの発見につながった。

10・3　フィトクロム

　植物の光シグナル受容色素として最初に発見されたのが，**フィトクロム** phytochrome である。分子量約12万の大きなタンパク質で，発色団として，**フィトクロモビリン**と呼ばれるビリン色素が，特定のシステイン残基にチオエーテル結合している。色素結合ドメインは，さまざまな生物のフィトクロムや関連タンパク質で保存されており，GAFドメインと呼ばれている。660 nm の波長をもつ赤色の光を受けると，赤色光吸収型（Pr）から遠赤色光吸収型（Pfr）への変換が起きる[*1]。これらの二つの型の吸収極大はそれぞれ，660 nm と 730 nm である（図10・3）。730 nm の波長をもつ遠赤色光を当てると，Pfr は Pr へともどる。このように，2種類の波長の光に対して可逆的に変換を行うことがフィトクロムの大きな特徴であり，光による生理反応がフィトクロムに依存しているのかどうかを判断する場合，光可逆性に基づくことが多い。この変換反応では，発色団の Z 型から E 型への構造変化が起きる（図10・4）。Z 型や E 型という表現は有機化学で出てくるものなので，なじみがないかもしれない。高校の化学で教わるシス型とトランス型の異性化に相当するとしてイメージすればよい。

＊1　フィトクロムの赤色光吸収型と遠赤色光吸収型の名称は，最初は P_{660} と P_{730}，あるいは P_R と P_{FR} などと書かれた。最近では簡単のためであろうか，rと fr を小文字にし，下付きにせずに，Pr と Pfr のように書くことが多い。

10·3 フィトクロム

図 10·3　フィトクロムの吸収スペクトル
最初に暗所で合成されるフィトクロムは，Pr 型である。約 660 nm の赤色光を照射すると，Pfr 型に変換されるが，変換が完全ではないため，実際には，Pfr に Pr が混ざったようなスペクトルになる。図の Pfr 型のスペクトルは，実測スペクトルから計算で求めた仮想的な Pfr 型のスペクトルである。Pfr 型に遠赤色光をあてると，Pr 型に戻る。（文献 B30 より）

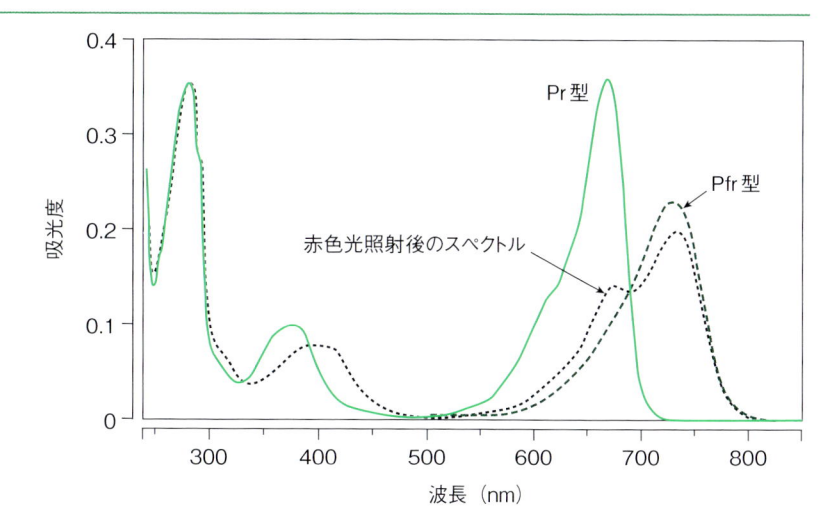

図 10·4　フィトクロムの光変換反応
Pr 型が赤色光を受けると，発色団の C 環と D 環との間で，二重結合の異性化がおき，中間体を経て Pfr 型に変わる。Pfr 型に遠赤色光をあてると，発色団が異性化してもとの形に戻り，Pr 型となる。（文献 B30 より改変）
発色団の構造変化がどのようにして，タンパク質の構造変化に結びつくのかについて，*Deinococcus* という細菌がもつフィトクロムについて，X 線構造解析と X 線小角散乱実験が行われた。その結果，発色団が異性化すると，tongue と呼ばれるタンパク質の一部の構造に変化が伝わり，それにより，二量体の分子全体の構造が，「閉じた」形から「開いた」形に大きく変化することがわかった（文献 68）。

　植物のフィトクロムには複数の種類が知られており，シロイヌナズナの場合，PhyA, B, C, D, E の 5 種類が存在する。PhyA は暗所で大量に蓄積するもので，初期のフィトクロム研究では，エンドウやマカラスムギなどの**黄化植物**に蓄積する PhyA が精製され，詳しく研究されてきた。とくに，光照射後 5 分程度の短い時間から，この PhyA タンパク質と *phyA* mRNA の著しい減少が見られるため，光応答のモデルと見なされたこともある。しかし現在では，光応答において重要なのは，明所で育てた緑色の植物に存在する PhyB であると考えられており，これが *phyA* の発現制御も行っている。PhyC, D, E の詳しい機能は，明らかにされていない。
　フィトクロムの光可逆的な作用では，Pfr が活性型と考えられており，ここ

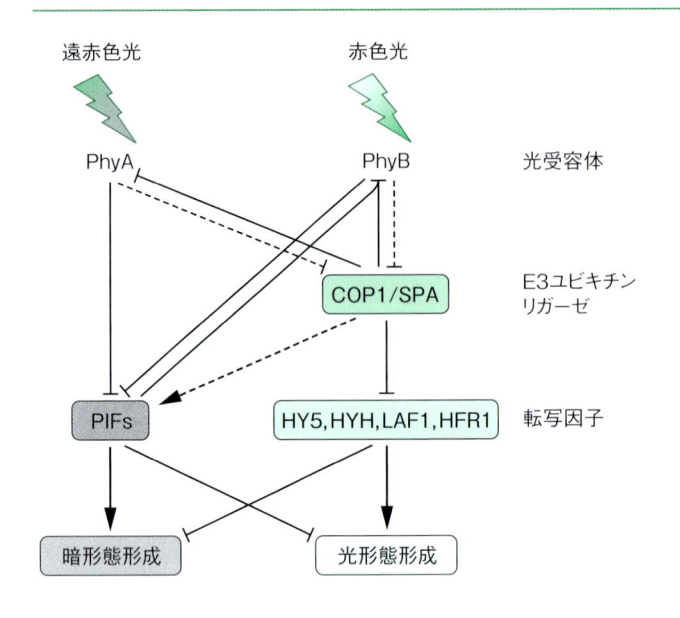

図 10・5 フィトクロムによるシグナル伝達
フィトクロムの作用は多岐にわたるが，ここに示すのは，2種類のフィトクロムにより，光形態形成と暗形態形成が調節される大まかな模式図である。COP1/SPA はユビキチンリガーゼという酵素で，標的タンパク質にユビキチンを結合させ，分解に導く（先がT字型の抑制矢印）。その作用により，さまざまな抑制的な（抑制矢印で示される）転写因子が分解され，その結果，転写活性化が起きる。左上には遠赤色光が PhyA にシグナルを伝えるように書かれていて，疑問に感じるかもしれない。フィトクロムによる反応には，HIR (high irradiance response 強光反応) や VLFR (very low fluence response 超弱光反応) と呼ばれるものもあり，これらの場合，光可逆性はなく，遠赤色光が働く。（文献 22 より）

からシグナルが伝達される。フィトクロムの作用は多彩なので，まだすべての作用機作がわかっているわけではない。図 10・5 に示すのは，暗所と明所における形態形成をフィトクロムが制御するしくみの概略である。PIF タンパク質が，もともと光形態形成に関わる遺伝子の転写を抑制していて，それに Pfr が結合することにより，PIF タンパク質を不活性化するというモデルである。転写制御因子としての PIF の役割を疑問視する考え方も提出されたが（文献 61），最近の考え方では，転写抑制因子である PIF を Pfr が分解に導くとされているようである（文献 22）。

細胞内の作用機構が依然として不明確であるものの，植物の生態におけるフィトクロムの意義は重要である。とくに，ほかの植物に覆われた下草が受ける光には遠赤色光が多く含まれるので，植物にとって，自分がひかげにいるのか，ひなたにいるのかを判断する際に，フィトクロムを利用していると考えられている。すでに述べたように，栄養分をあまりもたない小型の種子では，地上に近いところにいなければ，発芽しても，地上まで芽を伸ばしきれないので，フィトクロムを介した光発芽の性質は，死活問題ということができる。さらに，主に短日植物の花芽形成における夜の長さの計測には，後で述べる概日リズムとフィトクロムが関わっていると考えられる。このように，フィトクロムは，植物の成長の重要な局面で，スイッチとして機能している。

10・4 青色光受容色素

植物の形態形成の制御に働く光としては，青色光も重要である。図 10・1 に示した光屈性に関わるのは，**フォトトロピン** phototropin と呼ばれる，青色光を吸収する色素タンパク質である。**FMN** が発色団として結合している。FMN が結合しているタンパク質ドメインは，さまざまな植物のフォトトロピンや関

連タンパク質で保存されており，LOVドメインと呼ばれている。FMNが光によって還元されて，タンパク質内のシステイン残基と可逆的に結合する（図10・6）。光を受けるとこのタンパク質が自己リン酸化することまでは知られているが，まだ細胞内でリン酸化されるターゲットはわかっていない。フォトトロピンは，光の強さに依存した葉緑体定位運動の制御に関わっていることも知られている。

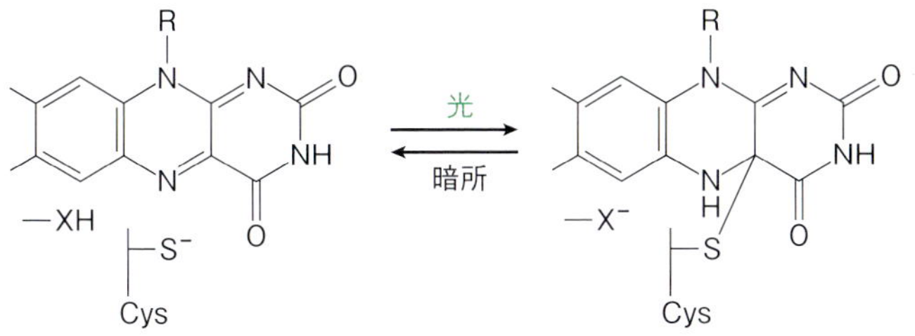

図 10・6　フォトトロピンの発色団の構造

もう一つの青色光吸収色素が，**クリプトクロム** cryptochromeである。クリプトクロムは動物にも存在して，概日リズムの制御に関わっていることが知られている。クリプトクロムとよく似たタンパク質に，**光回復酵素** photolyaseがある。どちらも **FAD** とプテリン・メチルテトラヒドロ葉酸を発色団として含んでいる。光回復酵素は，紫外線によって生じたDNA上のチミンダイマーを，可視光のエネルギーを利用して，もとに戻す酵素であり，あらゆる生物に存在する。クリプトクロムには光回復酵素としての作用はなく，詳しい光受容のしくみはまだ明らかにされていない。

クリプトクロムによって制御される反応としては，芽生えの胚軸の伸長（光があると短くなる），子葉の展開，膜の脱分極，葉柄の伸長，アントシアンの合成のほか，概日リズムの制御がある。クリプトクロムにはCRY1，CRY2の2種類があり，それぞれに機能分担が行われている。どちらもフィトクロムと相互作用してリン酸化されることが知られているが，詳しい作用機構はまだ明らかにされていない。

10・5　気孔開閉の調節

植物の葉における気孔開閉は，光と成長制御物質の両方によって調節されている。光合成をするとき，光があれば気孔は開き，二酸化炭素を取り入れる。乾燥しているときには気孔を閉じて，水分が失われるのを防ぐ。気孔を開閉するのは，孔辺細胞の膨圧による。孔辺細胞の細胞壁は，気孔に面する部分だけ

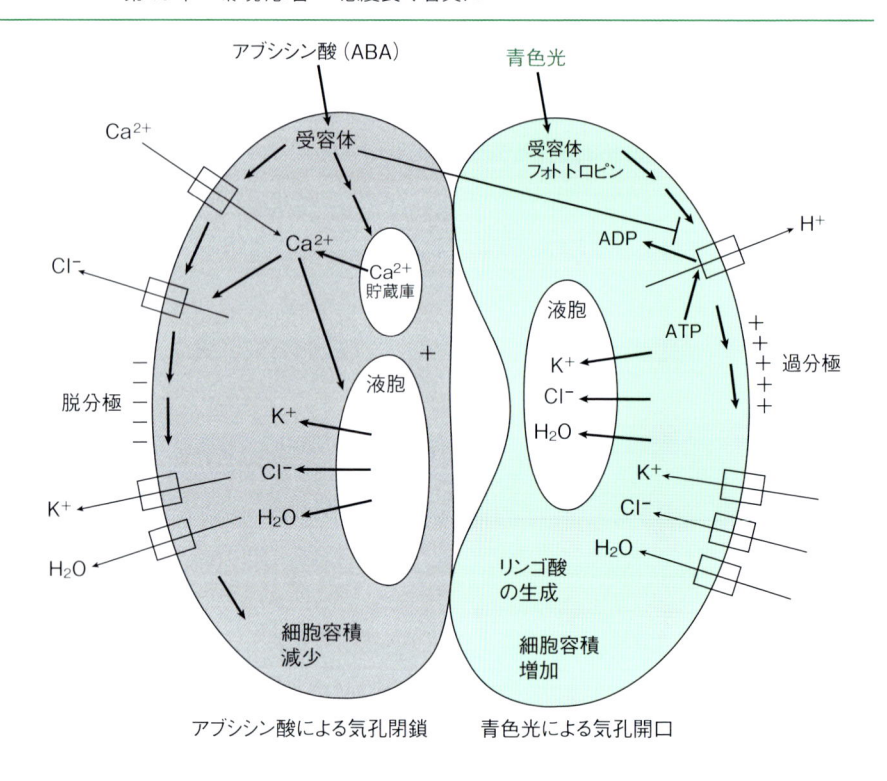

図 10·7　アブシシン酸と青色光による気孔開閉制御の概念図
（文献 B16 より）

が分厚いので，膨圧で膨らむと，自然に曲がった形となり，気孔の部分がすき間となる．膨圧の調節はイオンの輸送によっている．それを支配するのが，アブシシン酸とフォトトロピンである（図 10·7）．図は少し古いモデルで，これに加えて 9·2 節にも述べたように，アブシシン酸が PYR/PYL/RCAR を介して，陰イオンチャネルを開くことなどにより，気孔を閉じると考えられている．

10·6　時間を計るしくみ

生物には，一日を周期としたリズムがあり，**概日リズム** circadian rhythm と呼ばれている（circa は「だいたい」，dies は「日」を意味するラテン語である）．昔は，細菌には概日リズムがないと思われていたが，遺伝子発現などを指標にすることで，多くの生物が概日リズムをもつことが判明した．概日リズムを成立させるには，ある一定の時間で周期的に動く時計と，それを一日の明暗周期に同期させるスイッチが必要である．哺乳類や昆虫，植物や細菌のそれぞれが，まったく異なるしくみをもっていることが次第にわかってきた（文献 B14）．

図 10·8 に示すのは，植物がもつ概日リズムの概念図である．内在性のリズムを測定するため，特定の遺伝子のプロモーターに，**ルシフェラーゼ遺伝子**

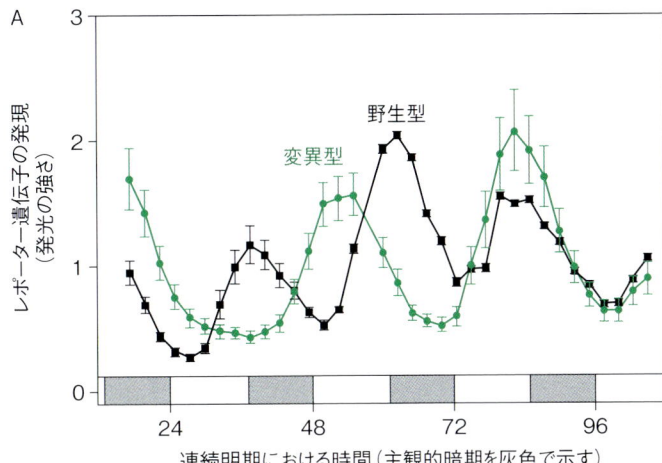

図10·8 植物における概日リズムのしくみ
Aは，野生型の植物と変異型の植物における遺伝子発現リズムを示す。主観的暗期は，連続明期に移す前の明暗周期がそのまま続いていたとしたときの暗期に相当する時期を指す。Bは，概日リズムのしくみの概念図を示す。CRYとPHYは，それぞれ，クリプトクロムとフィトクロムを指す。その他は，本文参照。*CCGs*は概日リズムを出力する遺伝子を指している。(Aは文献10, Bは文献13より)

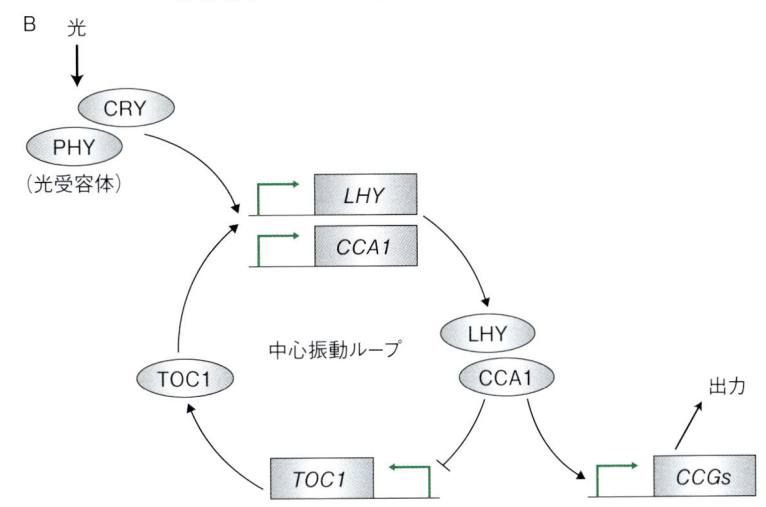

luciferase gene をつないだものを導入してある。ルシフェラーゼはATPを利用して化学発光を行うので，植物が生きたままの状態で，発光強度を測定することにより，内在性の遺伝子発現のようすを知ることができる。通常の明暗周期で育てた植物では，一日の周期にあわせて，光合成関連の遺伝子などの発現が高くなったり低くなったりする。つまり夜明け前になると，そろそろ夜が明けることを見越して，光合成をする準備が始まる。夕方になると，光合成をやめる準備が始まる。このようにして，植物体全体の生理状態をできるだけ最適なものに保つのである。

さて，図10·8A では，野生型の植物におけるリズムが，明暗周期をなくした連続光のもとでも，しばらくは継続することが示されている。ある変異体では，この周期が伸びている。このような周期に異常をもつ変異体や，光によるリセットができない変異体などが単離され，それぞれの原因となる遺伝子が特

定されてきた。その結果，*LHY*（*LATE ELONGATED HYPOCOTYL*）と *CCA1* という二つの遺伝子が，*TOC1* と組になって，中心振動子を構成していることがわかってきた。つまり，*LHY* や *CCA1* は *TOC1* の発現を抑制するが，*TOC1* は *LHY* や *CCA1* の発現を促進する。そうすると，この遺伝子発現系は，発現が上がったり下がったりという振動を示すのである。実際にはもっと多くの遺伝子がこれには関わっていて，非常に複雑な制御システムを作り上げている。朝がくると，一日の始まりを光によってリセットするが，その光受容体は，フィトクロムやクリプトクロムと考えられている。さらに不思議なことは，こうしたリズムが，個々の細胞というよりも，植物体全体や器官全体で成り立っていることである。さきに述べた光周性では，葉全体が光を受ける。一つの考え方としては，図10・8B に示すような振動現象は，それぞれの細胞で行われているとしても，多くの細胞の振動が，全体として互いに関連し，全体として同調しているのであろうということである。

10・7　暑さ・寒さ・乾燥などのストレスに耐える

　植物は高温にも低温にも耐えながら生きている。乾燥や強光なども大きなストレスとなる。たとえば，夏の日中の直射日光は非常に強く，アスファルトの表面を 70℃くらいにもしてしまうが，植物の葉は蒸散のしくみをもつおかげで，適度な温度を保つことができる。高温の悪影響としては，ほかの生物と同様，タンパク質の変性などが考えられ，それを防ぐための**熱ショックタンパク質** heat shock proteins は，植物でも高温により誘導合成される。これについては一般の生化学で扱われるので，ここではこれ以上触れない。

　乾燥ストレスに対する対処法としては，気孔を閉じるということが，まず考えられる。これによって水の過剰な蒸散を防ぐことができる。それに加えて，乾燥によって誘導されるさまざまな遺伝子があり，それによって，乾燥に対する一連の馴化応答が起きる。その中には，アブシシン酸を介したものもあるが，そうでないものもあるようである。シロイヌナズナなどをモデルとして，さまざまな乾燥誘導遺伝子の研究が行われている。

　強光ストレスは，主に光合成装置の維持と関係している。非常に強い光が当たると，光化学系Ⅱが分解され，それを修復するしくみが働く。とくに光化学系Ⅱの反応中心を構成する D1 タンパク質（6・4・2 項参照）が分解され，交換される。そのため強光下では，*psbA* 遺伝子（表 12・1）の発現も高まる。光化学系に吸収された過剰な光エネルギーは，さらに，葉緑体の内部で活性酸素という形で酸化ストレスを生み出す。これを防ぐためのしくみについては，

12·5節で説明する。

冬の寒さに対しては，さまざまな対応のしかたがある。一年生草本は種子をつけて，植物体は枯れてしまう。落葉樹は葉を落とす。しかし，これらどちらの場合にも，もともと葉がもっていた体の成分は大部分回収され，種子や幹や根に蓄えられる。その制御を行うのが植物成長制御物質である。これに対し，常緑樹や多年生草本は，真冬にも葉を維持している。蔵王の樹氷は有名であるが，トドマツなどの木々は，葉をつけたまま雪に覆われて越冬する。冬も葉をつけておく理由としては，春になって新たに葉を作るためのコストに比べて，何とか冬の間も葉を維持しておく方がコストが少ないことが考えられる。冬にも光合成を行うことができれば，なおさら葉を維持するメリットがあるが，補償点以上の光合成はあまり期待できないようである。逆に，落葉する理由は，葉が低温によって傷害を受けるリスクが高まり，細々と光合成を維持したり，葉の組織を維持したりするメリットを上回るためであると考えられる。したがって，厳冬下で光合成を続けるには，特別なしくみが必要である。

低温によって引き起こされる問題は，おもに二通りある。凍結を伴う傷害と，凍結しない低温による傷害である。非凍結温度における**低温傷害** chilling injury では，生体膜の**相転移** phase transition と呼ばれる現象が起きる（図10·9）。脂質分子が整列して，結晶に近い状態（ゲル相）になる。これにより膜の透過性が高まり，細胞内のイオンや低分子物質が流出してしまう。低温に

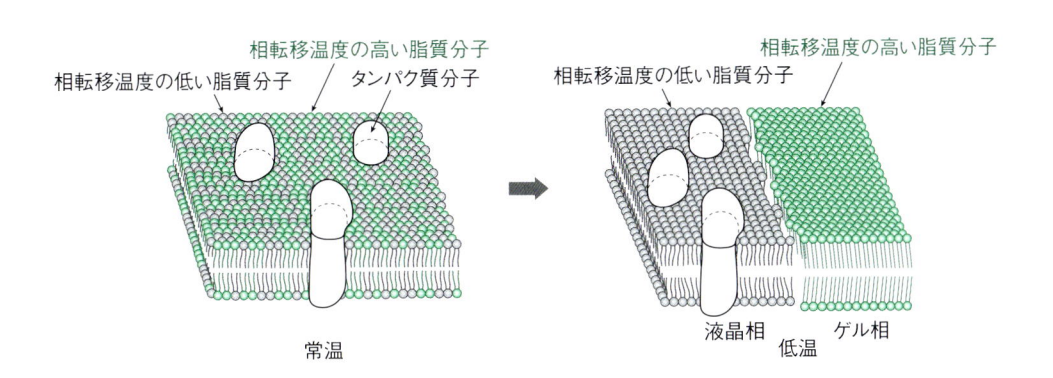

図 10·9 生体膜の相転移
膜脂質の相転移現象では，脂質分子の集合状態が変化する。一種類の脂質分子が集まっている場合，ある温度を境に，それより高温では，脂肪酸部分の運動性が高まり，脂質分子が動きやすい液晶状態になる。逆に低温側では，脂肪酸部分が硬直したゲル状態となる。相転移温度の異なる脂質分子種が混合し，さらに膜タンパク質が埋め込まれている場合，ある温度を境に，低温側では，相分離が起こり，ゲル化しやすい分子種が集まった領域が作られ，より流動性の高い脂質分子が作る液晶相部分に，タンパク質が濃縮される。生体膜が相分離状態になると，イオンや溶質の透過性が高まり，膜電位を維持できなくなり，さらに，膜タンパク質の機能も阻害される。（文献 B16 より改変）

強い植物では，同じ低温でもゲル相ができにくい。それは，膜脂質の構成成分に不飽和脂肪酸が多く含まれるなどの理由による。不飽和脂肪酸の役割は，サラダ油など不飽和脂肪酸を多く含む油脂は冷やしても固まらず，ラードやヘッドなど飽和脂肪酸を多く含む油脂が常温でも固まっていることからもわかる。ただし，生体膜は多種類の脂質分子とタンパク質が混ざった複雑な組成をもつため，不飽和脂肪酸の含量だけで，ゲル化する相転移温度が決まるわけではないことにも注意が必要である。

低温に耐える植物の場合，植物が氷に包まれていても，細胞内の水が凍らない限り，生き延びることが可能である。細胞内の水が凍ると，細胞膜が破壊されたり，細胞質の水がなくなったりするために，細胞の生存はできなくなる。これに対し，細胞外の水が凍結すると，細胞内から水分を穏やかに奪うことにより，細胞内の水の凝固点降下がより大きくなり，凍結を防ぐことができる。北海道や高山の森林は，このようにして，氷雪に覆われながらも，細胞の生存を保つことができる。なお，あらかじめ凍結しない程度の低温にさらされると，凍結傷害を受ける温度がさらに下がるという**馴化** acclimation が知られている（「馴」という文字は「なれる」という意味だが，常用漢字としては「順化」を使う。「順」は「したがう」という意味である。本書では馴化で統一する）。同様のことは，穏やかな高温処理による熱ショックタンパク質の誘導に基づく高温耐性馴化でも見られる。

凍結を防ぐためには，適合溶質と呼ばれる糖や多価アルコールまたはプロリンなどの蓄積が有効である。これらの物質は，凝固点を下げるばかりでなく，氷の結晶ができはじめるのを抑制する。魚類などでは，やはり氷の結晶核の形成を防ぐ凍結防止タンパク質が知られている。低温馴化の過程では，貯蔵物質の分解により，適合溶質を蓄積することが考えられる。このほか，凍結耐性を高めるとされるタンパク質をコードする遺伝子も同定されている。

10・8　生物的ストレスへの応答

実はこれまで述べてきたのは，すべて物理的な環境であった。生物にとっての環境ストレスには，**生物的ストレス** biotic stresses と**非生物的ストレス** abiotic stresses がある。本章の最後に，生物的な意味での環境やストレスについて，簡単に紹介する。

植物にはたくさんの細菌が共存している。これらを**常在菌**と呼ぶ。植物の表面にいるものを**エピファイト** epiphyte，内部に入り込んでいるものを**エンドファイト** endophyte と呼ぶ。これらの常在菌は，通常の生育条件下では，植

物に対する明確な影響を示さないことが多いが，最近の研究により，植物の生育を促進する微生物がいることがわかりはじめている．根粒菌やリゾスフェアを構成する微生物群も，植物の生育に影響を及ぼす．これら全体が植物にとっての生物的な環境を作っていると見なすことができる．

生物的ストレスとしては，感染が代表的である．病原体としては，菌類，細菌，ウイルスなどがある．このほかに昆虫などによる食害もある．昆虫にかじられた葉の細胞からは，システミンと呼ばれるペプチドが放出され，それが細胞膜の受容体に反応すると，ジャスモン酸(9・2節)の合成と放出が促進される．ジャスモン酸は，植物体全体に広がって受容体を活性化する．その結果，全身でタンパク質分解酵素の阻害タンパク質が作られ，それ以上の食害を抑制する．これは**全身性防御** systemic defense と呼ばれる．

病原体は，常在菌とは異なり，植物細胞に外から侵入してくるものである．その場合，病原体が侵入したことは，微生物の体の成分の一部が**エリシター** elicitor となって，植物側の受容体に結合することで，感知される（図10・10）．エリシターは一般に，植物に防御応答を引き起こさせる物質のことを指す言葉である．植物体全体をまもるために，感染した植物細胞は過敏感反応を起こして，自ら細胞死を行い，同時に，感染が生じたというシグナルを，

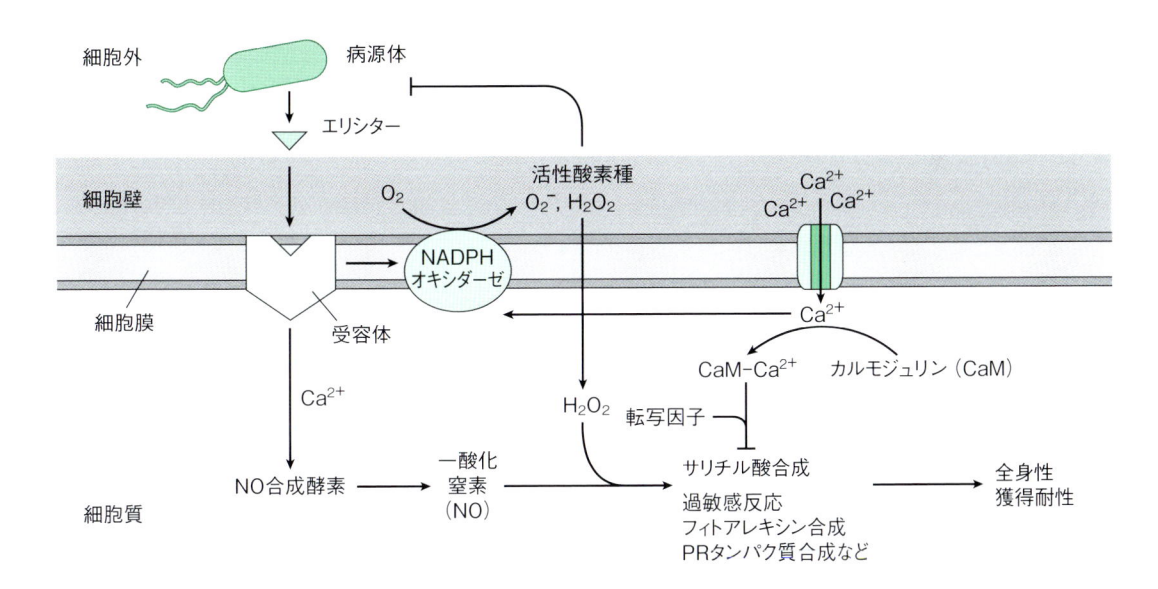

図 10・10　病原菌に対する防御のしくみ
　病原体から放出されるエリシターに反応して，細胞内ではシグナル分子である一酸化窒素が合成される．また，NADPHオキシダーゼが活性化されて，過酸化水素やスーパーオキシドなどの活性酸素種が作られる．これらのシグナルにより，過敏感反応が引き起こされる．これとは別にカルシウムイオンの流入も起こり，いくつかの反応を引き起こすが，一方で，カルシウムはサリチル酸合成を阻害する．こうしたこと全体により，全身性獲得耐性が生まれる．（文献 B6 より）

植物体全体に送る。第8章に挙げたサリチル酸は，このような全身性防御に関わると考えられている物質である。また，**フィトアレキシン** phytoalexin と呼ばれる抗菌物質を生産する。フィトアレキシンはさまざまな二次代謝産物で，植物ごとに異なっている。細胞内では，PRタンパク質（PR は pathogenesis-related「病原性に関連した」の意味）と呼ばれるいろいろなタンパク質が作られ，この一部は，細菌の細胞壁を分解する作用をもつ。

10・9　環境応答の多様性と「適応進化」

体内の恒常性維持システムをもつ哺乳動物と異なり，植物は温度や光などの非生物的環境条件の変化に直接的にさらされる。とくに光は一種の放射であるので，本来なら傷害を与える可能性もあるが，それを光合成にうまく利用するために，光環境に対するセンシングと応答システムは，植物にとってもっとも本質的である。温度もどうにも逃げられない環境条件であり，植物にできることは，何とか適応して耐えることだけである。逆にそのための応答システムが完備しているともいえる。感染防御は動植物共通の問題だが，そのしくみは動物と植物では大きく異なる。

こうしてみてくると，さまざまな環境応答システムが，いかに巧みに植物の生活に役立っているのかがわかる。その反面，こうした「目的に適った」（合目的的な）システムがなぜ備わっているのか，不思議にも思われる。その鍵は，やはり進化であろう。目的論的に適応進化したというのではなく，たえず変動する環境の中を生き抜いてくる過程で，さまざまな環境応答システムが生まれ，試され，そして改良されてきたのであろう。極限環境に棲む生物の中には，普通とは非常に異なる環境で生きられるものもあるが，反面，環境があまり変動しないため，その環境以外で生きてゆくことができないものも多い。温帯の陸地のように，四季を通じて環境が大きく変わるところでは，植物が複雑な環境適応のしくみを進化させることができたし，そうせざるを得なかったと考えられる。

環境応答は生物学の中でももっとも目的論が入り込みやすい分野である。しかし，完璧にも見える応答システムは，誰かが作ったわけではない。植物の多様化と環境との相互作用の結果として生まれたものであり，それを進化と呼ぶだけなのである。

問　題

1. ある植物の光反応が，どの光受容体によって制御されているのかを調べるには，どのようにすればよいか。代表的な方法を 2 つ以上挙げよ。

2. シロイヌナズナなどの植物は，そのまま− 6℃程度の氷点下の温度にさらすと，凍結し，常温に戻しても枯死してしまうが，低温に馴らしておくと，− 8℃ないし− 10℃程度まで耐えるようになる。このしくみについて，知られていることを調べよ。

3. 店頭で売っているアスパラガスには，緑色のものと白色のものがある。アスパラガスに土をかぶせて完全に覆えば白色になるが，あとで土を取り除く必要があるので，通常は真っ暗なトンネルの中で育てる。あるテレビ放送で，暗黒下で育てるとアスパラガスが白く育つのは，光合成ができないからだと説明していた。農家の人は，白色の LED を使って，手もとだけを照らして作業していた。さて，アスパラガスが白くなる理由として，「光合成ができないためではない」ことを示すには，どのような実験をしたらよいか。また，作業中に使う LED としてはどんな色のものが適していると考えられるか。ところで，店頭に並んでいる白いアスパラガス（あるいは，もやし）には光が当たっているのに緑化が起きないのはなぜだろうか。

課　題

　アズキやエンドウなどの芽生えを暗いところで育てて黄化させ，光をあてたときに起きる現象を観察してみよう。まず，豆を水につけて，数時間から一晩おき，よく吸水させる。次に，種子を土に植え，光が当たらないようにして，5 日ほどおいて発芽させる。あらかじめ水分は十分に与えておく。途中で見るときは，まわりを暗くした上で，緑色のセロファンをまいた懐中電灯などを使って，短時間観察する。あらかじめ，暗いところに目を慣れさせておくと，薄暗くても観察ができる。5 センチメートル程度に胚軸が伸びたら，とりだして，今度は，太陽の光や蛍光灯の光を当てる。植物の種類によって異なるが，数時間から 1 日程度で，緑化が起きる。単に緑になるだけではなく，胚軸先端の屈曲がなくなり，葉が展開するなどの成長反応も起きることに注意して観察すること。異なる色の光の効果を調べることも可能だが，その場合には，暗室の中で実験を行い，セロファンをまいた蛍光灯を用いるなどの工夫が必要である。

第11章

細胞死と分解

― 引き際の美学 ―

植物の一生を考えたとき，いつもいつも細胞を作り続けているわけではない。維管束のうちで，道管は死んだ細胞の細胞壁で作られており，道管形成にはプログラム細胞死が働く。また，秋に枯れる葉からは，有用物質がほかの器官に転流され，再利用されたり貯蔵されたりする。

11・1 プログラム細胞死

すでに生物的ストレス応答でも触れたように，過敏感反応によって細胞死が起きる。これは，外来性の病原生物が原因で起きる反応であるが，正常な植物体の成長過程でも，あらかじめ発達段階に組み込まれた**プログラム細胞死** programmed cell death が起きることがわかってきた。動物細胞でも，**アポトーシス** apoptosis と呼ばれるプログラム細胞死が知られている。似た言葉を使うが，植物細胞の場合には，同じしくみではないので注意が必要である。

11・2 道管の形成

すでに第2章で述べたように，**道管**は，死んだ細胞の細胞壁がつながってパイプ状になったものである。維管束を形成する細胞からは，**管状要素** tracheary element が分化し，細胞死が引き起こされる（図11・1）。

葉肉細胞から管状要素への分化を人工的に引き起こすことのできる実験系が開発されており，その過程が詳しく調べられている。管状要素の形成過程では，**二次細胞壁**の肥厚が起きるが，これは完成後の道管が吸水過程で生ずる大きな圧力に耐えるために必須である。また管状要素は，互いに組み合わさりながら，長い道管を組み立てている。

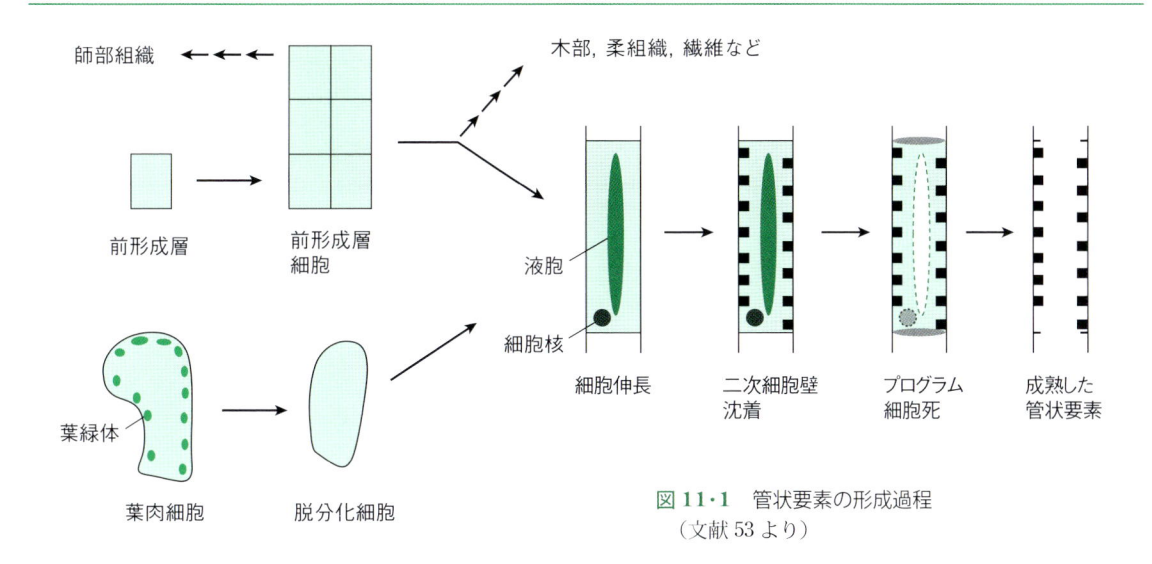

図 11·1　管状要素の形成過程
（文献 53 より）

11·3　老化と落葉

　第 10 章でも述べたように，冬の間に光合成を続けるか，傷害のリスクを避けるかということは，大きな分かれ目である．植物への傷害を最小限にするために，一番弱い器官である葉を落とすのが，**落葉** abscission である．落葉は立派な能動的過程であり，葉が傷んだから落とすのではない．落葉に先立ち，次に述べる**転流**の過程がある．

　図 11·2 に示すように，落葉に先立ち，葉の細胞成分の分解が起き，葉の緑色がなくなる．代表的な街路樹であるモミジバスズカケノキの葉を観察してみると，老化した葉は，見た目は黄色みを帯びた白色になるだけだが，紫外線をあてて観察すると，分解産物によると思われる蛍光が見えることがある．

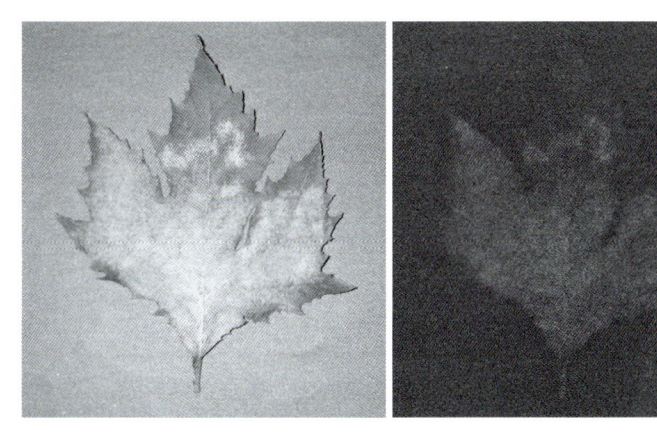

図 11·2　モミジバスズカケノキの葉の老化
　右は 254 nm の紫外線をあてて撮影したもので，白くなった部分の周辺から赤い蛍光がわずかに見える．

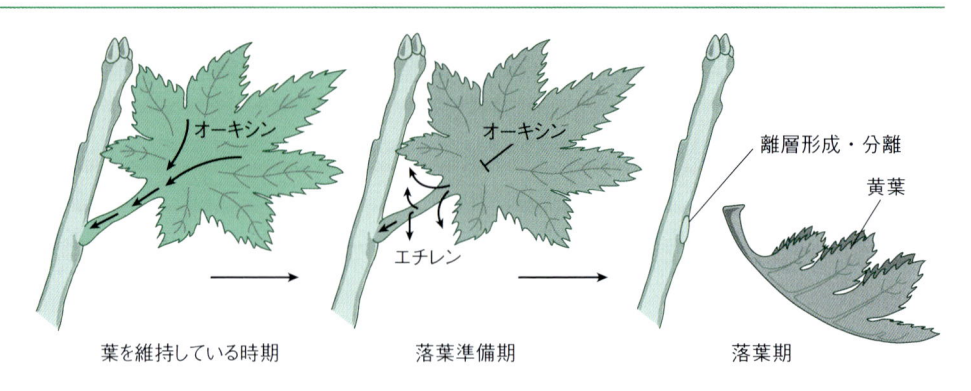

図 11・3　落葉
（文献 B6 を参考に作図）

葉を維持している時期　落葉準備期　落葉期

落葉を引き起こす植物成長制御物質は，エチレンである。オーキシンは抑制的に働く。葉の付け根に**離層** abscission zone が形成され，細胞壁が分解される。自然とその間で分かれることにより，葉が落ちる（図 11・3）。

11・4　転　流

多くの植物は，冬を前にして，自発的に葉を落とし，来るべき冬の寒さに備える。その際，ただそのまま葉を捨ててしまってはもったいない。草本の場合は種子や貯蔵器官に栄養分を蓄え，広葉樹の場合には，栄養分を幹や根に貯める。葉の中には多量のタンパク質やミネラルの栄養分がある。それをできるだけ回収してから，葉を捨てるのである。したがって落葉というのは，高度に組織化された栄養分再配置のしくみと考えることができる。

葉にはまずタンパク質がある。タンパク質が含む窒素源は，地球上で非常に貴重な資源であり，植物は決して無駄に捨てることはない。葉に含まれるタンパク質を分解し，アミノ酸の形にして，他の組織に転流する。**転流** translocation は窒素分に限らない。炭素源は糖の形で転流される（7・6 節も参照）。転流は師管を使って行われる。いろいろな養分をどのようにして適切な組織に振り分けているのかは，まだ完全にはわかっていない。

師管を使った物質輸送のしくみについては，圧流説を第 3 章で紹介した。

師管液の移動に伴うインドール 3- 酢酸（IAA）の輸送速度は，3〜5 cm h^{-1} とされている（文献 51）。師管液に含まれるタン

表 11・1　師管液の成分

物質名	濃度
スクロース	80〜106 mg mL^{-1}
ラフィノース	
スタチオース	
糖アルコール	
アミノ酸	5.2
グルコシノレート	
アルカロイド	
インドール 3- 酢酸	
タンパク質	0.1〜2 mg mL^{-1}
RNA	

濃度が明記されていないものは，存在が知られていることを表す。（文献 52 と文献 B6 より構成した）

パク質やRNAについては，昆虫が汁を吸っている最中にレーザーで口を焼き切る技術を使って，詳しく調べられている（表11・1）。タンパク質としては，PP1 (filament protein)，PP2 (phloem lectin)，RPP13-1 (thioredoxin h)，SUT-1 (H^+-sucrose transporter)，CmPP16などが知られている。RNAとしても，これらのタンパク質のmRNAが知られている。花成ホルモンFTも師管で運ばれる。

11・5　植物体全体を通しての循環

こうしてみると，植物にも循環があることがわかる。師管の流れと道管を通じた水の流れがバランスしていて，それにのって糖分などの輸送が行われている（図11・4）。DinantとLemoine (2010)（文献8）は，植物体全体を通じた物質の分配系によって，植物全体の働きをダイナミックに考えようとしているようにみえる。圧流説については，3・6節で説明したが，図11・4は，糖の能

図11・4　師管を通じた糖類のソースからシンクへの輸送
この図は，師管輸送について新しく提唱されているしくみを示したもので，スクロース（ショ糖）を能動輸送によって師管に輸送しなくても，逆流せずに糖を師管に積み込むことができることを説明している（ポリマー・トラップ説）。プラスモデスマータを通して，伴細胞に移動したスクロースは，さらに糖を付加されて，ラフィノースやスタチオースといった高分子量の糖に変換される。これらの物質は，後戻りできないため，そのまま師管に積み込まれる。師管での糖の濃度が上がると，浸透圧により水が入り，それによって上昇した膨圧により，師管液の輸送が起きる。この後半部分は図3・2と共通である。
PI：半縁膜孔，CC：伴細胞，ME：葉肉細胞，PA：師部柔細胞，PD：プラスモデスマータ。（文献8より）

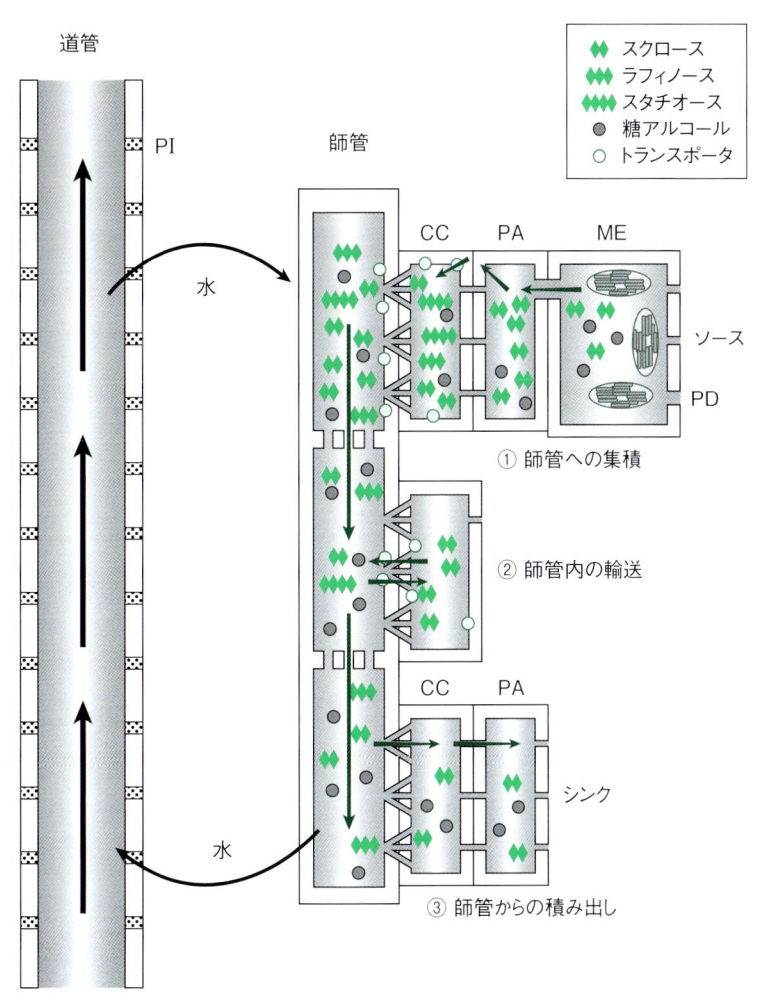

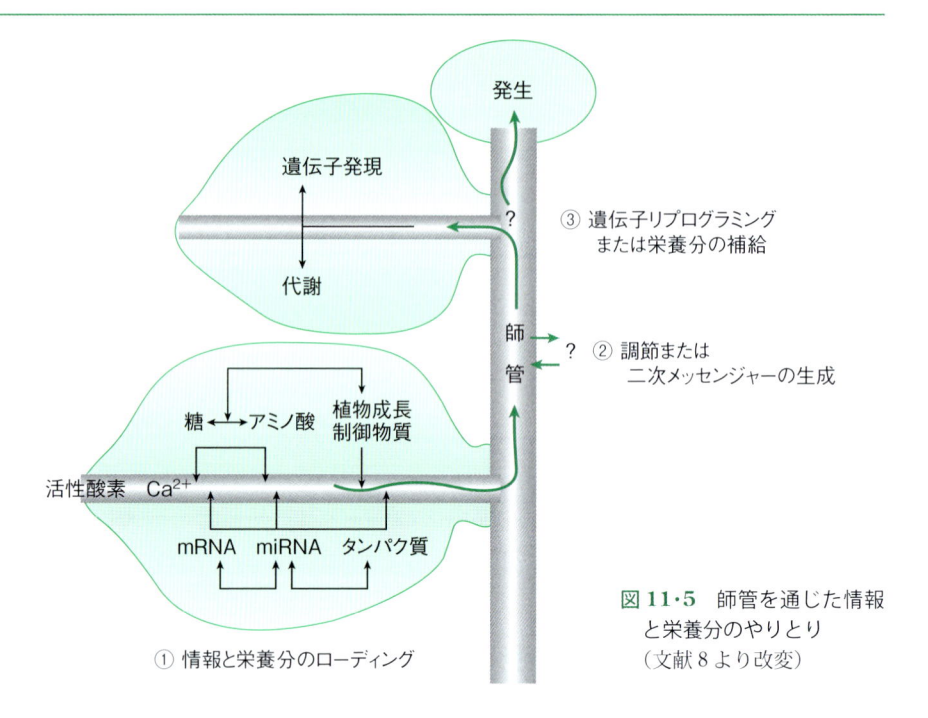

図11・5 師管を通じた情報と栄養分のやりとり
（文献8より改変）

動輸送がなくても師管で輸送ができることを説明する新しい説を説明したものである。また図11・5は，植物体全体を見渡したときの，情報と栄養分のやりとりの流れをまとめたものである。代謝物質だけでなく，成長制御物質，タンパク質，mRNA，miRNAなどが輸送されてシグナルとして働いていることが示されている。

問 題
もういちど，師管を通じたものの輸送のしくみを復習しよう（第3章）。

課 題
1. ダイズなど豆類を育てて，葉の重さ，マメの重さなどを測ってみよう。マメ1粒を作るのには，どのくらいの葉が必要なのだろうか。手近にイネがあれば，部分ごとの重さを測ってみよう。登熟前の種子と熟した種子の重さを比較してみよう。

2. 落葉前の老化葉をみつけて，詳しく観察してみよう。紫外線ランプがあれば，紫外線のもとで写真を撮ってみよう。ただし，保護眼鏡をするなどして，紫外線を目に入れないように注意すること。顕微鏡があれば，老化した部分の細胞を観察してみよう。

第12章

テーマ学習（1）
── 葉緑体を詳しく知る ──

葉緑体（色素体）は，植物と藻類に固有のオルガネラであり，単に光合成を行うだけではなく，植物の生き方にとっても，重要な役割を果たしている。本章では，植物生理学特有のテーマの一つとして，動物を中心とした生物学では扱われない葉緑体に関わるトピックスを解説する。本章の全般的な参考文献として，B5, B7, B16, B18, B19, B25 を挙げておく。

12・1 葉緑体 DNA と核様体の動態

葉緑体には独自の DNA が存在する。これはもともとは，細胞内共生したシアノバクテリアのゲノム DNA に由来すると考えられるが，一般的なシアノバクテリアのゲノムが 2 ～ 10 Mbp であるのに対して，緑色植物の葉緑体ゲノムは 150 kbp 程度であり，コードするタンパク質は 80 個程度に過ぎない（図 12・1）。紅藻の葉緑体ゲノムはもう少し大きく，200 kbp 程度であり，約 200 個程度のタンパク質をコードしている。タンパク質遺伝子の他に，葉緑体ゲノムには RNA をコードする遺伝子もあり，葉緑体のリボソームを構成する rRNA や葉緑体における翻訳に必要な tRNA などをコードしている（表 12・1）。葉緑体ゲノムの特徴として，エンドウなどごく一部の植物や藻類をのぞき，同一の配列が逆向きに繰り返して存在する部分があり，これを逆位反復配列 inverted repeat と呼ぶ（図 12・1 では，それぞれ IR_A, IR_B と書かれている）。逆位反復配列があると，葉緑体ゲノムがより安定化するという考え方もあるが，詳しい機能はわからない。単に rRNA を多量に合成するのに適しているだけなのかもしれない。

葉緑体ゲノムにコードされたタンパク質の数は，上記のようにあまり多くなく，せいぜい約 200 個である。これに対し，葉緑体に含まれるタンパク質の総数は，2000 個とも 3000 個ともいわれ，その大部分は細胞核にコードされている。表 12・2 にはその一部を示した。遺伝子発現系や光合成関係のタンパク質遺伝子でも，かなりの数のものが細胞核にコードされていることがわかる。とくに，

第12章 テーマ学習（1）－葉緑体を詳しく知る－

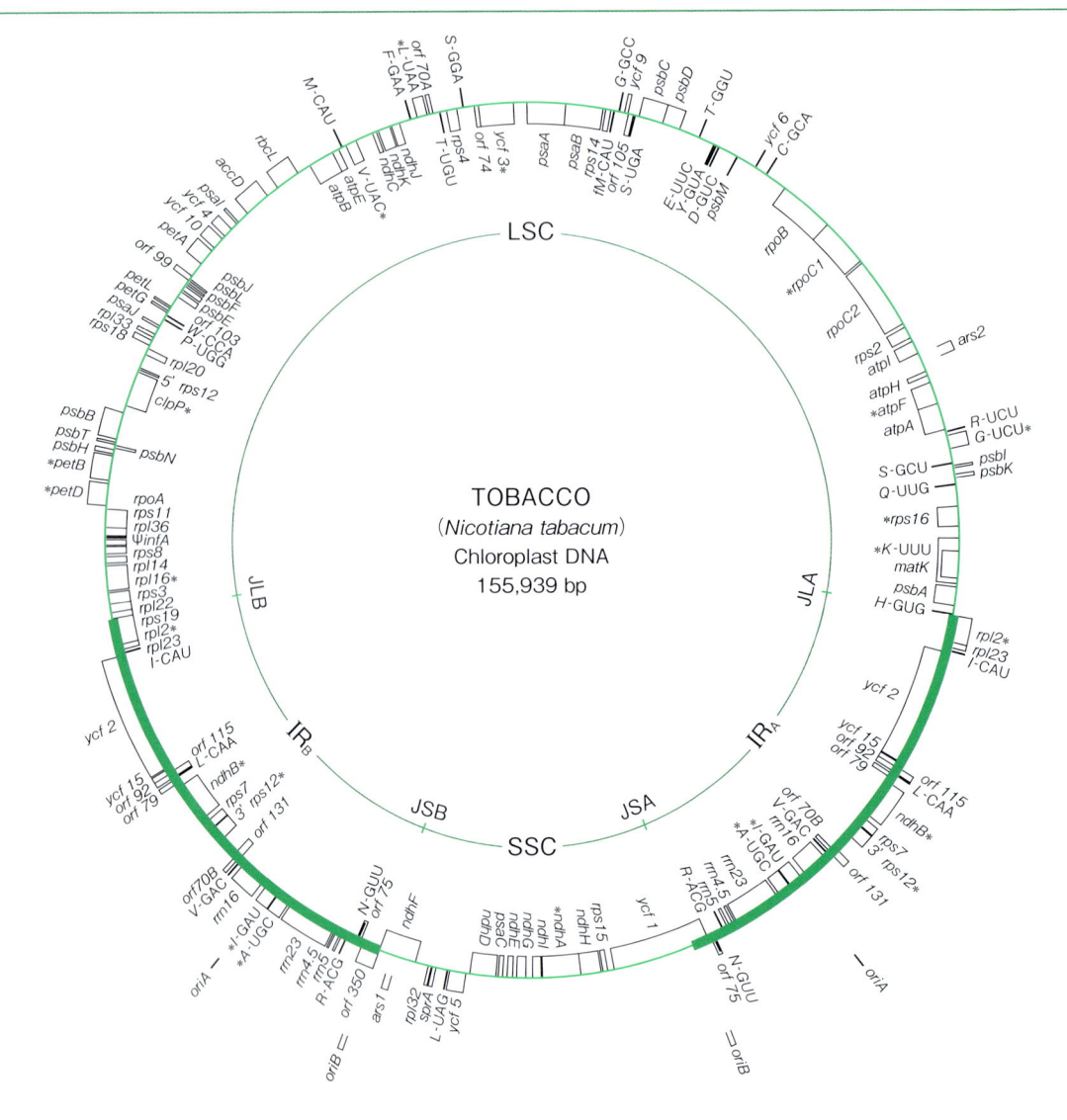

図 12・1　タバコの葉緑体ゲノムの模式図
tRNA遺伝子は一文字コードとアンチコドンで表示している。
（文献46より）

　光合成色素を作る遺伝子，脂質の合成に関わる酵素の遺伝子や，光捕集クロロフィルタンパク質の遺伝子などは，ほとんどが細胞核にコードされている。

　昔の教科書をみると，葉緑体DNAがストロマの中に溶けているように書かれていた。現在では，蛍光試薬で染色することにより，葉緑体DNAが核様体として存在していることを，蛍光顕微鏡によって容易に認識することができる（図12・2）。さらに，GFP（緑色蛍光タンパク質）と融合させた葉緑体タンパク質の局在を，細胞が生きたままで観察することも可能である（図12・3）。なお，葉緑体の単離やそれからのDNAの単離については，ホームページの実習

12·1 葉緑体DNAと核様体の動態

表 12·1 タバコ葉緑体ゲノムにコードされたタンパク質のリスト

遺伝子の種類	産物の種類	産物または遺伝子名
RNA 遺伝子		
	リボソーム RNA	23S rRNA, 16S rRNA, 5S rRNA など
	tRNA	30 種類の tRNA
	tmRNA	
遺伝子発現系タンパク質遺伝子		
	リボソーム小サブユニット	rps2, 3, 4, 7, 8, 11, 12, 14, 15, 16, 18, 19
	リボソーム大サブユニット	rpl2, 5, 14, 16, 20, 21, 22, 23, 32, 33, 36
	RNA ポリメラーゼ (PEP)	rpoA, rpoB, rpoC1, rpoC2
	翻訳	infA, tufA
	タンパク質分解酵素	clpP
光合成関連タンパク質遺伝子		
	カルビン・ベンソン回路	rbcL
	光化学系 I	psaA, B, C, I, J
	光化学系 II	psbA, B, C, D, E, F, H, I, J, K, L, M, T, X, Z
	電子伝達	petA, B, D, G
	ATP 合成	atpA, B, E, F, H, I
	NAD(P)H 脱水素酵素	ndhA, B, C, D, E, F, G, H, I, J, K
代謝酵素遺伝子		
	アセチル CoA カルボキシラーゼ	accD
その他		
	機能不明タンパク質	cemA, ycf1, 2, 3, 4 など

ycf1 がコードするタンパク質は，タンパク質輸送装置の一部であるという報告がある．cemA がコードするタンパク質は，鉄を結合する機能不明タンパク質である．ycf3 と ycf4 がコードするタンパク質は，光化学系 I の分子集合に必要であることがわかっている．（文献 B16 より一部改変）

表 12·2 細胞核ゲノムにコードされた葉緑体タンパク質の例

遺伝子の種類	産物の種類	産物または遺伝子名
遺伝子発現系タンパク質遺伝子		
	DNA ポリメラーゼ	POP
	リボソーム小サブユニット	Rps1, 5, 6, 10, 13, 17
	リボソーム大サブユニット	Rpl1, 3, 4, 6, 9, 10, 11, 12, 13, 15, 17, 18, 19 など
	RNA ポリメラーゼ (PEP)	Sig1, 2, 3, 4, 5, 6 (シロイヌナズナの場合)
	RNA ポリメラーゼ (NEP)	RpoT
	タンパク質分解酵素	ClpC, X
光合成関連タンパク質遺伝子		
	カルビン・ベンソン回路	RbcS など，rbcL 以外のすべて
	光化学系 I	PsaD, E, F
	光化学系 II	PsbO, P, Q
	クロロフィルタンパク質	Lhca, Lhcb
	電子伝達	PetC, E, F, H, I
	ATP 合成	AtpC
	色素合成	ほとんどすべて

細胞核にコードされた遺伝子の名前は，大文字で表記する．（文献 B16 より）

書（ウェブサイト W9）を参照のこと（裳華房ホームページにも掲載[*1]）。

---

*1 http://www.shokabo.co.jp/mybooks/ISBN978-4-7853-5229-5.htm

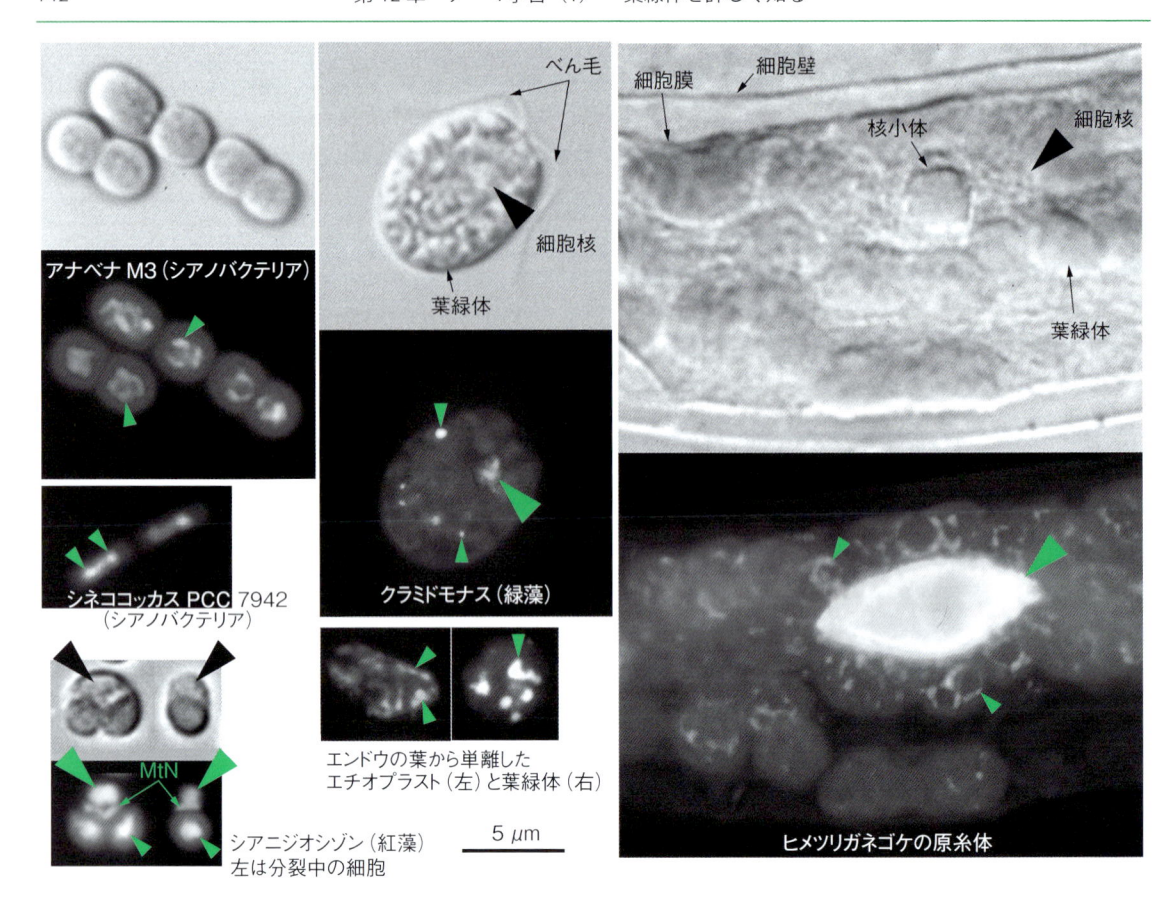

142   第 12 章 テーマ学習（1）－葉緑体を詳しく知る－

図 12・2 シアノバクテリア・葉緑体と DAPI 染色により可視化した核様体
　それぞれ，背景が明るい図は明視野像，背景が黒い図は DAPI 染色した細胞の蛍光顕微鏡像を示す．蛍光顕微鏡像で，小さな緑の矢尻は核様体を，大きな矢尻は細胞核を示す．**カラー口絵②参照**．左下のシアニジオシゾンは森山 崇氏撮影，その他の写真は筆者撮影．（文献 B18 より一部改変）

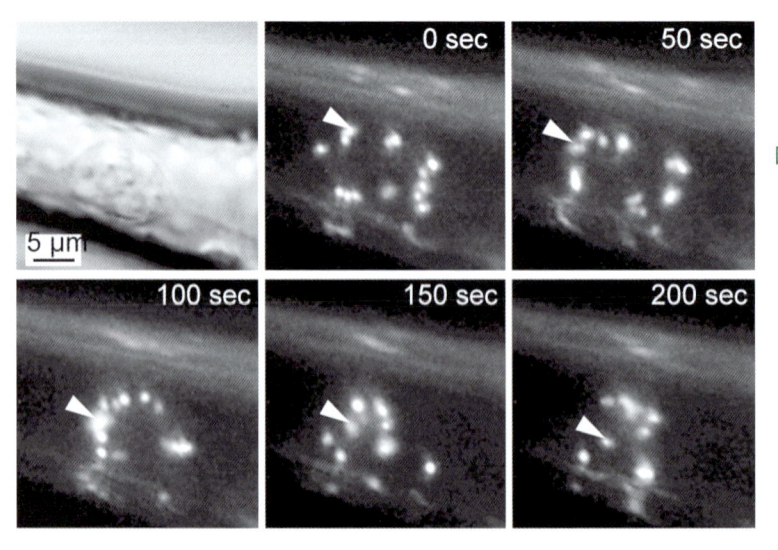

図 12・3 PEND-GFP 融合タンパク質を使った核様体のライブ観察
　20 日齢のシロイヌナズナの葉に存在するトリコーム（とげ）の細胞で，細胞核のまわりに葉緑体が集まって動いているようすが観察される．この融合タンパク質は核様体に局在するが，トリコームのプラスチドは小さいので，ここで見えているのは，それぞれの輝点が，ほぼ一個のプラスチド全体を示している．左上の図は，明視野像．その他は，蛍光顕微鏡像．（文献 50 より）

12·2 葉緑体 DNA の複製

葉緑体DNAを複製する酵素は，最近になってようやくその分子的な実体がはっきりしてきた。植物のミトコンドリアと葉緑体のDNAポリメラーゼは互いに似ており，動物のミトコンドリアの複製酵素であるDNAポリメラーゼガンマとは異なっている。発見当初は，大腸菌の修復酵素であるDNAポリメラーゼI（PolI）と似ているといわれていたが，実際には，5′-3′エキソヌクレアーゼドメインがないことと，特徴的なモチーフが異なることなどから，別の酵素とみなすのがよいと考え，筆者のグループでは，POP（plant/protist organellar DNA polymerase）と名づけた（図12·4）。この名前は次第に普及しているようだが，まだPol I-likeという誤解を招きやすい名称を使っている研究者もある。ちなみに，葉緑体の起源と考えられているシアノバクテリアは，大腸菌と同様，通常の細菌タイプのDNAポリメラーゼIIIを複製に使っており，葉緑体とはまったく異なる。

POPは，動物と菌類を除くほとんどの真核生物のミトコンドリアの複製酵素として存在する。原生動物といわれるテトラヒメナや細胞性粘菌・真性粘菌などもPOPをもっていて，動物がもつガンマはもたない。おそらく，真核生物が最初にできてすぐに，POPがミトコンドリアの複製酵素となり，その後，動物や菌類（これらをあわせてオピストコントと呼ぶ）では，ガンマに置き換わったと考えられる。さらに藻類ができると，葉緑体の複製も，同じPOPが行うようになったと考えられる。シロイヌナズナでは，POPの遺伝子が2個あるが，どちらの産物もそれぞれ，ミトコンドリアと葉緑体に輸送されて機能するといわれている。

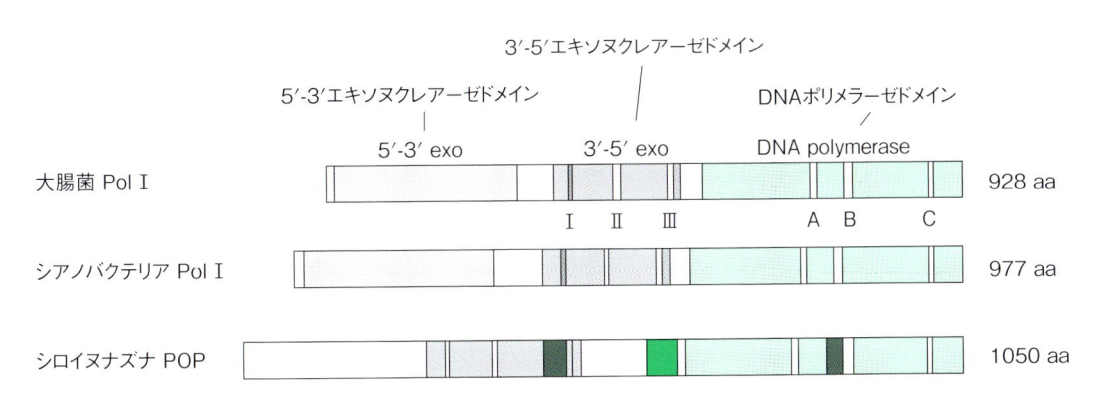

図 12·4 Pol I と POP の構造模式図
網掛け部分は，POP特有のモチーフを示す。aa はアミノ酸残基の数を表す。
（文献31より）

複製酵素とは別の問題として，複製のしくみの問題がある。はじめ，KolodnerとTewari（文献20）の電子顕微鏡を用いた複製中間体の観察により，通常の細菌と同様のケアンズ型（θ型）複製機構と，ウイルスなどで見られるローリングサークル型の複製機構の両方が使われているといわれていた。ところが，OldenburgとBendich（文献36）の研究により，少なくともトウモロコシの葉緑体DNAは，線状の形でも存在し，それらが組換えを起こした上で，修復のような形で伸長するというしくみで複製することが提唱された。これには批判も多く，すべての複製がこのしくみによるのか確定していない。また，複製のしくみとしても，修復タイプのDNA合成であるのかどうかが問題である。POPは一度に伸長できる長さがかなり長く，普通の複製フォークを作ってDNA複製を行うと考えられるので，修復酵素による複製を考える必要はなさそうに思われる。POPが当初，Pol I -likeなどという名称で呼ばれたために，修復酵素と勘違いされた可能性もあるのかもしれない。

12・3　葉緑体遺伝子の発現制御

葉緑体ゲノムにコードされた遺伝子の転写は，2種類のRNAポリメラーゼによって行われる。一つは，葉緑体ゲノムにコードされた原核型RNAポリメラーゼで，PEP（plastid-encoded RNA polymerase）と呼ばれる。もう一つは，細胞核にコードされたファージ型RNAポリメラーゼで，NEP（nuclear-encoded RNA polymerase）またはRpoTと呼ばれる。大腸菌のRNAポリメラーゼの場合，α，β，β'のサブユニット（遺伝子はそれぞれ*rpoA*, *rpoB*, *rpoC*）からなるコア酵素と，σサブユニットからなる。PEPの場合，シアノバクテリアのRNAポリメラーゼと同様，β'が二つに分かれており，改めてβ'，β''と呼ばれている（遺伝子はそれぞれ*rpoC1*, *rpoC2*）。また，σサブユニット（シグマ因子）は細胞核にコードされており，シロイヌナズナでは6種類の遺伝子がある（遺伝子は，*Sig1*など）。シグマ因子ごとに，転写の対象となる遺伝子が異なることも知られており，どのシグマ因子を供給するかということでも，葉緑体の遺伝子発現を調節することができる。

シロイヌナズナ葉緑体で通常働いているシグマ因子はSig6であり，これはほとんどの遺伝子の転写を行う。Sig2はtRNA遺伝子の転写などに必要である。それに対して，青色光をあてるとSig5が発現し，これによって，*psbDC*オペロンがこの条件専用のプロモータから転写される。このように，いくつかの遺伝子については，特定のシグマ因子によって特異的に転写されることがわかってきている（文献56）。

一方 NEP は，葉緑体が発達しはじめるときに作られる．もともと種子の中では，葉緑体はプロプラスチド（原色素体）として存在し，葉緑体 DNA の発現もほとんどないため，葉緑体内に PEP はほとんど存在しない．そのため，細胞核にコードされた NEP が作られ，未発達の葉緑体に送り込まれると，そこで，葉緑体 DNA にコードされた PEP やリボソーム RNA，リボソームタンパク質の遺伝子が転写され，葉緑体内での遺伝子発現系が再構築される（おそらく，微量のリボソームは常に存在しないと，最初の翻訳ができない）．イネの温度感受性変異体の一つでは，芽生えを非許容温度で育てると，NEP が正常に発現せず，その後 許容温度に移しても，葉緑体の PEP が発現しないままになり，葉がいつまでも緑化しないことが知られている．つまり，葉緑体発達のある決まった時期に遺伝子発現が ON にならないと，その後もずっと遺伝子発現ができないと考えられる．NEP はこのほか，*rpoB*, *accD*, *atpB*, *clpP* などの遺伝子の転写をしている．

12・4　葉緑体へのタンパク質輸送

　葉緑体のタンパク質の大部分は細胞核にコードされているので，細胞質で作られた前駆体タンパク質は，葉緑体包膜にあるタンパク質輸送装置（トランスロコン）を通って，葉緑体内に運び込まれる．その際 通常は，N 末端にある輸送配列 transit peptide が必要で，輸送後は，この配列は切断され，除去される．

　輸送装置は外膜と内膜の装置からなり，以前からその構成成分の解析が進められてきたが，最近になって，内膜の輸送装置の成分として，新しいものが提唱された．図 12・5 には，これら Tic214, Tic100, Tic56 も加えられている．しかし，従来から知られている Tic110 などが本当に無関係であるのかどうか，現在まだ，他の研究グループによる検証を待っている段階である．

　チラコイド膜にタンパク質を輸送するしくみとしては，Sec 経路と Tat 経路（ΔpH 経路），それに SRP 経路などが存在する．細菌のタンパク質分泌経路で働く SecA と似たタンパク質を使うのが Sec 経路である．この場合 ATP を必要とし，さらに可溶性の補助タンパク質が必要である．PsbO タンパク質やプラストシアニンのアポタンパク質などは，あらかじめ葉緑体包膜を通過する際に，transit peptide が切断されているが，さらに Sec 経路によって認識されるチラコイド膜輸送配列を N 末端につけており，輸送後にはそれも除去される．

　Tat 経路も細菌で知られた経路で，エネルギー源としては，ATP ではなく，ΔpH（膜を介した pH の勾配）を使う．PsbP, PsbQ などのタンパク質のチラコイド膜輸送配列には，2 個のアルギニン残基が並んでおり，このため，twin

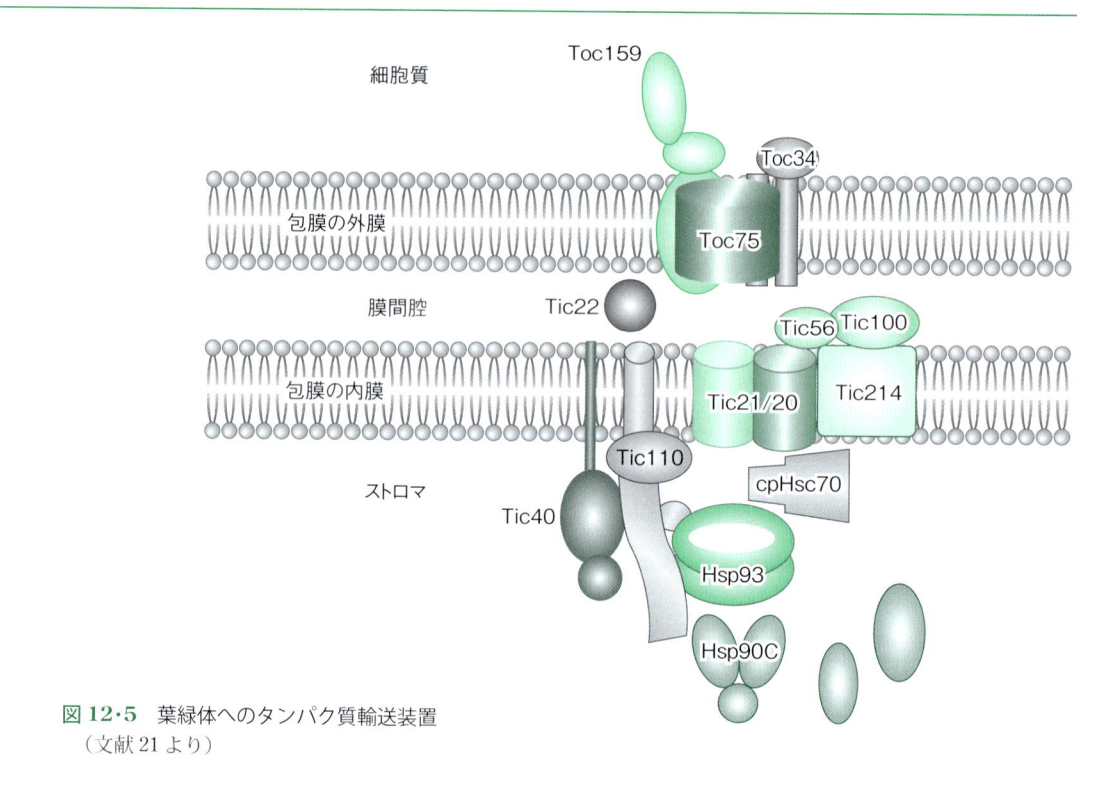

図 12·5 葉緑体へのタンパク質輸送装置
（文献 21 より）

arginine translocation pathway から Tat 経路という名前がつけられた。これら二つの経路では，輸送されたタンパク質は，チラコイド膜の内腔に入る。

これに対して，チラコイド膜の内在性タンパク質の場合には，小胞体への輸送経路と類似した方式が用いられており，これを SRP 経路と呼ぶ。小胞体の場合であれば，シグナル認識粒子（SRP）が，翻訳途中のポリペプチドのシグナル配列と結合し，リボソームを小胞体膜上に結合させる。チラコイド膜に埋め込まれるタンパク質は，光捕集クロロフィルタンパク質など，必ずしもストロマで翻訳されるわけではないので，翻訳と共役した輸送ではないという点で，事情は異なる。この場合，ATP よりも GTP を要求し，ΔpH により促進される。

タンパク質輸送の問題は，ここではこの程度の説明にしておく。詳しくは，生化学の教科書を参照されたい。

12·5 光合成の制御

12·5·1 酸化還元と pH による光合成の制御

炭素同化反応は，光化学反応で駆動される電子伝達と密接な関係をもって，制御されている。電子伝達により水素イオンの輸送が行われると，ストロマの pH は 8 以上になる。またマグネシウムイオンが，水素イオンと入れ替わりに，

チラコイド膜内腔から放出され，ストロマにおけるその濃度が，1〜3 mM から3〜6 mM に上昇する．ルビスコの他，グリセルアルデヒド3-リン酸脱水素酵素(GAPDH)，フルクトースビスホスファターゼ(FBPase)，セドヘプツロースビスホスファターゼ (SBPase)，ホスホリブロキナーゼ (PRK) などの酵素は，pH8 付近で最も活性が高く，マグネシウムイオンを要求するため，明条件下で高い活性を発揮できる．

さらに光化学系Iの還元力の一部は，フェレドキシンを介して，チオレドキシンを還元するのに使われる（図 12・6）．チオレドキシンは小型のタンパク質で，2個のシステイン残基をもっている．それらは，酸化型ではジスルフィド結合で結合し，還元型では2個のチオール基となる．カルビン・ベンソン回路の酵素のうちで，上に挙げた GAPDH, FBPase, SBPase, PRK は，特定のシステイン残基がチオレドキシンにより還元されると，活性が高くなる．これらの酵素は，夜間は酸化状態にあって活性が低いが，昼間は還元状態になり，活性が高くなるという制御が見られる．このほかにも，葉緑体内の酸化還元状態に応じて，いろいろなしくみで光合成の制御が行われており[1]，まとめてレドックス制御 redox regulation などと呼ばれている．ちなみに redox という言葉は辞書にないはずだが，還元 reduction と酸化 oxidation を組み合わせた言葉であり，赤い牛ではない．

*1 ATP 合成酵素は，暗いときに逆回転して ATP の加水分解をするということはなく，回転が止まるようになっている．

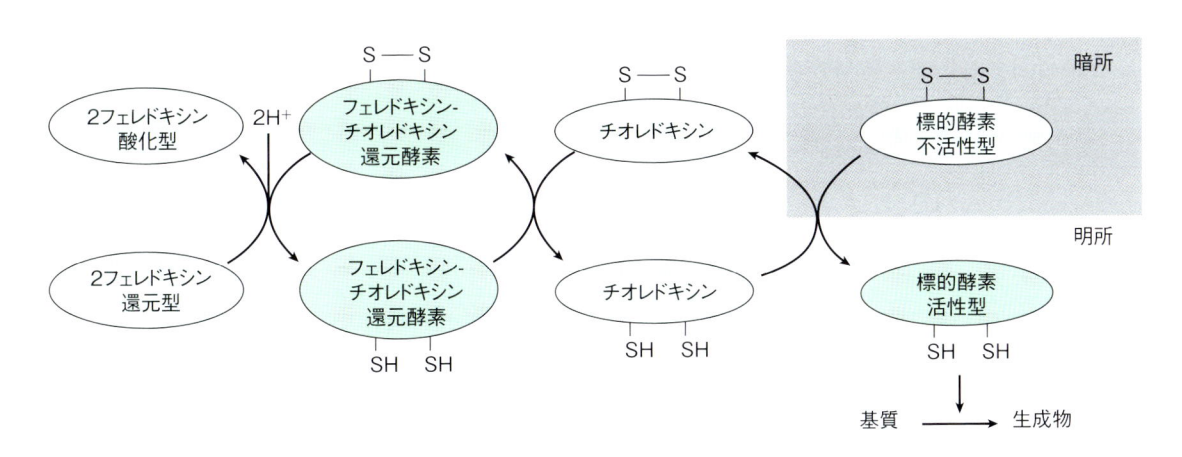

図 12・6 チオレドキシンによる酵素活性の制御
　見やすくするため，酸化型を上にそろえて示しているが，反応の矢印は上下逆になるので，注意が必要．

12・5・2 過剰エネルギーの放散

光合成系は，過剰な光エネルギーによって破壊されることがある．それを防ぐため，過剰な光エネルギーを放散するしくみがある．すでにのべた光呼

＊2 珪藻では，ジアジノキサンチンとジアトキサンチンと呼ばれるキサントフィルの間で，エポキシ化・脱エポキシ化のサイクルができている。これも過剰な光エネルギーを散逸するキサントフィルサイクルの一種である。

吸（図6・9）もそうしたしくみの一つと考えることができるが，光化学系の内部でも，過剰なエネルギーを捨てるためのしくみがあり，これらを総称して，NPQ（non-photochemical quenching）と呼んでいる。一つのしくみは，光化学系IIで知られるキサントフィルサイクル[*2]である。主に種子植物に見られるもので，図12・7に示すように，酸化・還元によって3種類のキサントフィル（図5・2）が互いに変換されることにより，過剰な励起エネルギーを消費するものである。強光では，膜を介したpH勾配ができるが，それにより脱エポキシ化が促進されて，ゼアキサンチンができる。ゼアキサンチンは，クロロフィルから励起エネルギーを受け取って，安全に熱に変えることができるので，強光に対する安全弁として機能する。弱光では，エポキシ化によりビオラキサンチンになる。

このようなエネルギー放散には，さらに，PsbSタンパク質が関わっている。PsbSは，光化学系IIに結合したクロロフィル結合タンパク質だが，内腔のpHが下がるとプロトン化され，ゼアキサンチンへのエネルギー移動を可能にすると考えられている（文献32）。

近年注目されているエネルギー放散系として，クロロレスピレーション chlororespiration と呼ばれるものがある。とくによく知られたものは，PTOXを介するものである。PTOXは plastid terminal oxidase の略で，シロイヌナズナのタンパク質は IMMUTANS と呼ばれている。これは，プラストキノンから電子を受け取り，酸素に流すことによって，無駄に電子（還元力）を消費する系であるが，それによって，プラストキノンプールの酸化還元状態を適切に保つ働きがあると考えられている（文献35）。

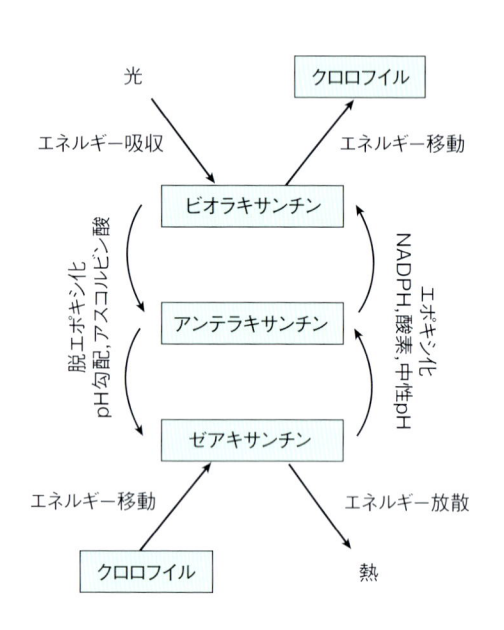

図12・7 キサントフィルサイクル
説明は本文参照。（文献B16より）

12・6 葉緑体の分裂

葉緑体は，バクテリアと同様，二分裂によって殖える。分裂のときには，葉緑体の中央に，色素体分裂リング（PDリング）と呼ばれるリング状の構造が形成され，それがだんだんと絞られることによって，葉緑体の分裂が起きる（図12・8）。PDリングは，紅藻の葉緑体の場合，外包膜の外側，両包膜の間，内包膜の内側に，三重の構造として形成される。植物の葉緑体では，両包膜の間のものは見られていない。内側のリングの内側には，さらにFtsZリングが形成される。FtsZは，バクテリアの細胞分裂で知られる繊維形成タンパク質で

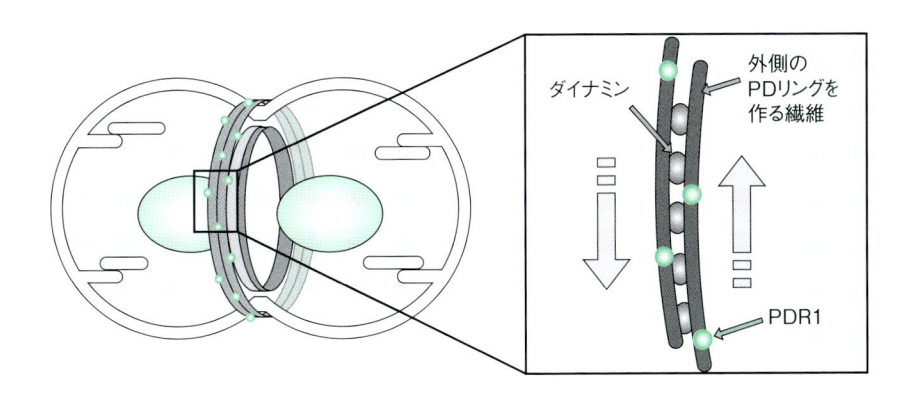

図 12・8　葉緑体分裂リングの模式図
シアニジオシゾンの葉緑体の分裂リングが，包膜の外側と内側に形成されているようすを示している。外側のリングは，繊維とダイナミンから構成され，ダイナミンが繊維を巻きつけてゆく。PDR1 は，この繊維を合成する多糖類合成酵素とされる。（文献 57 より）

あり，細胞内共生（12・8 節参照）と共に藻類・植物に持ち込まれたものと考えられる。細菌では，MinC, MinD, MinE というタンパク質の相互作用によって，分裂位置が決まり，その位置に，FtsZ などからなるリングが形成され，さらに分裂装置が構築される。葉緑体についても，MinD と MinE が，FtsZ リングの位置を決める働きをもつと考えられる（文献 12）（表 12・3）。

外包膜外側の PD リングは，まだ完全には構造のよくわかっていない非タンパク質性の繊維からできていて，多糖類かもしれないと示唆されている（文献

表 12・3　葉緑体分裂に関わる因子の比較

タンパク質	シロイヌナズナ	単細胞紅藻	シアノバクテリア	大腸菌
FtsZ1, FtsZ2	3*	2	1	1
MinC	0	0	1	1
MinD	1	0	1	1
MinE	1	0	1	1
ARC3	1	0	0	0
ARC5**	2	1	0	0
ARC6	2	0	1	0
ARTEMIS	1	(1)	1	0
CRL	1	1	1	0
GC1	1	1	1	1
PDV1, PDV2***	2	0	0	0

* シロイヌナズナの FtsZ には，FtsZ1-1, FtsZ2-1, FtsZ2-2 の 3 つがある。
** ダイナミンファミリーの一種で，DRP5B とも呼ばれる。
*** PDV は植物特異的な因子で，シロイヌナズナの 2 個は，遺伝子重複で生じた類似タンパク質である（文献 12 より）。

12・7　藻類の葉緑体

　藻類も葉緑体をもつが，そのようすはさまざまである。単細胞藻類（緑藻のクラミドモナスやクロレラ，温泉紅藻のイデユコゴメやシアニジオシゾン，珪藻など）の多くは，単一の葉緑体をもち，細胞の分裂とともに，葉緑体も分裂する（図 12・2 にクラミドモナスとシアニジオシゾンを示す）。これに対し，海産の多核緑藻，褐藻，紅藻（図 12・9 にはチノリモを示す）などの場合は，細胞内に葉緑体が多数あり，分裂はばらばらに起きている。陸上植物の起源に近いとされる車軸藻（図 12・9 にはクレブソルミディウムを示す）は，つながった細胞群のそれぞれが，大きな葉緑体を一つもっている。灰色藻のシアノフォラ（図 12・9）は，2個の葉緑体をもっていて，細胞分裂するときには，葉緑体が4個になる。

　さまざまな藻類や植物の葉緑体を比較すると，光合成補助（集光性）色素が違うだけでなく，包膜のまわりを囲む膜のようすや，チラコイド膜の重なり方

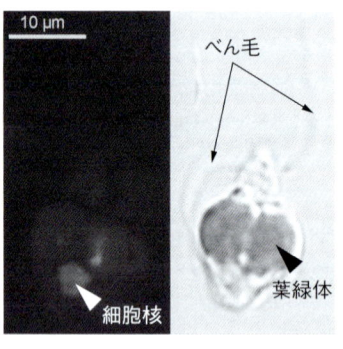

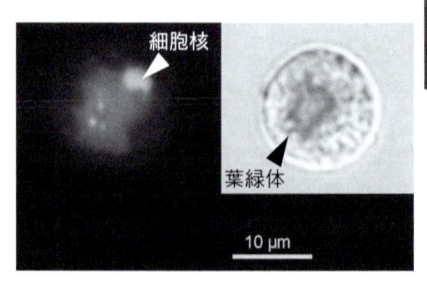

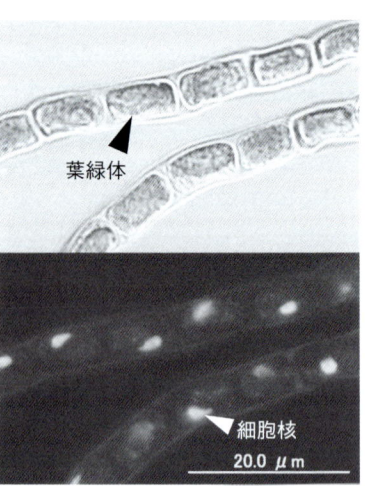

図 12・9　藻類の葉緑体構造の比較
それぞれ，背景が明るい図は明視野像，背景が黒い図は DAPI 染色した細胞の蛍光顕微鏡像を示す。カラー口絵③を参照。筆者撮影。

12・8 葉緑体の進化

表 12・4 シアノバクテリアとさまざまな系統の葉緑体の比較

分類群	シアノバクテリア	紅藻	灰色藻	緑藻・緑色植物	クリプト藻	不等毛藻	ハプト藻	渦鞭毛藻	クロララクニオン藻	ユーグレナ類
原核・真核の別	原核	真核								
共生の種類	一次共生体	一次共生			二次共生					
想定される共生体	--	シアノバクテリア			紅藻				緑藻	
主な光捕集補助色素	フィコビリンまたはChl$b$	フィコビリン	Chl$b$, βカロテン		フィコビリン, Chl$c$	フコキサンチン, Chl$c$	19′ HOFX, Chl$c$	ペリジニン, Chl$c$	Chl$b$, βカロテン	
葉緑体を包む膜（包膜とER）	---	2			4			3	4	3
ヌクレオモルフ	---	なし			あり	なし			あり	なし
チラコイド膜の重なり	一重	一重	一重	多重（グラナ）	二重	三重			三重	
光合成貯蔵産物	α-1,4 グルカン（ラン藻デンプン）	α-1,4 グルカン（紅藻デンプン）	α-1,4 グルカン	α-1,4 グルカン（デンプン）	α-1,4 グルカン（デンプン）	β-1,3 グルカン	β-1,3 グルカン	α-1,4 グルカン	β-1,3 グルカン？	β-1,3 グルカン, パラミロン

19′ HNOF : 19′ ヘキサノイルオキシフコキサンチン。（文献 B25 より改変）

など，それぞれに特徴が見られる（表 12・4）。これは，光合成生物の進化を細胞内共生をもとにして考えるヒントにもなった。次に詳しく述べる。

12・8 葉緑体の進化

12・8・1 葉緑体とシアノバクテリアの類似性

葉緑体が藻類と似ていることについては，19 世紀の学者も気づいていたが，シアノバクテリアと関係があることがわかったのは，20 世紀後半のことである。以前は，シアノバクテリア cyanobacteria を，ラン藻（藍藻）blue-green algae と呼んでいて，他の藻類との区別が明確ではなかった。シアノバクテリアと葉緑体の共通点として，チラコイド膜をもち，酸素発生型光合成を行うこと，70 S リボソームをもつことなどが認識されると，葉緑体が，シアノバク

テリアによる細胞内共生の結果生まれたものという考え方が提出された（文献B23）．その後，葉緑体 DNA とシアノバクテリアゲノムの配列解析が進むにつれて，共通した遺伝子が多数あり，その配列も非常に似ていることなど，両者が非常に密接に関連したものであることが明らかになった．しかし，シアノバクテリアのゲノムは，葉緑体 DNA の 10 倍以上の大きさをもち，葉緑体 DNA だけでは，葉緑体が必要とするタンパク質のすべてをコードするだけの情報をもっていない．

12・8・2 葉緑体とシアノバクテリアの系統関係

現在では，緑藻・緑色植物（両者はそれぞれ，green algae, green plants であるが，これらをあわせて緑色植物亜界 Viridiplantae と呼ぶ），紅藻，灰色藻の 3 つのグループ（図 12・9 参照）の生物の葉緑体が，直接的にシアノバクテリア起源と考えられている（表 12・4）．これらの生物を，アーケプラスチダ[*3] Archaeplastida（意味としては，古色素体植物門）と呼ぶことがある．これらの生物群は単系統で，何らかの真核生物の細胞に細胞内共生が一回起きたことによって生まれたと考えられている（図 12・10）．これを，後で述べる二次共生と区別するために，一次共生と呼ぶ．その際，どんなシアノバクテリアが入ってきたのかについては，大きく分けて二通りの考え方がある．一つは，シアノバクテリアが多様化するときの比較的根元に近いところのものが共生したというもの，もう一つは，窒素固定をする糸状性シアノバクテリアに近いもの（図 12・10 の A-S グループ）が共生したという考え方である．共生直後のものに相当する生物が現存しないため，分子系統樹による解析だけでは，葉緑体の起源となるシアノバクテリアを，どうしても完全には決めきれないのが現状である．同様に，現存する上記 3 系統の藻類のどれが一番もとの姿に近いのかも確定しておらず，紅藻の方が原始的という考えと，灰色藻が原始的だという考えがある．さらに，灰色藻が紅藻と近縁であるという考え方と，灰色藻は緑藻と近縁であるという考え方の両方がある．これらは，注目する遺伝子や形質によって，系統樹が違ってくることによるので，今のところ問題解決は難しそうである．

陸上植物は，約 5 億年前に，緑藻の一種である車軸藻から生まれたと考えられ，コケ植物（タイ類，セン類，ツノゴケ類；なお，これらは側系統である），シダ植物，種子植物（裸子植物，被子植物）が順に生まれていった．

なお，一次共生としてはこれらとは独立のものも知られており，ポーリネラ *Paulinella* という藻類の葉緑体（クロマトフォアと呼ばれる）は，比較的新し

[*3] 現在でも真核生物全体の系統関係の研究は進行中で，利用する生物群や解析手法により，系統樹がさまざまに変化することがある．そのため，アーケプラスチダの単系統性が系統樹で示されないこともある．系統樹は現在の生物がもつ配列情報から計算で求めるものなので，やむをえないことである．アーケプラスチダの単系統性は，むしろ，カルビン・ベンソン回路の酵素群の起源として，宿主起源と共生体起源がモザイク状に混在しているパターンが共通であることや，タンパク質輸送装置の成分が共通であることなど，別の指標によって明確に示される．そのため，単系統性を前提としたうえで，系統樹における矛盾を解決する証拠を集めることが重要と考えられる．

12·8 葉緑体の進化

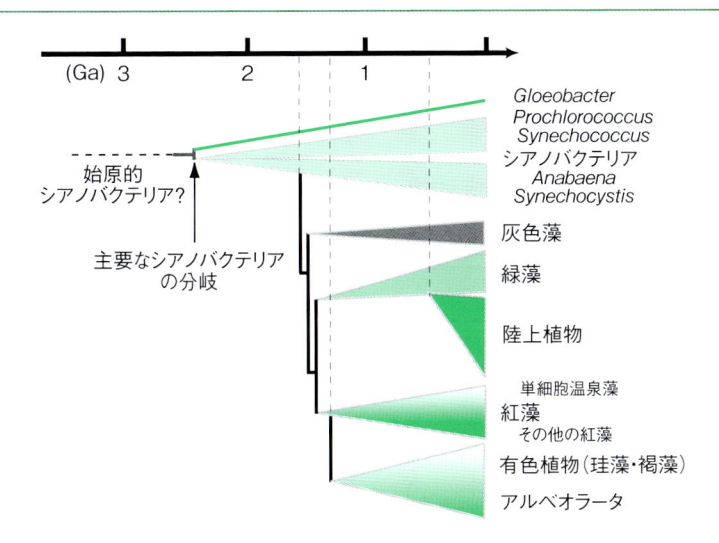

図 12·10 葉緑体とシアノバクテリアの系統樹
まず，シアノバクテリアが，*Gloeobacter* などいくつかのグループを残して，大きく二つの系統に分かれた．本書では，シアノバクテリアの大きなグループとして，上の三角で表したものを P-S グループ，下の三角で表したものを A-S グループと呼んでおく．この図では，A-S グループのシアノバクテリアの細胞内共生によって，最初の真核光合成生物が生まれたという筋書きを示している．このほかに，*Paulinella* という藻類の葉緑体は，P-S グループの *Prochlorococcus* が細胞内共生して生まれたと考えられている．上に時間軸を示す．右が現在で，Ga は 10 億年を表す．(文献 B27 より)

い（約2億年前）細胞内共生によって，もう一つの系統のシアノバクテリアである *Prochlorococcus* から生まれたと考えられている（文献 28）．一部のケイ藻に含まれる spheroid body もシアノバクテリア由来で，光合成をしないが窒素固定を行う（文献 73）．

その他の藻類の起源はもう少し複雑で，一次共生によって生まれた藻類が，別の真核生物に取り込まれてできたと考えられている．これを二次共生と呼ぶ．二次共生には，紅藻が共生した場合と緑藻が共生した場合の二通りがあり，これらが独立に起きたことがわかっている．二次共生によってできた細胞では，共生体由来のミトコンドリアが消失し，さらに，細胞核も縮小してヌクレオモルフとなった（図 12·11）．これが，クリプト藻やクロララクニオン藻の姿である．さらにヌクレオモルフも消失したのが，不等毛藻などその他の二次共生藻と考えられている．不等毛藻には，通常はべん毛をもたない褐藻や珪藻も含まれ，これらは，海洋の主要な生産者となっている．珪藻は，ケイ酸の殻で覆われていることが特徴で，淡水にも多く生存する．これらも，有性生殖の際には，べん毛をもつ配偶子を作る．

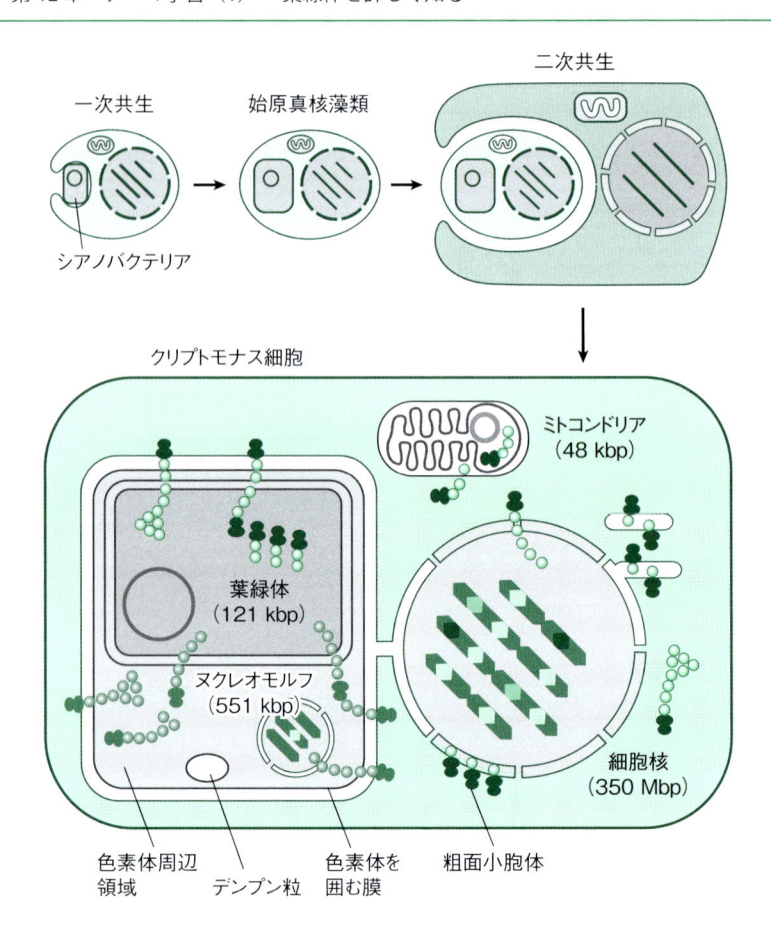

図 12·11 一次共生と二次共生
（文献9より）

12·8·3 葉緑体の不連続進化

葉緑体が細胞内共生によってシアノバクテリアからできたとして，葉緑体はどのくらい「シアノバクテリア的」なのだろうか．ゲノムサイズが10分の1以下であることはすでに述べた．シアノバクテリアには，補助（集光性）色素としてクロロフィル b をもつものと，フィコビリン色素をもつものがあり，両方もつものさえ存在する．一次共生藻のうち，緑藻はクロロフィル b をもち，紅藻と灰色藻はフィコビリンをもつ．すると，両方をもつシアノバクテリアが葉緑体の祖先なのだろうか．シアノバクテリアの遺伝子発現系は，基本的にはバクテリアの標準的なものであるが，葉緑体の遺伝子発現系には，上述のように NEP や POP があるので，だいぶ違っている．さらに，遺伝子発現を調節する転写因子なども大幅に異なっていて，シアノバクテリア由来のものは植物にはほとんど残っていない．植物の葉緑体の遺伝子発現の制御では，転写制御もあるが，むしろ，転写産物の安定性による制御や，転写産物のプロセシングによる制御も重要であることが次第に明らかにされている．とくに，エディティ

ング（RNAの上で，特定のCをUに変える反応を主に指す）やスプライシングの補助因子として，PPR（pentatricopeptide repeat：35個のアミノ酸残基からなる繰り返し配列）と呼ばれるRNA結合モチーフをもったタンパク質が，数百個知られている。これらはすべて細胞核コードであり，葉緑体の機能の正常な発現には必須である（文献45）。

　こうして葉緑体は，シアノバクテリアに起源をもち，構造遺伝子そのものはかなりよく保存されているものの，その遺伝子発現のしくみは，植物独自のものに置き換えられていると考えられる。これを筆者は，不連続進化と呼んでいる（文献B18, 42, 43）。つまり，シアノバクテリアから，藻類の葉緑体，植物の葉緑体へと，不連続に進化してきたと考えられる。そのたびに，細胞核にコードされた新たな因子が作り出され，葉緑体に導入されてきたのである。こうした不連続な進化がどのようにして起きたのか，まだまだ謎は多い。

問　題

1. 葉緑体DNAにコードされたタンパク質には，細胞核にコードされたサブユニットとともに働くものが多い。いくつかの例を挙げよ。それぞれの場合に，酵素活性を担うサブユニットと活性調節を行うサブユニットが，それぞれ，どのゲノムにコードされているのか，分類せよ。何らかの法則があるだろうか。

2. シロイヌナズナの場合，細胞核ゲノムは5本の染色体をあわせて，約120 Mbp, 葉緑体ゲノムは約154 kbp, ミトコンドリアゲノム（計算には関係しない）は約367 kbpのサイズである。一つの葉肉細胞には，葉緑体が100個あり，一つの葉緑体には，葉緑体DNAが100コピー含まれるとする。細胞核と葉緑体に含まれるDNAの量比を求めよ。

課　題

1. 紅藻と緑藻の代謝的な特徴を調べ，どの性質がシアノバクテリアに由来するのか，考えてみよう。

2. 身近な池や川などから水を汲んできて，微細藻類を顕微鏡で観察してみよう。運動性のあるものをよく見るためには，ホルムアルデヒドやグルタルアルデヒドによって固定するとよい。DAPIのような蛍光色素があれば，それを使って染色し，蛍光顕微鏡でも観察してみよう。葉緑体の中に核様体が見えるだろうか。

第13章

テーマ学習（2）

― 植物と人間の関係の新たな可能性に向けて ―

植物の成分には，香りやその他の有用成分，なかには薬効成分もある。一方で植物は，デンプンや貯蔵脂質など，人間にとって重要な物質を供給している。植物をめぐる研究はゲノムの時代に入り，ゲノム情報に基づく有用遺伝子の探索と，有用遺伝子の組み込みによる有用作物の作出へと進んでいる。本章では，こうした新たな植物科学の方向性について，簡単にまとめることとする。

13・1　植物が作った地球：植物の進化と環境

　生物の進化は，地球環境の変化（これも進化と呼ぶ場合がある）と互いに相まって，現在まで進んできている。この関係を図 13・1 に示す。約 27 億年前にシアノバクテリアが出現すると，地球上の酸素濃度は上昇しはじめ，約 16 億年前の藻類誕生以後は，さらに酸素濃度の上昇が続いた。途中経過に関しては諸説あるものの，約 5 億年前のカンブリア紀には，大型の動物が生存できるような，ほぼ現在と変わらない高い酸素濃度となった。こうして，もともと嫌気性の微生物しか存在していなかった地球が，酸素に満ちた惑星へと変化した。このことにより，海洋に二価イオンとして溶存していた鉄のほとんどすべてが，酸化物として沈殿するということが起こった。大気中の酸素濃度が高まると，紫外線の作用によってオゾンが生成し，やはり 5 億年前頃までには，成層圏にオゾン層が形成された。このオゾン層は，こんどは太陽光の中の紫外線を遮断し，これにより，陸上にも生物が進出できるようになった。現在われわれが見るような緑の陸地ができたのは，地球の歴史全体から見ると，あまり古いことではない。それ以後，陸上植物と四脚動物や昆虫の世界が生まれた。

　陸上植物の進化において重要なのは，被子植物と昆虫との共進化である。被子植物の花の構造と，その植物の受粉を媒介する昆虫の体のつくりには密接な関係がある。また，特定の植物の葉にしか卵を産まず，その植物の葉しか食べないという昆虫も多い。昆虫と被子植物は，両者が同時に進化してきたと考えられている。

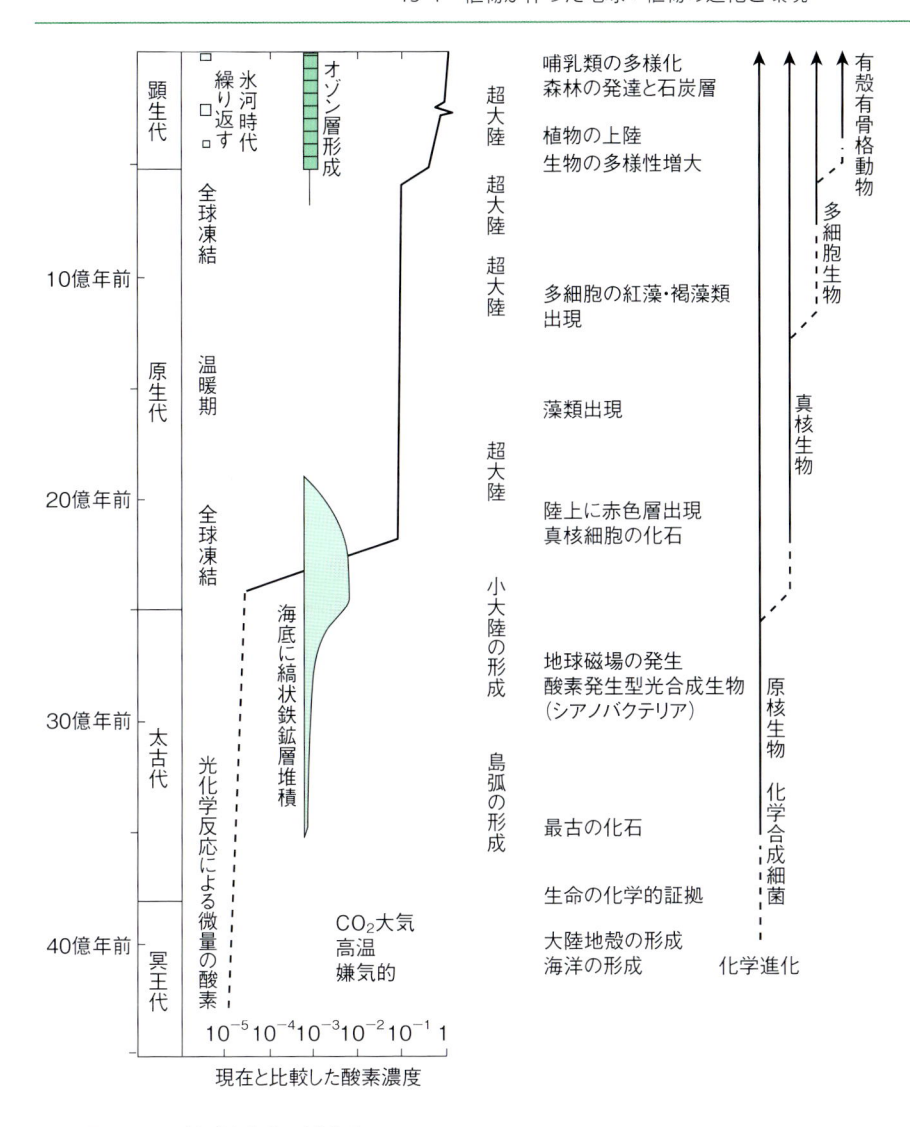

図 13・1　地球と生物の進化史
地球の歴史を下から上に向けて記している。酸素濃度は，横方向のグラフとして示している。約 24 億年前から，酸素濃度は急激に上昇した。研究者によっては，一時的に現在よりも高い 30% くらいにまで達したとする説もある。一方，大陸は，離合集散を繰返して，何度か超大陸を形成していたことがある。地球の気候は，温暖な時期と寒冷な時期を繰返し，少なくとも二度の全球凍結が起きた。そのときも，生物は凍っていない海洋の内部で生き延びたと考えられる。（文献 B30 より改変）

　光合成による炭素同化反応がルビスコという酵素によって触媒されることはすでに第 6 章で述べたが，光合成が始まった頃の地球上には，酸素があまりなかった。それに対して，現在のように 20% もの酸素がある状況では，ルビスコのもつオキシゲナーゼ反応が深刻な副反応となる。このため，陸上植物では光呼吸が進化してきた（図 6・9）。さらに，トウモロコシなど高温を好む植物

の中には，C_4光合成を進化させ，オキシゲナーゼ反応を極力抑えながら，炭素同化効率を高く保つしくみができた（6・7 節）。ただし，C_4のしくみを支える基本的な酵素はすべての真核生物にあり，特別なものではない。C_4植物では，特異な組織構造を発達させて，C_4光合成を植物体の機構として成立させた点が特徴である。それ以外にも，海産の珪藻類でもC_4光合成を行うといわれているが，その場合には，一つの細胞の中での代謝経路の問題だけで実現可能である。

海中の光合成生物は，べん毛をもって泳いだり，海流に乗って移動したりすることができるので，海の中での位置関係は，あまり問題ではないのかもしれない。大型の藻類は，浅いところには緑藻，深いところには紅藻や褐藻が分布するというように，透過してくる光の波長特性に合わせた集光性色素をもっている。これに対して，陸上の生育環境では，上に葉を広げた植物は光を遮るため，下に生えた小さな植物の生育を阻害する可能性がある。しかし森林などでは，背の高い樹木は強い光を好み（陽樹），下草や低木は比較的暗い環境でも光合成を行うことができるように適応している（陰樹）。この違いは主に，光化学反応中心に対する光捕集色素の量の違いで実現されていて，暗い環境に適応するには，光捕集色素を多く蓄積する必要がある。このほか，葉を構成する細胞層の厚さや，葉の形，葉の角度など，さまざまな面で，光環境への適応が見られる（文献 B15）。

13・2　植物が作る有用産物とエネルギー

13・2・1　前　史

これまで人間は，植物をさまざまな形で利用してきた。もともと，ヒトとチンパンジーの共通祖先が住んでいたのは，アフリカ東部の森林地帯である。元来，類人猿は植物（樹木）をすみかとして暮らしていたのである。その後，地上に降りた人類の祖先は，火を使い，道具を使うことによって，進化してきた（文献 B29）。火をおこすのは，初期は，火打ち石だけだっただろうが，それによって燃やすものは，乾燥した植物である。灯火の燃料も，植物油であった。さらに，火をおこす道具も木で作られた。狩猟をするための弓矢も，当然，植物を材料として作られた。実は，ヒトの進化を支える背景には，植物の利用もあったはずだが，こうしたことは，ほとんど顧みられていない。身の回りに植物があるということが，あまりにも当たり前だからかもしれない。最近話題の，砂漠や火星への居住を考える上では，こんなところから問題が始まる。

ヒトによる植物の大規模な利用の一つは，住居の建築材料としてであり，も

う一つは農業である（文献 B24）。どちらも新石器時代での農作開始とともに，こうした文化が育まれた。農作は，コムギやイネの作物化により進行した。日本での稲作は，現在では，縄文時代中期から開始されたと考えられている。

近代工業の成立以前は，生活に必要なほとんどの物資が，基本的には，植物から作られていたといっても過言ではない。木材，油脂，紙，衣料はもちろんのこと，色素，香料，化粧品，石けん，薬品などの日常生活で必要とされる物品（消耗品）の多くが植物から作られる。木材や金属・ガラスに代わってプラスチック製品や化学工業製品が広く利用されるようになったのは，ほんの50年前，1960年代以降のことである。

13・2・2　植物・藻類によるエネルギー生産

人類が使う主要なエネルギー源は，長いこと，木材（まき）や植物油・動物油を燃やす火力であった。産業革命以降，より火力の強い石炭や石油の利用が進められたが，現在すでに良質の石炭は採り尽くし，石油資源もいつまでもつのかわからない状況である。石炭は，石炭紀に生えていた大型の木生シダ類の遺骸であり，石油は，円石藻・珪藻などの藻類が含む脂質成分が高温で変質したものである。どちらも化石エネルギーなどと呼ばれる。現在，地球の気温が次第に上昇していることがわかっており，それが，こうした化石エネルギーの使用による二酸化炭素濃度の上昇による温室効果の増大によるという説が，広く信じられている。気象庁から発表されている公式データを，ウェブサイトで

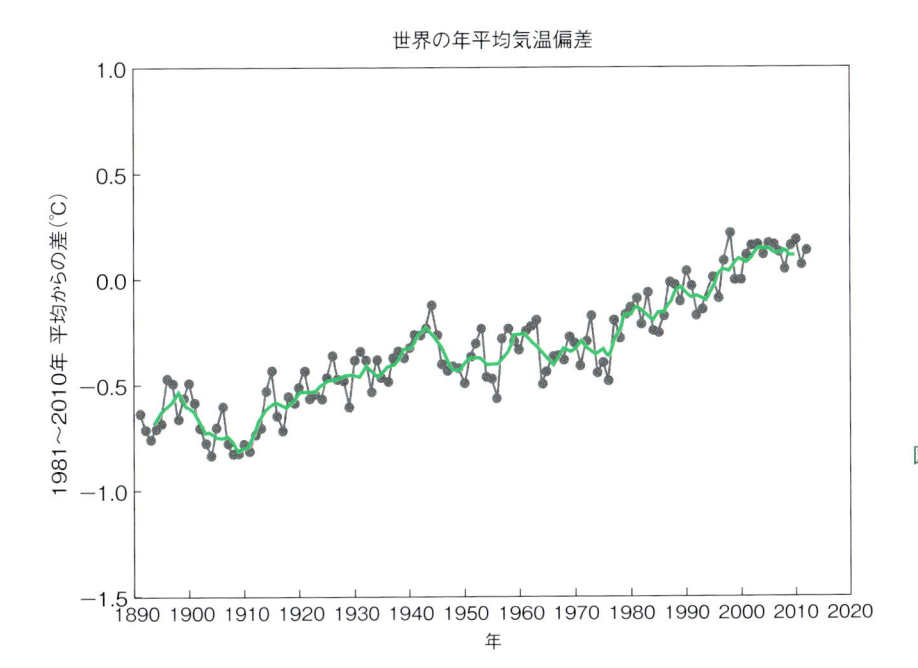

図 13・2　世界の年平均気温の推移
緑の線は，前後の値を平均化したもの。
出典：気象庁（ウェブサイト W11）

閲覧することができる。データを見ると，年平均気温（図13・2）は，大きく上昇したり，一時的に下がったりしながら，2000年頃から一段落しているようで，ずっと直線的に増加している大気中の二酸化炭素濃度（図13・3）との因果関係が，どれほど直結したものなのか，もう少し説明がほしいように思われる。新たなIPCC報告（ウェブサイトW10）も発表されたが，現在の温度状況についての記述はあるものの，その説明はない。21世紀末までの温度上昇予想が少し抑制されたものの，気温がずっと上昇してゆく見通し自体ははっきりと述べられている。同じ前提で行うシミュレーションの予想に大きな違いが出ることはないのであろう。少し前までは，温暖化防止には化石燃料の利用をやめることが必要で，そのためには原子力が有効であるという考えが支配的であったが，2011年の大震災以降，こうした考え方は世界的にも困難になってきている。

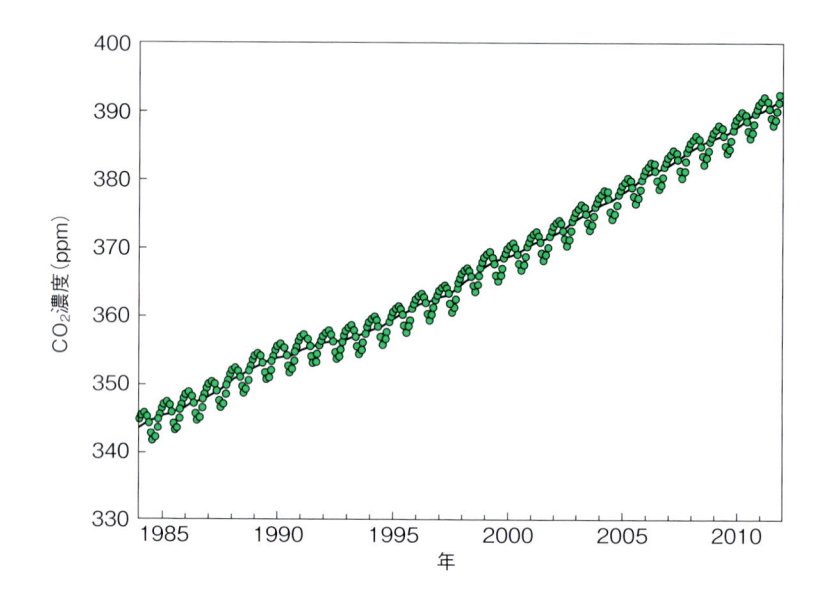

図13・3 世界の大気中の二酸化炭素濃度の推移
緑は各月の平均を，黒は平均化した値を示す。小刻みな年変化と長期的な増加傾向がわかる。
出典：気象庁（ウェブサイトW11）

そうした中で，今一度，太陽光のエネルギーに注目するという考え方が見直され，太陽光発電とバイオエネルギーの両面から研究が進められている。バイオエネルギーとして注目されるのが，バイオエタノールである。当初は，トウモロコシなどを原料として，発酵により生産しようとしたので，食糧と直接競合し，大きな問題となった。この問題を解消するため，可食部以外を原料とするエタノール生産が主流となってきている。表13・1には，筆者の試算を示す。光合成により一度固定された炭素源（糖や脂質）を原料として，発酵によりエタノールを合成する場合，最初に固定する部分まで含めて考えると，太陽光の利用の効率としては非常に悪い（表13・1にあるコスト比の値プラス24.6程度）。

13・2 植物が作る有用産物とエネルギー

表13・1　いろいろな物質を光合成により直接合成する際のコストと得られるエネルギー

物質	所要 ATP モル	所要 NAD(P)H モル	燃焼熱 MJ	コスト比 モル ATP / MJ
エタノール	3.5	3.0	0.690	18.1
デンプン	3.16	2.0	0.459	20.0
油脂	3.89	2.86	0.578	21.6

数字は，それぞれの物質の炭素1モルあたりの値である。なお，コスト比は，1モルのNAD(P)Hを3モルのATPとみなして計算した。これは，好気的呼吸の呼吸鎖での変換効率に基づく。油脂は，炭素18個からなる飽和脂肪酸であるステアリン酸を3個結合したものとして計算したが，不飽和脂肪酸を含む場合には，コスト比がもう少し悪くなる。栄養学では，糖質の燃焼熱は17 kJ/gで，脂質の燃焼熱は37 kJ/gとされるので，これらをもとに計算した。エタノールを光合成によって直接合成することは，通常はできない。また，エタノールの場合，嫌気発酵条件に関して，NADHとATPの換算をする意味はないので，あくまでも，参考数値である。MJはメガジュール（100万ジュール）を表す。（文献64より一部訂正）

それに対し，仮に，光合成によって直接エタノールを合成することができれば，最も効率が高いことがわかる。現在，いくつかの遺伝子を導入することで，このようなことをする藻類ができることがわかってきたが，低濃度のエタノールを効率よく回収する手段は，まだ開発途中のようである。

現状では，可食部以外の植物体に含まれるセルロースなどを発酵してエタノールを作る方法と，藻類を使って油脂を生産する方法などが考えられている。クラミドモナスの細胞が脂質をためたようすを口絵④に示したが，通常の細胞（図2・1）と比較して見てほしい。なお，単細胞藻類を利用する場合，細胞を回収するコストが問題となるため，産物だけを効率よく集める手段が求められている。また，一番のエネルギーコストは，実は窒素源である。窒素源は，大きなエネルギーを使って窒素ガスから生産する必要があり，培養に使った窒素源を回収して再利用することが，藻類バイオ燃料の開発では，必須の条件となっている。ただこれは，作物の場合にもいえることで，窒素肥料をいかに少なくすることができるかが，実用化の一つの鍵である（7・5節および文献B27, 64）。

13・2・3　有用物質の生産

植物や藻類が生み出すのは，燃料に限らない。さまざまな物質の生産もまた，植物・藻類に期待されることである。ただし医薬品（生薬）に関しては，すでに以前から，植物を使った有用物質の探索が精力的に進められているので，ここでは扱わない。

仮に現在の石油エネルギーをすべて太陽光発電などで代替できるとしても，石油の1割は化学原料として使われており，その有機物は，何らかの方法で生産する必要がある。植物や藻類のバイオ開発として現在重要になっているのは，

むしろこちらの方で，これに関しては，太陽電池では代替不可能である．とくに，付加価値の高い化学原料を組換え植物・藻類を使って生産するということが，最も採算性が高く実現可能な戦略と考えられている．現在でも，アメリカや中国を除き，組換え作物の実用化の見通しは暗いが，こうした化学製品としての利用に関しては，組換えによる制約は比較的少ないので，将来的に可能性が見込まれる．

13・3 ゲノム研究

有用資源の探索のためには，大きく分けて二通りの方法がある．従来から一般的に行われてきたのは，野生にある植物・藻類・微生物を数多く集めて，その中から有用物質を探すことである．これに対して，最近ではゲノムを利用する探索が可能になってきた．現在では，新型（次世代）シーケンサーを使って，短時間に多くの生物のゲノム配列が決定できるようになっている．まず，ターゲットとなる物質を作る反応を考える．その反応を起こすことができる酵素の候補を考える．そこで，候補となりそうな酵素の遺伝子を含んでいる生物を探す．それには，ゲノムが完全に決められていなくても，問題の酵素遺伝子の部分だけをPCRで増やして調べるということも考えられる．こうして，可能性のある生物について，標的物質の存在を確認する．うまくいけば，その酵素遺伝子を，別の使いやすい植物に移して，標的物質を大量生産することができる．なお，モデル植物のシロイヌナズナに関するゲノム情報については，ウェブサイトW5が最も信頼性がある．

一つの例として，中鎖脂肪酸であるラウリン酸（炭素数12）の生産がある．われわれが日常使う洗剤の多くが，炭素数12の骨格をもつ界面活性剤を含んでいる．ラウリン酸を多量に蓄積するのは，コーヒー豆である．コーヒーのもつ脂肪酸合成に関わる遺伝子（実際には，炭素数12になったところで，脂肪酸合成酵素から切り離す酵素遺伝子）をとりだし，ナタネなどのほかの植物で発現させると，確かにラウリン酸を多く含む油脂が得られた．コーヒーは熱帯の限られた地域でしか作れない上に，食用にする部分にラウリン酸を貯めるので，そのままでは原材料にならないが，このように，別の植物に同じものを作らせることにより，温帯地域でも，目的の物質を多量に含む油脂を生産することができたそうである．

ゲノム資源をうまく活用すれば，非常に珍しい植物でしかできない有用産物を，普通の植物に作らせることも考えられる．現在のシーケンサーは，非常に高性能なので，10 Mb以下の微生物のゲノムならば，問題なくゲノムデータを

すぐに得ることができる。数10 Mbの藻類ゲノムも，何とか決められる。しかし，植物のゲノムはかなり大きい。すでに配列が完全に決められたシロイヌナズナは例外的にゲノムサイズが小さく，120 Mb 程度であるが，そのほかの植物のゲノムはずっと大きいので，シーケンス反応のコストが非常に高くなる。時間の問題であろうが，まだあらゆる植物のゲノム配列を手軽に決めるというわけにはいかないのは残念である。

13・4　バイオインフォマティクス

　ゲノムデータは非常に膨大なので，コンピュータを用いて処理する必要がある。バイオインフォマティクスと呼ばれる学問は，DNAなどに含まれる情報を効率よく処理する技術と，そこから生物学的に意味のある情報を抽出・発見する手段を提供する基礎を与える。日常的に使われる技術としては，**相同性検索**が最も一般的である。とくに，アメリカのNCBI（National Center for Biotechnology Information；ウェブサイト W3）が開発したBLAST（ブラストと読む）は，いまや生物学の研究に必須のツールとなっている。また，新規に

植物や細胞の培養
⬇
DNA抽出（サルコシル法など）
⬇
DNAの精製（CsCl-臭化エチジウム超遠心など）
⬇
DNAの断片化と，シーケンサーの種類に応じた末端断片の結合によるライブラリー作製
⬇
高性能高並列化シーケンシング (ロシュ GS FLX，イルミナ Hi-Seq など）
⬇
アセンブル：素配列（リード）の重なり部分をまとめていくつかの配列ブロック（コンティグやスカフォールド）を作る。
⬇
ギャップの部分の両端の配列をプライマーとして，PCRで増幅し，サンガー法でシーケンシングすることにより，ギャップを埋める。
⬇
つながった配列について，翻訳開始点を推定し，遺伝子領域を推定する。真核生物であれば，イントロンの推定を行う。
⬇
得られた遺伝子領域に対応するタンパク質配列を求める。
⬇
アノテーション：相同性検索を行い，それぞれの遺伝子の機能を推定する。

図 13・4　新型シーケンサーを用いたゲノム配列決定の手順
次世代シーケンサーなどとも呼ばれる。それぞれの機械ごとに細かい点は異なるので，共通的な内容を列挙した。筆者原図。

配列を決めたゲノムの配列をアセンブルして，コンティグと呼ばれる配列のつながりを作ることができる．さらにそれをつなぐことにより，途中に一部不明の領域を含むものの，スカフォールドと呼ばれる大きな配列のまとまりなどを作ることができる．こうしてアセンブルされたゲノム配列を使って遺伝子を検出することも，現在ではかなり自動化されている（図13・4）．得られた遺伝子またはタンパク質の配列のそれぞれについて，既知のデータベース（ウェブサイト W1, W2, W3, W6 など）の中から類似配列を集め，互いに比較することにより，系統樹を推定したり，機能的に重要な部位を特定したりすることもできる．参考として筆者が大学で行う実習と講義で使っているテキストを，後の文献に記載した（ウェブサイト W8, W12）．

13・5　遺伝子組換え技術

遺伝子組換え植物を作る技術は，1980年代半ばから開発され，現在では，**アグロバクテリウム**と **T-DNA** を基本としたベクターを用いる方法が確立されている（図13・5）．遺伝子組換えは，導入する遺伝子コンストラクトの作製と，

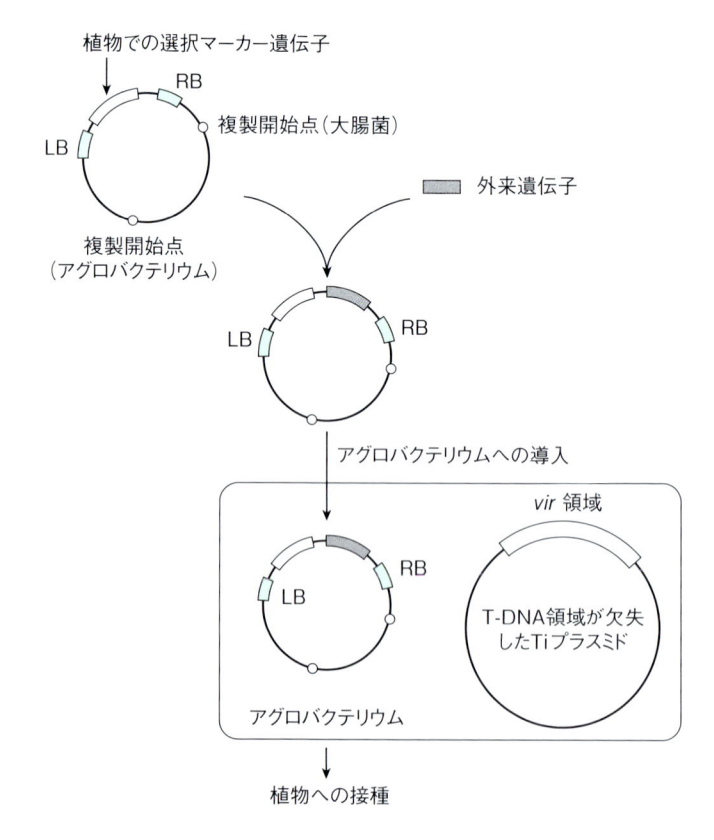

図13・5　アグロバクテリウムを用いた遺伝子導入
丸く書かれたものは，プラスミド DNA を表している．もともとアグロバクテリウムの感染に関わるプラスミドである Ti プラスミドの T-DNA 領域を除いたものと，T-DNA 領域を大腸菌のプラスミドに組み込んだものを準備する．T-DNA 領域の LB と RB の間に，目的とする遺伝子をプロモーターやターミネーターとともに組み込む．同時に，選択マーカーとなる薬剤耐性遺伝子なども組み込む．これは，二つのベクターに分けて扱うため，バイナリーベクター方式と呼ばれ，遺伝子操作を，感染性のない状態で進められるという利点がある．（文献 B30 より）

遺伝子導入の段階に分かれる．ここでは基本的に核ゲノムの組換えを説明するが，葉緑体ゲノムの組換えについても触れる．

13・5・1 遺伝子コンストラクトの構築

遺伝子コンストラクトは通常，目的遺伝子のcDNAに，適当なプロモーターとターミネーター（ポリA結合サイト）をつないで作る．ゲノムDNAを用いてもよいが，全体の長さが長くなるので，プラスミドの構築がより困難になる．プロモーター選択の基準としては，ただ単に発現させるだけであれば，カリフラワーモザイクウイルス（CaMV）由来の35Sプロモーターが使われるが，発現が強すぎる場合があることと，発現しない組織もあり得るので，注意が必要である．ターミネーターに関しては，多くの場合，アグロバクテリウムのノパリン合成酵素（NOS）のターミネーターが使われている．

導入する遺伝子の発現を特定の細胞・組織に限定する場合，組織特異的プロモーターが必要である．これには，それぞれの組織で特異的に発現している遺伝子のプロモーターを用いる．葯特異的プロモーターを使って，花粉特異的にRNA分解酵素を発現させ，雄性不稔を誘導することなどが行われている．このほか，植物に対する害作用の比較的強い遺伝子を，植物体に導入して発現させようとする場合には，誘導剤に特異的に応答して発現するプロモーターを使う必要がある．現在よく使われているのは，グルココルチコイドの一種であるデキサメタゾンによって誘導される系である．その場合，グルココルチコイド受容体（GR）のホルモン結合ドメイン（HBD），ヘルペスウイルスの転写因

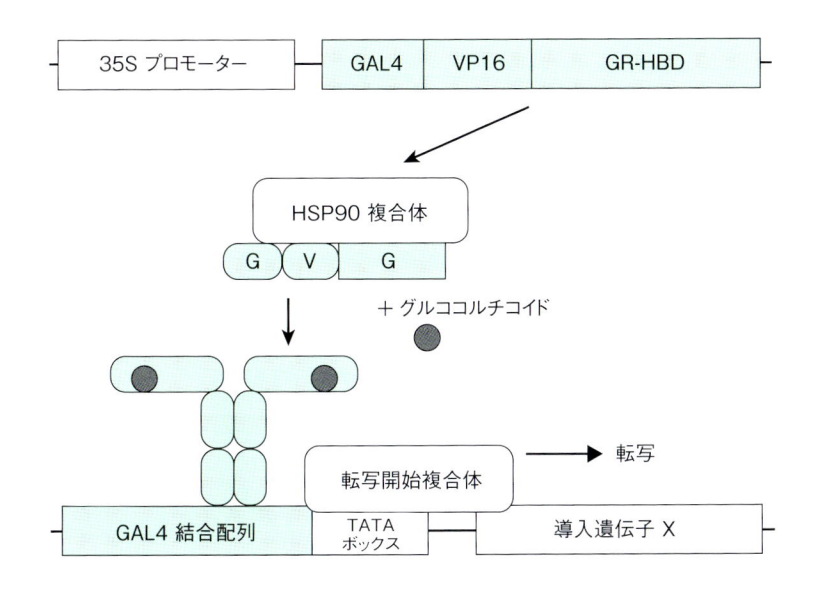

図13・6 グルココルチコイドを用いた発現誘導系
説明は本文参照．（文献60による）

子VP16の転写活性化ドメイン，および酵母の転写因子GAL4のDNA結合ドメインからなるGVGと呼ばれるキメラ転写因子の遺伝子も，同時にコンストラクトに加えておく必要がある．このコンストラクトを用いれば，発現を抑えたままで植物を育て，デキサメタゾン噴霧により，目的遺伝子の発現を誘導することができる．ただし，グルココルチコイドは人体に影響があるので，取り扱いには注意が必要である．

　導入遺伝子には，通常，選択マーカーとなる遺伝子も付加して，両者をプラスミドに組み込む．選択マーカーとしては，ハイグロマイシンという抗生物質に対する耐性遺伝子や，ビアラフォスという農薬に対する耐性遺伝子などがよく用いられる．選択マーカーは，入手したベクターにすでに含まれていることが多い．

13·5·2　遺伝子導入による形質転換体の作製

　遺伝子導入法としては，シロイヌナズナでは，アグロバクテリウムの培養液

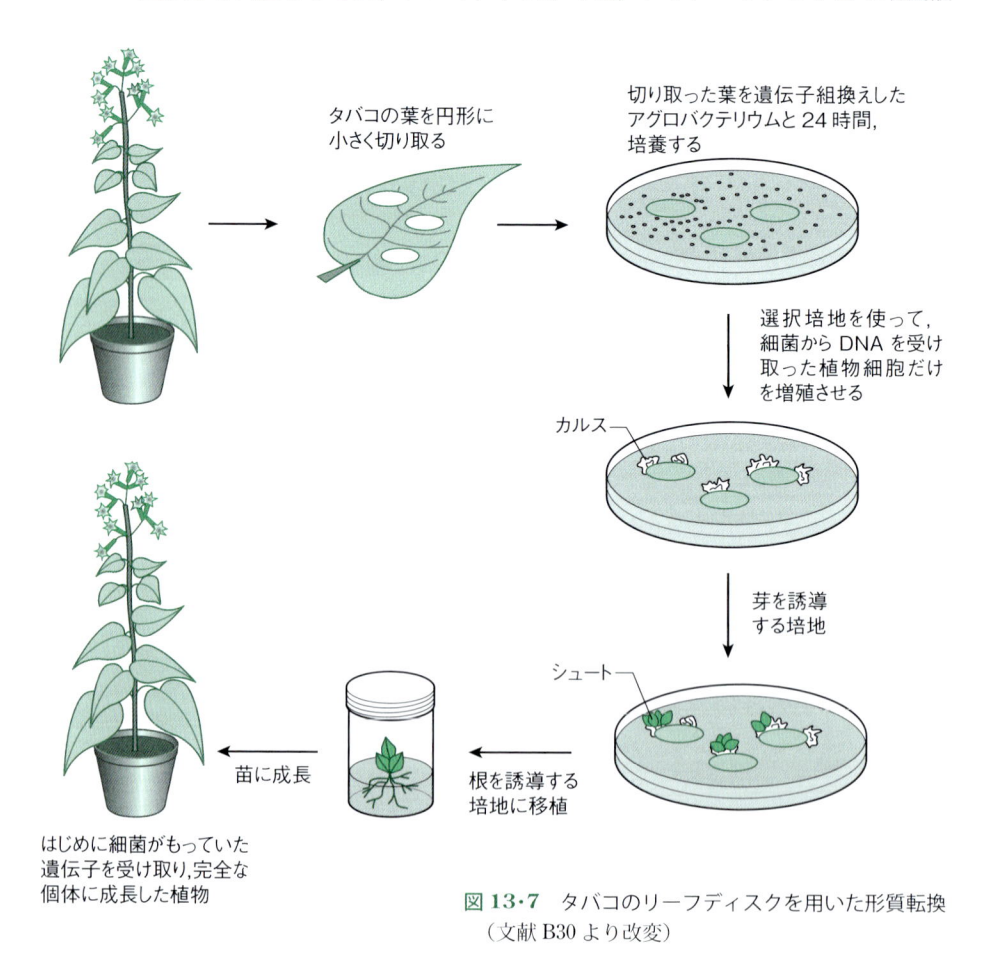

図13·7　タバコのリーフディスクを用いた形質転換（文献B30より改変）

に植物体を浸漬する方法が一般的である．その後作られる種子をまいて，形質転換体を探す．タバコならば，葉を丸くディスク上に切り出したものをアグロバクテリウムの培養液に浮かべて感染させ，そのあと，リーフディスクを培養して，植物体を再生させる（図13・7）．イネの場合，アセトシリンゴンという生理活性物質の存在下で，カルスにアグロバクテリウムを感染させ，その後，植物体を再生させる方法が用いられている．

　このほか，**ポリエチレングリコール**（PEG）の存在下で**プロトプラスト**にDNAを取り込ませる方法や，金粒子（またはタングステンの粒子）にDNAをコートしたものを，高圧ガスの圧力によって，葉などに打ち込む**パーティクルガン法**も用いられている．いずれの方法を用いても，戻し交雑により，目的とする導入遺伝子をシングルコピーで含む以外は親株と同じ植物を得る必要がある．さらに自家受粉によりホモ接合体を取得し，それを用いて表現型の解析を行う．具体的な実験方法については，文献B10を参照のこと．

13・5・3　特定遺伝子機能の破壊

　遺伝子導入ができても，細菌でよく行われているような相同組換えは，植物では一般にはできないため，特定の遺伝子をねらって機能破壊するためには，もう少し複雑な手段が必要である．一つはアンチセンスRNAを発現させるもので，この場合，配列の類似した遺伝子の発現がまとめて低下することが期待される．これに対し，RNAiを使う場合には，特定の遺伝子の配列を逆向きに繰り返したコンストラクトを発現させるので，特異性を高くすることも可能なようである．このほかに最近では，ゲノム・エディティングと呼ばれる技術も普及しはじめた．これは，特定の遺伝子の部分でゲノムを二重鎖切断し，そのあと修復されても完全には元通りにはならないことを利用して，遺伝子機能を破壊したり，別の遺伝子を挿入したりする技術である．

　このほかに，自分で形質転換体を作らなくても，T-DNAをランダムに染色体に挿入したシロイヌナズナのライブラリーについて，挿入箇所を決定したもの（T-DNAタグラインと呼ぶ）がABRC（Arabidopsis Biological Resource Center, オハイオ大学）から提供されている．ものによってはホモ接合体も入手可能なようだが，基本的にはヘテロ接合体で維持されているので，適当な株を入手して，自分で育ててホモ接合体を作るのが一般的である．

　植物の中でもコケ類は，比較的相同組換えが容易で，はじめ，ヒメツリガネゴケ（図2・4，図12・2）で利用されはじめ，その後，ゼニゴケ（図2・3）でも可能であることがわかってきた．そのため，コケが利用できる実験では，遺

伝子破壊を含む研究が活発に行われている。たとえばヒメツリガネゴケには，ペプチドグリカンを合成する経路の遺伝子の多くが保存されており，これらの遺伝子を破壊することにより，葉緑体の分裂に異常が起きることが報告された（文献47）。現在までペプチドグリカンそのものの存在は確認されていないが，関連物質の代謝が葉緑体分裂と密接に関連していることが，遺伝子操作を用いる実験によって明らかにされた。同様のことをシロイヌナズナで行うのは，かなり手間がかかるので，コケを使うメリットが活かされた研究と言うことができる。

13・5・4 葉緑体の形質転換

最後に葉緑体ゲノムの遺伝子組換えについて，簡単に触れておく（文献B10参照）。葉緑体DNAは多コピー存在するため，その全部を組換えゲノムで置き換える必要がある。また，葉緑体の遺伝子発現系は原核生物型であるため，選択には，原核生物に効く抗生物質，たとえばスペクチノマイシンなどが用いられる。葉緑体DNAでは相同組換えが起きるので，遺伝子破壊は比較的容易である。破壊したい遺伝子の領域の内部に，スペクチノマイシン耐性遺伝子（アミノグリコシド・リン酸転移酵素の遺伝子）を挿入したコンストラクトを使い，DNAをパーティクルガンなどで植物細胞に導入する。葉緑体に命中させる必要はないようである。あとは，カルスをスペクチノマイシンで選択すると，耐性カルスが得られる。これを再分化させれば，葉緑体ゲノムの形質転換株が得られる。ただし，完全にゲノムが置き換わっていることを確認する必要がある。

問　題

表13・1の数字を自分で検証してみよ。本書第6章の記述を参考にしながら，代謝経路図で，ATP，NADPHなどが使われるところに注目して，それぞれの反応におけるATP，NADPHの所要量を求めよ。ATPを使う反応のなかでも，デンプン合成の反応は注意が必要。次のように分けて計算するとよい。

(1) 光合成によって，油脂（トリステアリン：ステアリン酸を3個含むTAG）とデンプンを作る場合，それぞれ，ATPとNAD(P)Hなどの還元力をいくら使うか。炭素1モル当たりの値を求めて比較する。なお，以下の情報を利用すること。脂質合成の最初に使うグリセロール3-リン酸は，GAPの異性体であるDHAPをNADHで還元して作られる。TAGを作るときには，いったんアシルACPから切り離された脂肪酸をアシルCoAにする必要があるが，それにはATPを1分子使う。

(2) (1) で求めた値をもとに，NAD(P)H が ATP 3 個相当であるとして，脂肪酸とデンプンを作る際に必要な ATP の量を求める。
(3) 脂肪酸とデンプンの燃焼熱が，それぞれ表に与えられた値であるとし，1 MJ（メガジュール＝ 1000 kJ）当たり，必要とする ATP の量を求める。
(4) 発酵におけるピルビン酸からエタノールを作る経路の酵素を発現させることによって，光合成でエタノールができるようになったとして，同じ計算をし，効率を比較する。なお，エタノールの燃焼熱は，表に与えられている。
(参考：文献 64)

課　題

1. 日本における稲作の歴史を調べてみよう。昔から水田はあったのだろうか。陸稲と水稲はどちらが古いのだろうか。もち米とうるち米は，どちらが古いのだろうか。古代米は赤かったというが，果たしてどんな色だったのだろうか。ちなみに現在の赤飯は，古代米で作った当時のご飯を模したものという。

2. 世界における形質転換作物の利用について調べてみよう。アメリカでは，トウモロコシの大部分が組換え作物になっているといわれる。日本で大量に輸入されているダイズはどうだろうか。アメリカに旅行したとき口にする食材の大部分は組換え作物のはずだが，日本に帰ると一口も食べたくないと思っている人も多い。冷静に形質転換作物を使うメリットとデメリットを整理してみよう。

おわりに

　従来の植物生理学は，植物の生き方を知るだけでもよかったかもしれないが，現代社会では，どんな研究も人間生活との関わりを無視しては考えられないのも事実である．本書の大部分は植物に力点を置いた説明を心がけたが，最後の部分では人間と植物との関係や植物の利用についても考察した．現実問題として，植物を上手に利用するには，植物がどのようにして生きているのかを知る必要があり，両者を切り離すことはできない．本書を使った学習のまとめとして，もう一度第1章を開き，そこで挙げられていた「植物の不思議」のそれぞれについて，どのように答えればよいか，考えてみるのも役立つだろう．

　本書のまえがきでは，植物の生き方を知るには植物の気持ちになって考えようということを述べた．そして，生き物の生き物らしさを理解するには，生物体を作っている部品を数え上げ，性質を調べるだけではなく，それらが組み合わさってどんなシステムを作っているのかを理解することが必要だということも，繰り返し強調してきた．現在の植物生理学の研究では，まだ依然として，個々の酵素や個々の遺伝子の同定がつづけられている．しかし今勉強している学生が社会で活躍するようになる頃には，おそらく次の段階の植物生理学が重要になってきているであろう．「病気の遺伝子」などという言葉がいまだに使われていることに表れているように，個々の生物機能に対応してそれを支配する遺伝子があるというような考え方は，まだ主流かもしれない．たしかに代謝の各段階を触媒する酵素などについては，そういう近似ができるかもしれない．また研究費を獲得するには，そうした説明の仕方をすることが便利かもしれない．しかし，植物は全体として植物であって，しかも個別の個体を超えて，種として進化し続けている不思議な実体である．人間が認識する個別の機能に対して，一つ一つ，遺伝子があると考える方が不可解なのではないか．個別の部品が正しく機能するには，植物体全体が正しく機能していることが前提とされていることが忘れられがちである．次の世代の植物生理学は，「生きる理(ことわり)」を本当に理解する段階に入ってほしいと思う．